机电类专业系列丛书

互联网+创新型“十四五”精品教材

U0790880

工程力学

（微课版）

主　编　门晓溪　刘亚红　蔡春芳

副主编　李　娜　颜同宇　李　茗　邓萍华

于彦鹏　程一锦　李　瑞

哈尔滨工程大学出版社

Harbin Engineering University Press

内 容 简 介

本书结合工程力学的实际应用和发展情况，以技能培养和工程应用能力的培养为出发点，以工程力学职业技能标准为指导，旨在提高学生专业技能为目标，充分体现高等职业教育特色。本书共十一章分为两篇，第一篇为静力学，主要包括静力学基础知识、平面任意力系的简化及平衡问题、桁架、摩擦和重心；第二篇为材料力学，主要包括材料力学基础、轴向拉伸与压缩、圆轴扭转、弯曲内力、弯曲强度计算、弯曲变形与弯曲强度、应力状态和强度理论、压杆稳定。

本书既可作为职业院校工程力学技术专业的教材，也可作为相关技术人员参考书。

图书在版编目（CIP）数据

工程力学 ： 微课版 / 门晓溪, 刘亚红, 蔡春芳主编. 哈尔滨 ： 哈尔滨工程大学出版社, 2024. 6. -- ISBN 978-7-5661-4441-6

Ⅰ. TB12

中国国家版本馆 CIP 数据核字第 2024WP3557 号

工程力学（微课版）

GONGCHENG LIXUE（WEIKE BAN）

策划编辑 张林峰

责任编辑 章银武

出版发行 哈尔滨工程大学出版社

社　　址 哈尔滨市南岗区南通大街 145 号

邮政编码 150001

发行电话 0451-82519328

传　　真 0451-82519699

经　　销 新华书店

印　　刷 唐山唐文印刷有限公司

开　　本 787 mm×1 092 mm　1/16

印　　张 13

字　　数 332 千字

版　　次 2024 年 6 月第 1 版

印　　次 2024 年 6 月第 1 次印刷

书　　号 ISBN 978-7-5661-4441-6

定　　价 49.80 元

http://www.hrbeupress.com

E-mail:heupress@hrbeu.edu.cn

前　言

党的二十大报告中指出，我们要坚持以推动高质量发展为主题，把实施扩大内需战略同深化供给侧结构性改革有机结合起来，增强国内大循环内生动力和可靠性，提升国际循环质量和水平，加快建设现代化经济体系，着力提高全要素生产率，着力提升产业链供应链韧性和安全水平，着力推进城乡融合和区域协调发展，推动经济实现质的提升和量的增长。

本书主要遵循“以就业为导向，工学结合”的原则，以实用为基础，突出培养应用型人才解决实际问题的能力。根据专业实际需要进行课程体系设置和教材内容的选取，注重提高案例教学的比重，强化实际应用。特色鲜明，集高质量与实用性于一体。

本书共分为两篇，第一篇重点探讨静力学，第二篇则涵盖了材料力学的基础知识。

第一篇深入研究静力学的核心概念。从力与静力学模型的建立开始，逐步介绍了静力学的基本公理、约束与约束力，以及物体受力分析和受力图的绘制。第二章引导读者理解平面任意力系的简化与平衡问题，包括平面力系基本概念、力系合成与平衡、力偶系合成与平衡等内容。第三章涵盖了桁架、摩擦和重心的相关知识，为读者提供了全面的静力学基础。

第二篇聚焦材料力学，首先介绍了构件的外力与内力、构件的承载能力、变形固体的基本假设以及应力与应变等基础概念。随后，通过具体的案例深入讲解了轴向拉伸与压缩、圆轴扭转、弯曲内力等内容，帮助读者建立对材料力学的深刻理解。

本书每章都配有课后习题以帮助读者巩固所学知识。同时，思政之窗的设置旨在引导读者将专业知识与思想道德相结合，培养全面素质。

本书由门晓溪（大连交通大学）、刘亚红（烟台文化旅游职业学院）、蔡春芳（汉中职业技术学院）担任主编，由李娜（济宁职业技术学院）、颜同宇（广东梅州职业技术学院）、李茗（吉林农业科技学院）、邓萍华（宜春职业技术学院）、于彦鹏（内蒙古交通职业技术学院）、程一锦（河南省洛阳经济学校）、李瑞（重庆轻工职业学院）担任副主编。本书相关资料可扫封底二维码或登录 www.bjzzwh.com 下载获得。

编者在编写本书的过程中参考了大量资料，在此向相关人员表示感谢。由于编者水平有限，书中难免存在不足之处，恳请广大读者批评指正并提出宝贵意见。

编　者

目 录

CONTENTS

第一篇 静力学

第二篇 材料力学

第一篇

静力学

第 1 章　静力学基础知识

章前导读

本章将深入介绍静力学的基础知识，包括力的概念、静力学模型、约束和物体受力分析。讨论力的特性、基本公理和不同类型的约束，以及如何进行受力分析。通过本章学习，读者将建立对静力学基础知识的扎实理解，为进一步学习力学打下坚实基础。

学习目标

◎知识目标

1. 了解力的基本概念和属性。
2. 理解静力学模型的概念以及其在力学中的应用。
3. 掌握静力学的基本公理，包括力的平衡条件等。
4. 理解约束与约束力的概念和分类。
5. 了解不同类型的约束，如柔性约束、光滑接触面约束、光滑圆柱铰链约束和链杆约束。
6. 掌握物体的受力分析方法和绘制受力图的技巧。

◎能力目标

1. 能够分析物体受力的平衡条件，识别力的作用方向和大小。
2. 能够应用静力学模型解决实际力学问题。
3. 能够识别和理解不同类型的约束，并能够根据具体情况选择适当的约束模型。
4. 能够进行物体的受力分析，理解力的平衡和合力的概念。

5. 能够绘制物体的受力图，准确表示各个力的作用方向和大小。

◎素质目标

1. 培养学生观察能力和解决问题能力。
2. 培养学生创新思维和灵活应用知识能力。
3. 培养团队合作能力和协作解决问题能力。

思政之窗

基础力学课程能够切实提升学生的逻辑思维能力和创新精神。审视力学发展历程，可知力学起源于人类对自然规律的探寻。掌握力学知识，使学生在知识的助力下，拥有敢于探索未知、追求真理的胆识。

1.1　力与静力学模型

1.1.1　力

力的概念

力在人们的生产劳动和日常生活中处处存在，如图 1－1 所示的提袋子和劈柴。活动所引起的肌肉紧张收缩的感觉，可切身体会。

（a）　（b）

图 1－1　提袋子和劈柴

力是物体之间相互的作用。当物体间存在力的作用时，一定有一个是施力物体，而另一个是受力物体。例如，人在提水的过程中，若把水桶看成是受力物体，则手就是施力物体；反之，若认为手是受力物体，那么水桶即为施力物体。施力物体和受力物体是相对于具体受力分析而言的，通常把受力物体作为研究对象。

力的作用可以使物体的运动状态发生变化，也可以使物体发生变形。前者称为力的外效应（也称运动效应），如踢出的毽球，如图 1－2（a）所示；后者称为力的内效应（也称变形效应），如受力压缩变形的弹簧，如图 1-2（b）所示。我们可以通过力的作用效应感受力的存在。

（a）外效应　　（b）内效应

图 1-2　力的外效应和内效应

实践表明，力对物体作用的效应取决于三个要素：力的大小、力的方向和力的作用点。力的三要素可用带箭头的有向线段表示于物体的作用点上，其中，线段的长度（按一定比例画出）表示力的大小，箭头的指向表示力的方向，线段的起始点或终止点表示力的作用点，力的三要素图示如图 1-3 所示。

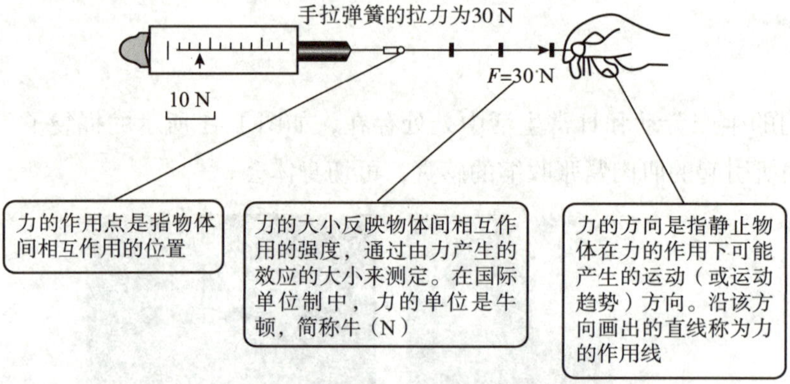

图 1-3　力的三要素图示

为了准确地理解力的概念，必须强调：力是物体之间的相互作用，所以力不能脱离物体而存在，且总是成对出现的。另外，物体之间的相互作用可以是直接接触，如悬灯与灯线之间的作用；也可以是非接触作用，如磁场力、万有引力等。

需要指出的是，力的三个要素中，只要有一个发生变化，力的作用效应就随之改变。力是具有大小和方向的矢量，本教材用 F 表示力的大小。

1.1.2　静力学模型

模型是对实际物体和实际问题的合理抽象与简化。在静力学中，为了研究和分析问题方便，需要对物体、受力和构件之间的接触与连接方式进行模型化处理。

1. 物体的合理抽象与简化

在静力学中，由于只研究物体的外效应，因此可以把物体抽象与简化为刚体。所谓刚体，即在力的作用下形状和大小都保持不变的物体。当然，任何物体在力的作用下都将产生不同程度的变形，刚体实际上是不存在的。不过，考虑到工程实际中构件的变形都很小，略去变形不会对静力学研究的结果有显著影响。因此，在研究工程力学问题时，常常将实际物体抽象为刚体，从而使问题简化。

在材料力学中，主要分析物体的外力和变形的关系，即研究力的内效应，因此不能把物体抽象为刚体。

想一想

图 1-4 中受力的木板可以抽象为刚体吗？

图 1-4　受力的木板

2. 力的合理抽象与简化

在静力学中，物体受力一般离不开物体间的直接接触，且接触处多数情况下不是一个点，而是具有一定尺寸的面。当接触面积很小时，则可以将接触面抽象为接触点，而将作用力合理抽象与简化为集中力。如图 1-5（a）所示汽车停在桥面上，通过轮胎作用在桥面上一定的力，因其作用面积很小，则车对桥面的作用力可抽象与简化为集中力，如图 1-5（b）所示；若接触面积较大而不能忽略时，则力分布在整个接触面上，可合理抽象与简化为分布力，如图 1-5（c）所示桥面施加于桥梁上的力，即可抽象与简化为沿着桥梁长度连续分布的分布力。

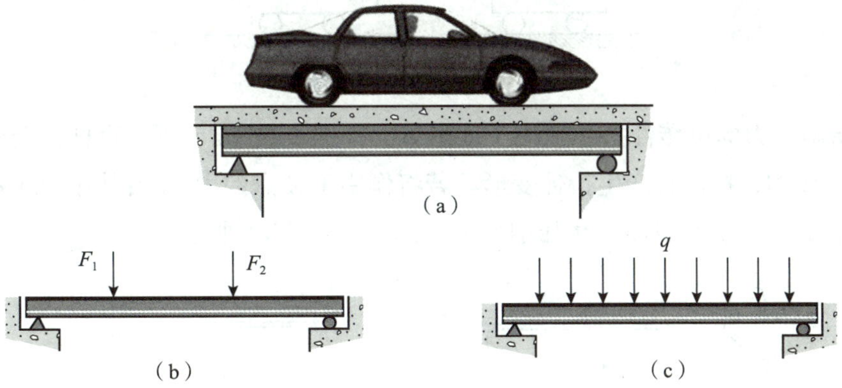

图 1-5　力的合理抽象与简化

想一想

在生产和生活中，有哪些集中力和分布力的实例？

1.2 静力学的基本公理

静力学公理是人们在长期的生活和生产实践中的经验总结。这些公理简单而明确，无需证明而被大家公认。静力学公理是静力学全部理论的基础。

公理一（二力平衡公理）：作用于同一刚体上的两个力使刚体保持平衡的必要与充分条件是这两个力的大小相等、方向相反，且作用在同一条直线上。

这个公理揭示了作用于物体最简单的力系平衡时所必须满足的条件。对于刚体来说，这个条件是必要与充分的。对于变形体，这个条件是必要，但是不充分。

在两个力作用下处于平衡的物体称为**二力构件**或**二力杆**。根据公理一，作用于二力构件上的两个力必沿两个力作用点的连线，且等值、反向。

公理二（加减平衡力系公理）：在作用于刚体的任意力系上，加上或减去任何平衡力系，并不改变原力系对刚体的作用效应。

推论一（力的可传性原理）：作用于刚体上的力可以沿其作用线移至刚体内的任意一点，而不改变它对刚体的作用效应。

作用于小车 A 点的推力 F 可沿其作用线移到 B 点，得到拉力 F'，如图 1-6 所示。虽然推力变为拉力，但小车运动效果不变，即效应相同。因此对于刚体来说，力的三要素为力的大小、方向和作用线。可见，作用于刚体上的力是滑动矢量。

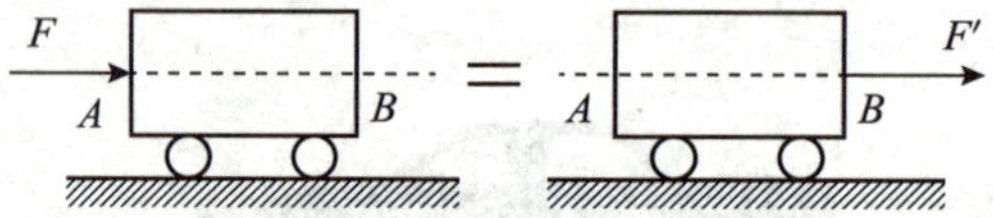

图 1-6 小车上的作用力

应该指出，力的可传性并不适用于变形体。如图 1-7（a）所示直杆，受到一对平衡力 F_1，F_2 的作用，杆件将产生拉伸变形。若将作用于 A 点的力 F_1 沿其作用线移到 B 点，而将力 F_2 移到 A 点，杆件将产生压缩变形，如图 1-7（b）所示。

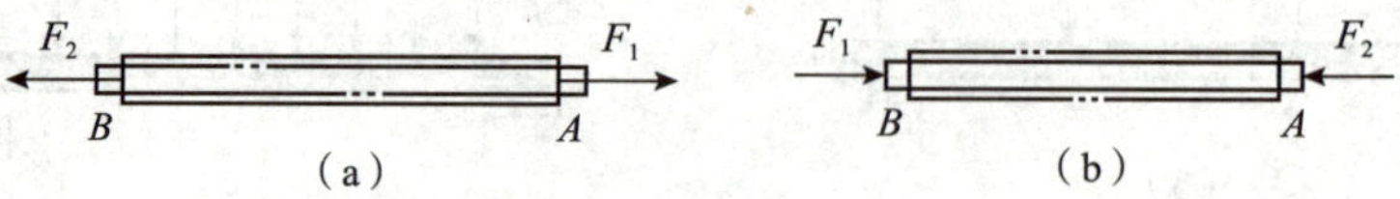

图 1-7 作用在物体上的两个力

公理三（力的平行四边形公理）：作用于物体上同一点的两个力可以合成为一个力，

合力也作用于该点，合力的大小和方向由这两个力为邻边所构成的平行四边形的对角线来表示，如图 1-8 所示。其矢量表达式为

$$F_R = F_1 + F_2$$

因为合力 F_R 的作用点亦为 A 点，求合力的大小和方向实际上只需画出平行四边形的一半，即三角形便可。作图方法如下：自任意点 O 先画出一力矢 F_1，然后再由 F_1 的终端画出力矢 F_2，最后由 O 点至力矢 F_2 的终端作一矢量 F_R，即表示 F_1，F_2 的合力矢图 1-9（a）。合力的作用点仍为 F_1，F_2 的汇交点 A。这种作图法称为力的三角形法则。显然，若改变 F_1，F_2 的作图次序，结果不变，如图 1-9（b）所示。

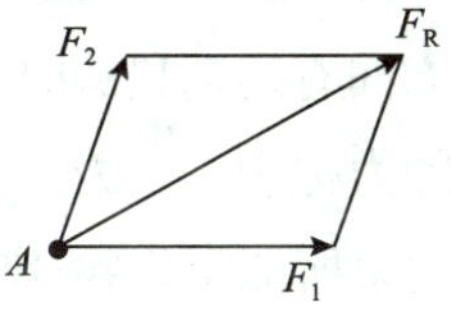

图 1-8　力的平行四边形公理合力 F_R

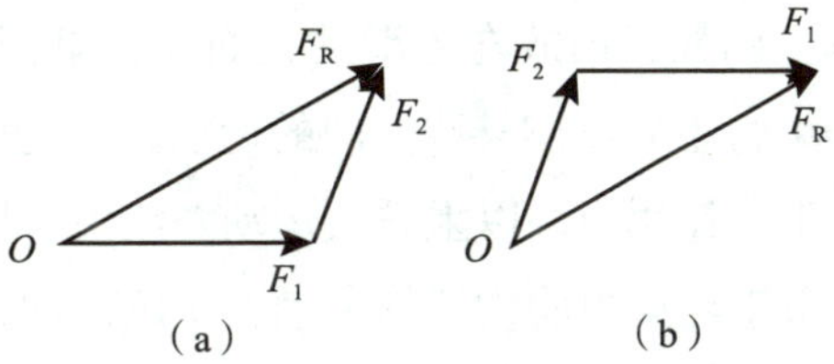

图 1-9　力的三角形法则

利用力的平行四边形公理也可以把一个力分解为作用于同一点的两个分力。工程中常把一个力分解为方向已知的两个力，特别是分解为方向相互垂直的两个力，这种分解称为正交分解，所得两分力称为正交分力。

推论二（三力平衡汇交定理）：作用于刚体上同平面内互不平行的三个力平衡的必要条件是：三个力的作用线汇交于同一点。

证明：设有相互平衡的三个力 F_1，F_2 和 F_3 分别作用于刚体 A_1，A_2，A_3 三点（图 1-10）。根据力的可传性，将力 F_1，F_2 移至汇交点 B，根据力的平行四边形公理，得合力 F_R，则力 F_3 应与 F_R 平衡。由公理一，F_3 的作用线必通过 F_1，F_2 的汇交点 B。

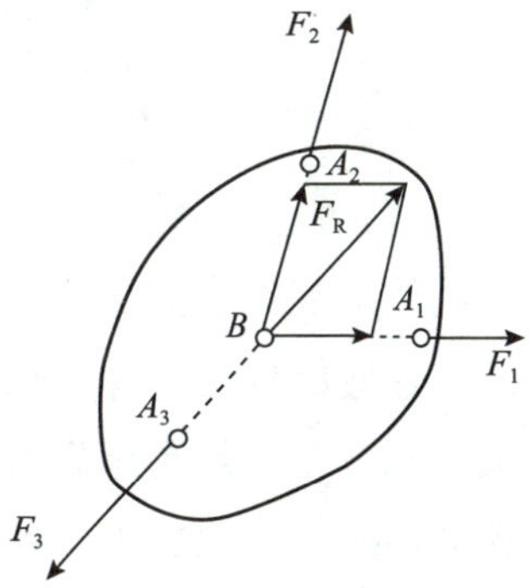

图 1-10　作用于刚体上相互平衡的三个力

三力平衡汇交定理说明了不平行的三个力平衡的必要条件，若已知两个力的交点及第三个力的作用点，即可判断出第三个力作用线的方位。

公理四（作用与反作用公理）：两物体间的作用力与反作用力必定等值、反向、共线，分别同时作用在这两个物体上。

这个性质指出，力总是成对出现的，有作用力必有一反作用力。作用力与反作用力一般用同一字母表示，如用 F 表示作用力，则用 F' 表示反作用力。

需要指出的是，作用力和反作用力虽然大小相等、方向相反，沿同一条作用线，但它们不是平衡力，因为它们作用在不同的物体上。

1.3 约束与约束力

在空间可以任意运动的物体称为自由体，如在空中飞行的飞机、火箭等。工程结构中构件都不是孤立存在的，而是通过一定的方式连接在一起，其某些方向的运动或位移一般都受到与之相连接物体的阻碍、限制，这样的物体称为非自由体。例如，火车受到钢轨的限制，只能沿轨道行驶；转轴受到轴承的限制，只能绕轴线转动等。对物体某些方向的位移所加的限制条件称为约束。机械中的各个构件如不按照适当的方式相互联系从而受到限制，就不能恰当地传递运动。约束力是由与非自由体相互接触的周围物体构成的，也称作约束体。例如，书放在光滑的桌面上，桌面就是书的约束力，轴承是转轴的约束力等。

约束力阻碍物体某些方向的运动，当物体沿约束所限制的方向有运动趋势时，约束对物体必产生一作用力，以阻碍其运动。约束作用于被约束物体上的力称为约束力，或称为约束反力。由于约束阻碍物体的运动，所以，约束力的方向总是与约束所能阻碍物体的运动方向相反。如图 1–11（a）所示，桌面是物体 A 的约束，桌面限制物体 A 向下运动，必然给它一个向上的约束力。如图 1–11（b）所示，约束力的作用点，则在所研究物体与约束的接触处。

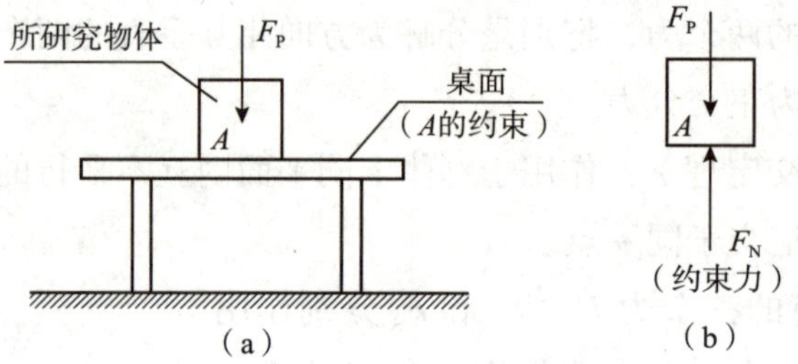

图 1–11　物体 A 的受力分析图

物体除受约束力作用外，还会受到像重力、风力、油压力及各种机械的动力等载荷的作用，这些能促使物体运动或有运动趋势的力，称为主动力。主动力和约束力不同，它们的大小和方向一般是预先给定的，彼此是独立的。而约束力的大小通常是未知的，取决于约束的性质，也取决于主动力的大小和方向，是一种被动力，需要根据平衡条件确定。

下面介绍工程中常见的几种约束类型，并分析相应约束力的特点。

1.3.1　柔性约束

由绳索、链条、皮带等柔性体对物体所构成的约束统称为柔性约束。这种约束的特点是，只能限制物体沿绳索或带伸长方向的位移，因而只能承受拉力，不能承受压力。柔性约束的约束力作用在与物体的连接点上，方向沿着柔性体的轴线，背离物体，通常用符号 F_T 表示。

图 1–12（a）为用链条吊一重物，链条对重物的约束力分别是 F_{TA}，F_{TB}，如图 1–12（b）所示。

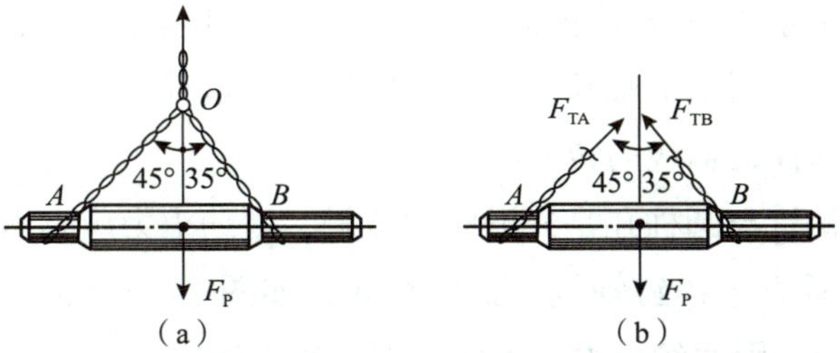

图 1-12 链条对重物的受力分析图

图 1-13（a）所示带传动中，带作用于带轮的力都是拉力。作用在两轮上的约束力分别为 F_{T1}，F_{T2} 和 F'_{T1}，F'_{T2} 如图 1-13（b）所示。

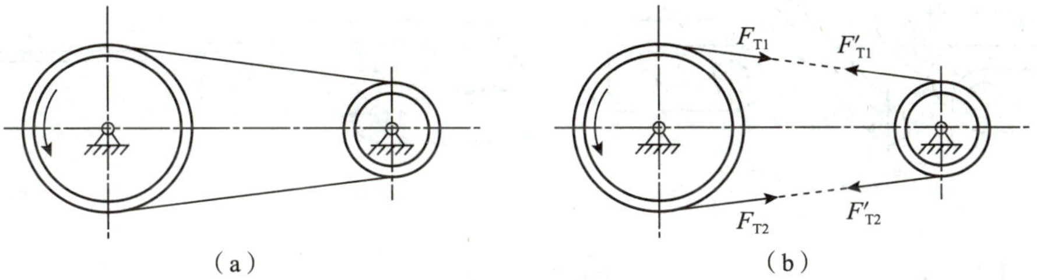

图 1-13 带传动的受力分析图

1.3.2 光滑接触面约束

两物体相互接触，如果接触面非常光滑，摩擦力可以忽略不计时，则这种约束称为光滑接触面约束。这种约束的接触面不论是平面或曲面，都不能限制物体沿接触面切线方向的运动，只能限制物体沿接触面的公法线方向指向接触面的运动。因此光滑接触面约束力只能是压力，通过接触点，方向沿该点的公法线，指向被约束物体，通常用符号 F_N 表示。

如图 1-14 所示，直杆在接触点 A，B，C 三处所受的约束力分别为 F_{NA}，F_{NB}，F_{NC}。忽略摩擦时，齿轮传动中一对齿的齿廓曲面间的接触也是光滑接触，因而两齿轮的相互作用力 F_N，F'_N 一定沿着齿廓曲面在啮合点 K 的公法线方向，如图 1-15 所示。

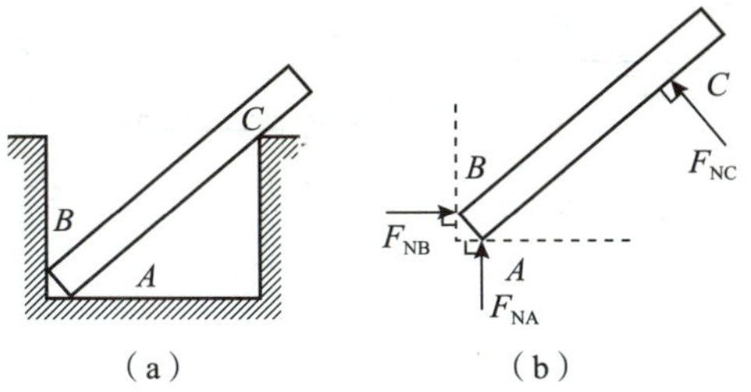

图 1-14 直杆的受力分析图

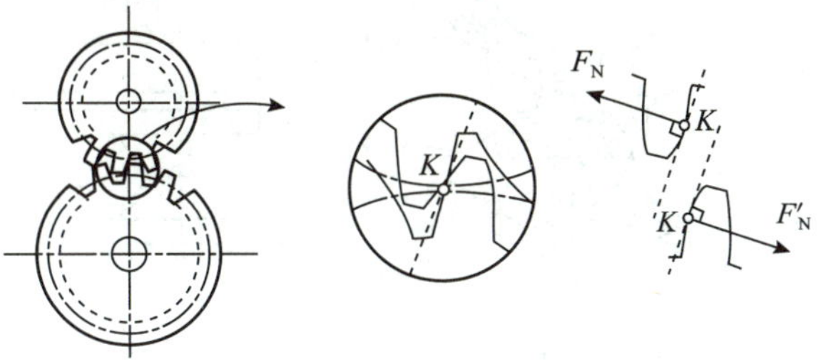

图 1-15 齿轮传动的受力分析图

1.3.3 光滑圆柱铰链约束

两物体上钻有直径相同的孔，并用销钉将它们连接起来，若不计摩擦，就构成了光滑圆柱铰链约束（简称铰链），其构成如图 1-16（a）、（b）所示，可用简图 1-16（c）表示。例如，门窗上的合页、机器上的轴承都属于铰链约束。这种约束，只能限制物体的径向移动，不能限制物体绕圆柱销轴线的转动。

由图可见，由于销钉与圆柱孔是光滑曲面接触，则约束力应是沿接触线上的一点到圆柱销中心的连线，且垂直于销钉轴线，指向物体，如图 1-16（d）中的 F_C。由于接触点 K 的位置不能预先确定，因而约束力的方向也不能预先确定。

综上所述，光滑圆柱铰链约束的约束力通过铰链中心，方向不定。一般情况下，用过铰链中心的两个正交分力 F_{Cx}，F_{Cy} 来表示，如图 1-16（e）、（f）所示。

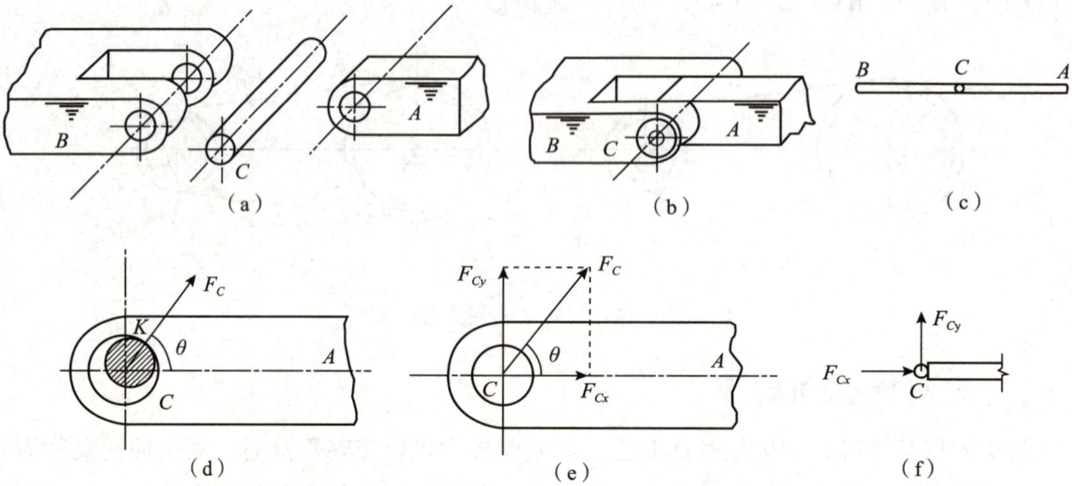

图 1-16　铰链的受力分析图

下面介绍两种常见的以铰链约束构成的支座——固定铰支座和辊轴支座。

若把圆柱铰链约束中的一个物体相对固定，比如与地面或机架固连在一起，就构成了固定铰支座，如图 1-17（a）、（b）所示，计算时所用简图为图 1-17（c）。固定铰支座的约束力与圆柱铰链约束完全相同，一般用两个正交分力表示，如图 1-17（d）所示。

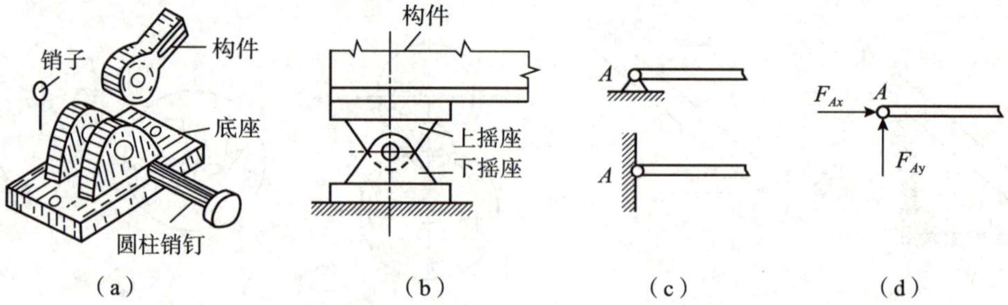

图 1-17　固定铰支座的受力分析图

为了保证构件变形时能发生微小的移动，通常在固定铰链支座的底部安装一排辊轴，这种约束称为可动铰链支座，又称辊轴支座，如图 1-18（a）所示，计算时所用简图为

图 1－18（b）所示。这种支座的特点是只能限制物体沿垂直于支撑面方向的运动，而不能阻碍物体沿着支撑面方向的运动，所以辊轴支座的约束力应垂直于支撑面，通过圆柱销中心，指向可任意假定。通常用符号 F_N 表示，如图 1－18（c）所示。

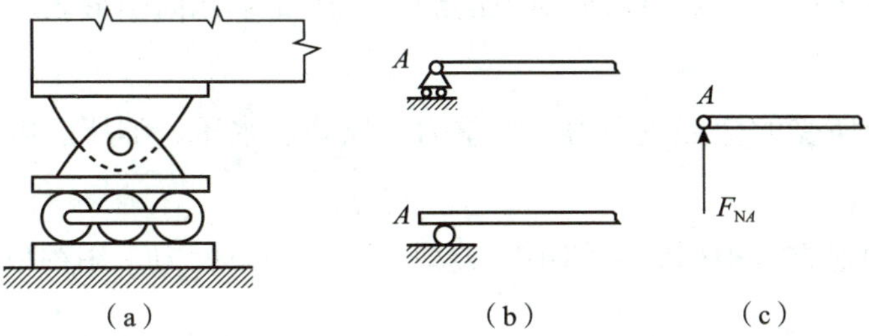

图 1－18　辊轴支座的受力分析图

1.3.4　链杆约束

两端用光滑铰链与其他构件连接且不考虑本身的重量的杆称为**链杆**，如图 1－19（a）所示。由于链杆为二力杆，既能受拉也能受压，所以链杆约束的约束力沿两端铰链中心的连线，指向不能预先确定，可假设一个方向，如图 1－19（b）所示。二力杆可以是直杆，也可以是曲杆。图 1－20 中的曲杆 BC 就是二力杆。

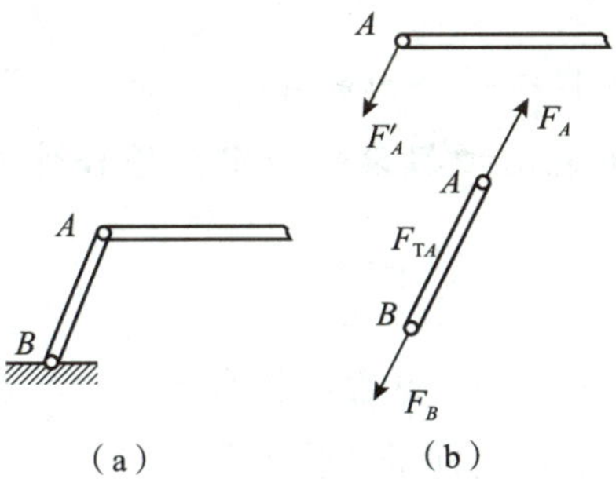

图 1－19　链杆的受力分析图

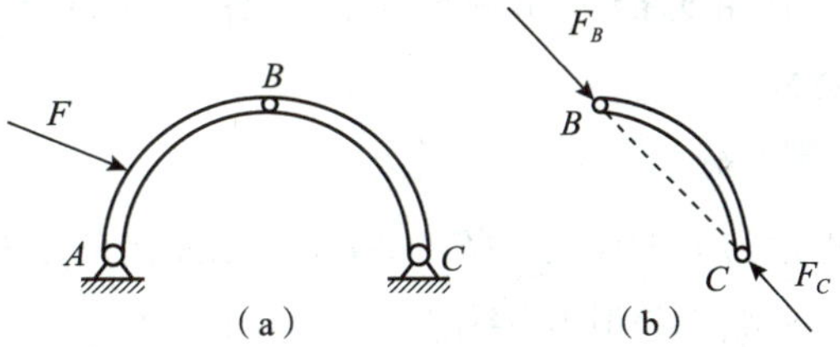

图 1－20　曲杆的受力分析图

1.4　物体的受力分析和受力图

解决静力学问题时，首先要明确研究对象，再考虑它的受力情况，然后列出相应的平衡方程去计算。工程中的结构与机构十分复杂，为了清楚地表达出某个物体的受力情况，必须将它从与之相联系的周围物体中分离出来。分离的过程就是解除约束的过程，在解除约束的地方用相应的约束反力来代替约束的作用。被解除约束后的物体简称**分离体**。

将物体所受的全部主动力与约束反力以力的矢量形式表示在分离体上，这样得到的图形称为研究对象的受力图。

画受力图的步骤如下。

1. 确定研究对象。

按照问题的条件和要求，确定所研究的对象（它可以是一个物体，也可以是几个物体的组合或整个物体系统），解除研究对象的约束，用简单几何图形表示出其形状特征。

2. 画主动力。

画出研究对象所受的全部主动力，如重力、风载、水压、油压、电磁力等。

3. 画约束反力。

在解除约束的地方，根据约束的不同类型，画出约束反力（用约束反力来代替约束的作用）。

4. 准确标注各力相应的符号和作用点的字母。

5. 检查是否有多画、漏画或画错的力。

解题须知：

1. 画受力图时，先画主动力，然后在解除约束处画约束反力。必须清楚每个力的施力物体是何物。本教材题目中没有说明或原图中未画出重力的就是不计重力，凡没有提及摩擦时，接触面视为光滑。

2. 要善于分析二力平衡物体的受力方向，并正确应用三力平衡汇交定理分析三力平衡刚体的受力特点。

3. 一对作用力和反作用力要用同一字母，并在其中一个力的字母上加上“′”以示区别。作用力的方向确定了，反作用力的方向就不能随便假设，一定要符合作用与反作用公理。

【例题分析】

重量为 G 的梯子 AB 一端放置在光滑的水平地面上，另一端靠在铅直墙上，在 D 点用一根水平绳索将其与墙相连，如图 1-21（a）所示。试画出梯子的受力图。

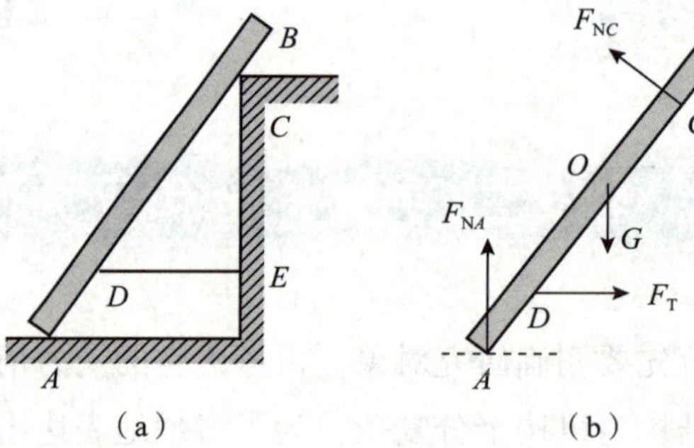

图 1-21　梯子及其受力图

分析：梯子所受重力为主动力，除此之外，梯子与外界有 A、C、D 三个接触点，且每一个接触点都存在约束反力。

解：

（1）将梯子从周围约束中分离出来，作为分离体。

（2）画出主动力，即梯子所受重力 G，作用于梯子的重心（几何中心），方向铅直向下。

（3）画墙和地面对梯子的约束反力。根据光滑接触面约束的特点，A、C 处的约束反力 F_{NA}、F_{NC} 分别与地面、梯子垂直并指向梯子。

（4）D 点绳索的约束反力 F_T 应沿着绳索的方向并背离梯子。梯子受力图如图 1-21（b）所示。

本题要点：

（1）梯子是分离体。

（2）一般先画主动力，本题中梯子所受重力是主动力。

（3）A、C 两处为光滑面约束，其约束反力可以直接画出方向。

（4）D 处为柔性体约束，其约束反力也可以直接画出方向。

【例题分析】

如图 1-22（a）所示，梁 AB 在中点 C 处受到集中力 F 的作用，A 端为固定铰链支座约束，B 端为活动铰链支座约束。试画出梁的受力图（梁自重忽略不计）。

分析：梁 AB 为三力构件，F 为主动力，A、B 两点为铰链约束。

解：

（1）取梁 AB 为研究对象，解除 A、B 两处的约束，画出其分离体简图。

（2）在梁的中点 C 画出主动力 F。

（3）在受约束的 A 处和 B 处，根据约束类型画出约束反力。B 处为活动铰链支座约束，其约束反力通过铰链中心且垂直于支承面；A 处为固定铰链支座约束，其约束反力可用通过铰链中心且相互垂直的分力 F_{Ax}、F_{Ay} 表示。

梁的受力图如图 1-22（b）所示。

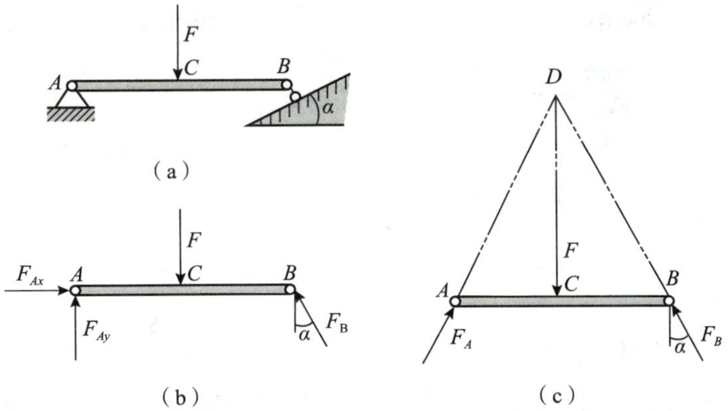

图 1-22　梁及其受力图

注意：

梁只在 A、B、C 三点受到互不平行的三个力的作用而处于平衡，因此，也可以根据三力平衡汇交定理进行受力分析。已知 F、F_B 相交于 D 点，则 A 处的约束反力 F_A 也应通过 D 点，从而可确定 F_A 必在过 A、D 两点的连线上，可画出如图 1-22（c）所示的受力图。

本题要点：

（1）梁是分离体。

（2）集中力 F 是主动力。

（3）A 处为固定铰链支座约束，B 处为活动铰链支座约束。

（4）B 处活动铰链支座的约束反力只能确定方位，其指向是假设的。

（5）A 处的约束反力一般用 F_{Ax}、F_{Ay} 两个相互垂直的分力表示（图 1-22（b）），特殊情况下也可以确定其方位（图 1-22（c））。

【例题分析】

图 1-23（a）所示的单缸内燃机内部有一曲柄滑块机构，由气缸 1、活塞 2、连杆 3 和曲轴 4 相互连接组成，其力学模型如图 1-23（b）所示。该机构可将连杆 3 上端的活塞 2 的往复直线运动转换为与连杆下端所连接的曲轴的连续旋转运动。

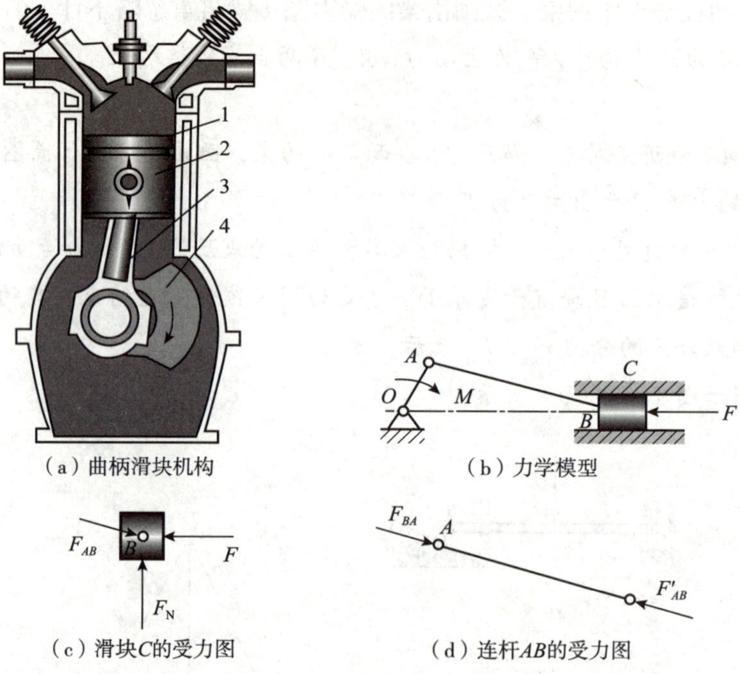

（a）曲柄滑块机构　（b）力学模型

（c）滑块 C 的受力图　（d）连杆 AB 的受力图

1—气缸；2—活塞；3—连杆；4—曲轴。

图 1-23　单缸内燃机

曲柄滑块机构运动原理：燃气推动气缸 1 内的活塞 2 做直线运动，带动连杆 3 做平面运动，使曲轴 4 做旋转运动，从而将直线运动转换为旋转运动，实现了内燃机将燃气燃烧的热能转换成曲轴转动的机械能的功能。

根据单缸内燃机的结构和工作原理，分析并思考下列问题。

（1）分析曲柄滑块机构的约束情况。

（2）分析滑块 C 的受力情况并画受力图。

（3）分析连杆 AB 的受力情况并画受力图。

（4）讨论作用与反作用公理在上述受力分析中的实际应用。

解题思路：

1. 分析曲柄滑块机构的约束情况。

O 处约束为固定铰链支座约束，A 处约束为中间铰链约束，B 处约束为中间铰链约束，C 处约束为光滑接触面约束。

2. 分析滑块 C 的受力情况。

滑块 C 为三力构件，受以下三力作用：主动力 F 为气体的压力，约束力 F_{AB} 为连杆的反作用力，约束力 F_N 为气缸壁的法向反力。由三力平衡汇交定理可知，F、F_{AB}、F_N 三力必汇交于 B 点。受力图如图 1-23（c）所示。

3. 分析连杆 AB 的受力情况。

连杆 AB 为二力构件，受 F_{BA}、F'_{AB} 二力作用，由二力平衡公理可知：F_{BA} 与 F'_{AB} 等值、反向、共线，受力图如图 1-23（d）所示。

4. 通过作用与反作用公理，可以把曲柄滑块机构中相互作用的物体，如滑块与连杆的受力分析联系起来。从而可知，两物体上的作用力 F_{BA} 与 F'_{AB} 大小相等、方向相反，沿同一条直线但分别作用于两个物体上。

课后习题

一、判断题

1. 外力偶作用的刚结点处，各杆端弯矩的代数和为零。（　）
2. 在刚体上加上（或减）一个任意力，对刚体的作用效应不会改变。（　）
3. 固定端约束的反力为一个力和一个力偶。（　）
4. 力的可传性原理和加减平衡力系公理只适用于刚体。（　）
5. 表示物体受力情况全貌的简图叫受力图。（　）

二、选择题

1. 关于工程力学的基本知识，下列说法正确的是。（　）

A. 工程力学中我们把所有的物体都抽象化为变形体。

B. 在工程力学中我们把所有的物体都抽象化为刚体。

C. 稳定性是指结构或构件保持原有平衡状态。

D. 工程力学是在塑性范围内，大变形情况下研究其承载能力。

2. 依据力的可传性原理，下列说法正确的是。（　）

A. 力可以沿作用线移动到物体内的任意一点。

B. 力可以沿作用线移动到任何一点。

C. 力不可以沿作用线移动。

D. 力可以沿作用线移动到刚体内的任意一点。

3. 关于物体的合理抽象与简化，下列说法正确的是。（　）

A. 工程力学中，将物体抽象为刚体。

B. 工程力学中，将物体抽象为变形体。

C. 工程力学中，研究外效应时，将物体抽象为刚体。而研究内效应时，则抽象为变形体。

D. 以上说法都不正确。

4. 力偶的特点，下列说法正确的是。（　）

A. 力偶可以用力来维持平衡。

B. 力偶的合成结果仍为一力偶。

C. 力偶矩大小相等，方向相反的二力偶，互为等效力偶。

D. 力偶不可以任意搬动。

第2章　平面任意力系的简化及平衡问题

章前导读

本章将深入介绍平面任意力系的简化及平衡问题。首先讨论平面力系的基本概念，包括汇交力系、平行力系、力偶以及任意力系。接着将学习汇交力系的合成与平衡，力偶系的合成与平衡，以及如何简化和解决平面任意力系的平衡问题。最后介绍静定与静不定问题。通过本章的学习，帮助读者掌握力系问题的基本概念和解决方法，提升解决实际问题的能力。

学习目标

◎知识目标

1. 理解平面力系的基本概念，包括平面汇交力系、平面平行力系、力偶与力偶系等。
2. 掌握平面力系的合成与平衡，包括汇交力系的合成和平衡，以及力偶系的合成和平衡。
3. 理解力矩的概念和计算方法，以及力偶对物体的影响。
4. 掌握平面任意力系的简化与平衡方法，包括力的平移定理、力系向一点简化和平衡问题的分析与求解。
5. 清楚静定和静不定问题的概念，以及在平面任意力系中如何判断静定和静不定的条件。

◎能力目标

1. 能够分析和描述平面力系的组成和性质，准确使用相关概念和术语。

2. 能够进行平面力系的合成与分解计算，包括对汇交力系和力偶系进行合成的能力。

3. 能够应用力矩的计算方法，分析力偶对物体产生的效果。

4. 能够运用平面任意力系的简化方法，推导力的平衡条件和方程，并解决平衡问题。

5. 能够判断平面力系的静定和静不定情况，分析力的平衡状态。

◎素质目标

1. 培养系统思维和分析问题的能力，能够将复杂的力系问题进行简化和归纳，提取关键信息进行分析。

2. 培养解决问题的能力，能够应用所学的知识和方法解决实际的力系问题，提供合理的解决方案。

3. 培养准确性和严谨性，能够正确使用相关概念和计算方法，避免错误和误导。

4. 培养团队合作和沟通能力，能够与他人共同解决力系问题，进行有效的交流和合作。

5. 培养批判性思维和创新能力，能够对力系问题进行独立思考和提出新的观点或解决方案。

思政之窗

力学知识在工程建设、航空航天等领域有着广泛的应用。学生在学习力学知识的同时，应增强社会责任感，关注国家和社会的发展需求。通过参与科研项目、社会实践等活动，为国家和社会的发展贡献自己的力量。

2.1 平面力系基本概念

2.1.1 平面汇交力系

在平面力系中，各力的作用线或作用线的延长线都在一个平面内且汇交于一点的力系称为平面汇交力系如图 2-1 所示。

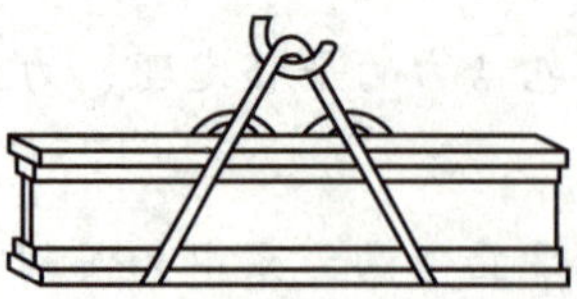

（a）

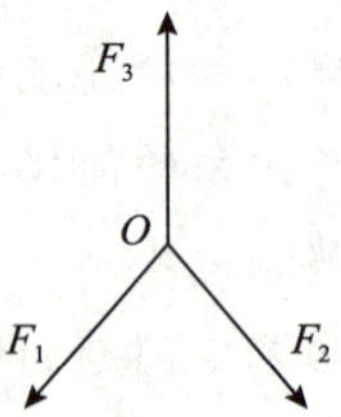

（b）

图 2-1　平面汇交力系

2.1.2　平面平行力系

在平面力系中，各力的作用线或作用线的延长线都在一个平面内且相互平行的力系称为平面平行力系。运动员—吊环系统所受的力组成的力系就可简化为平面平行力系，如图 2-2 所示。

（a）

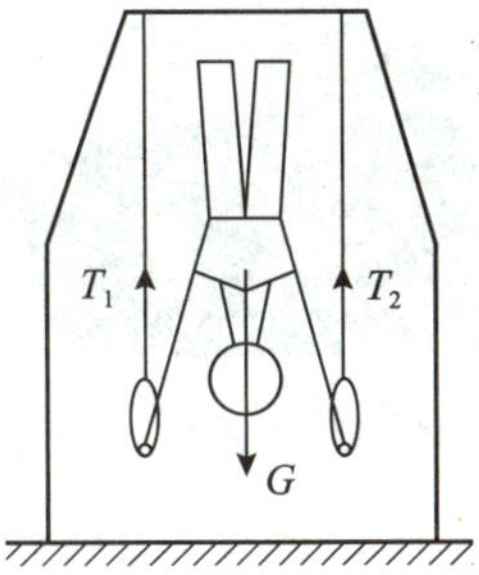

（b）

图 2-2　平面平行力系

2.1.3　力偶与力偶系

作用于刚体上大小相等、方向相反且不共线的两个力构成力偶，作用于刚体上的一群力偶称为力偶系。力偶在生活中无处不在，如机械加工螺纹时的攻丝过程（图 2-3（a））、汽车行驶过程中的打方向盘（图 2-3（c））。力偶的两个力 F、F' 所在平面称为力偶作用面，二力作用线之间的距离称为力偶臂，用 d 表示，如图 2-3（b）和图 2-3（d）所示。作用于自由刚体上的力偶对刚体产生绕质心转动效应。

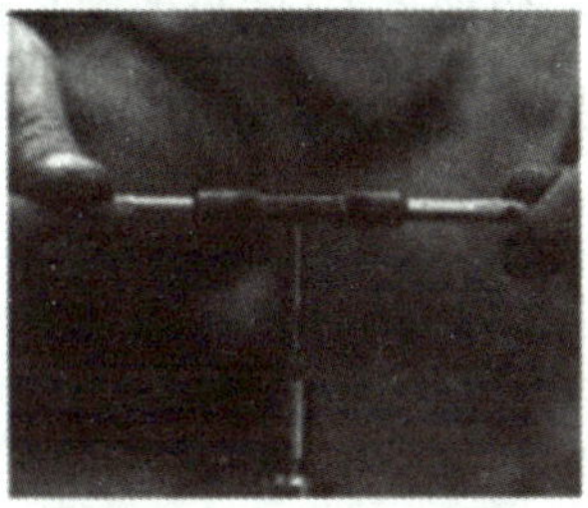

（a）

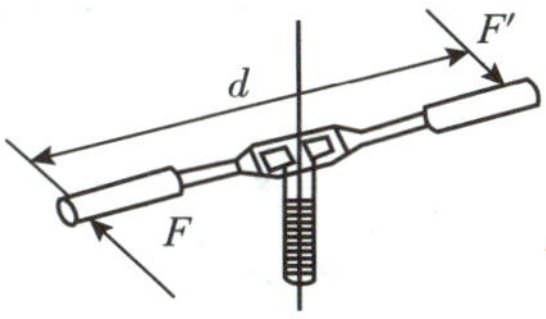

（b）

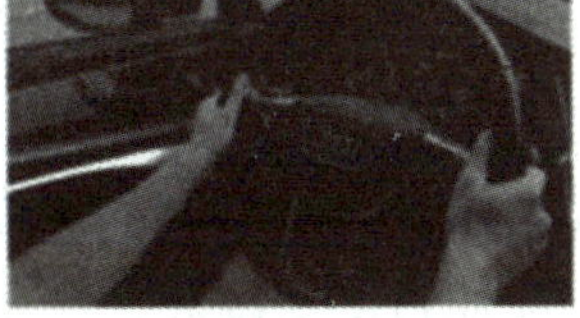

（c）

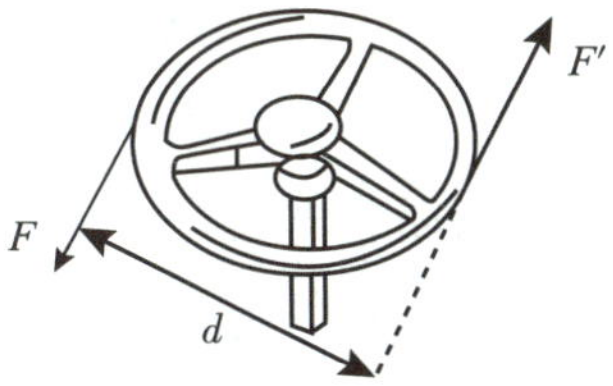

（d）

图 2-3　力偶系

2.1.4 平面任意力系

各力的作用线在同一平面内，既不完全汇交于一点又不完全平行的力系称为平面任意力系，如图 2-4（a）所示的钱塘江大桥，受力简图如图 2-4（b）所示。

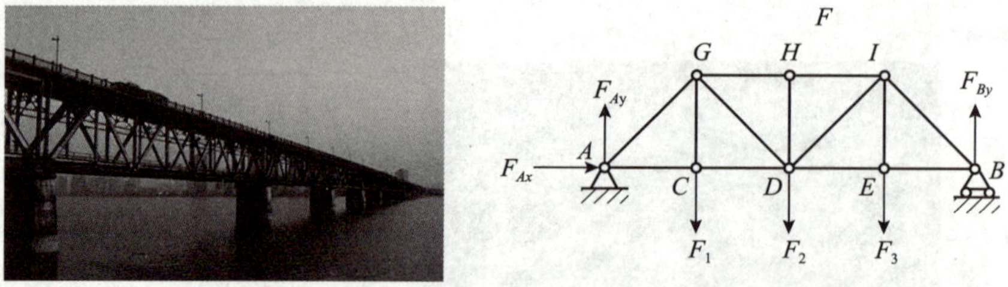

（a）钱塘江大桥　　（b）受力简图

图 2-4 平面任意力系

2.2 平面汇交力系的合成与平衡

2.2.1 汇交力系的合成

1. 汇交力系合成的几何法

作用在刚体上同一点的两个力，可以合成为一个合力。合力的作用点也在该点，合力的大小和方向，由这两个力为边构成的平行四边形的对角线确定，如图 2-5（a）所示，这就是力平行四边形法则。由力矢 F_1 和 F_2 构成的三角形 OAB 称为力三角形，如图 2-5（b）所示。运用力三角形求合力的方法称为力三角形法则。

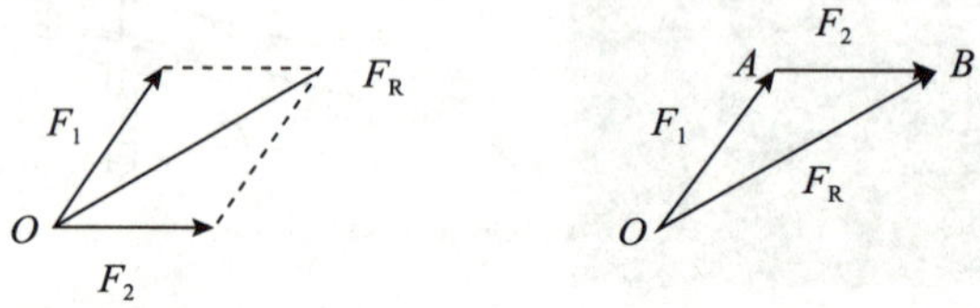

（a）力平行四边形法则　　（b）力三角形法则

图 2-5　两个力的合成

如果力个数多于两个，则由力系中各力的力矢首尾相接构成开口多边形，由开口的力多边形起点指向终点的封闭边即为合力矢。这种求合力的方法称为力多边形法则。如图 2-6 所示，多边形 $OABCD$ 为力系的力多边形，OD 称为此力多边形的封闭边，表示此平面汇交力系合力 F_R 的大小与方向，而合力的作用线仍应通过 O。因此，汇交力系可合成为一个作用于汇交点的合力，合力的力矢由力多边形的封闭边表示。通过画出力多边形求合力的方法称为几何法。

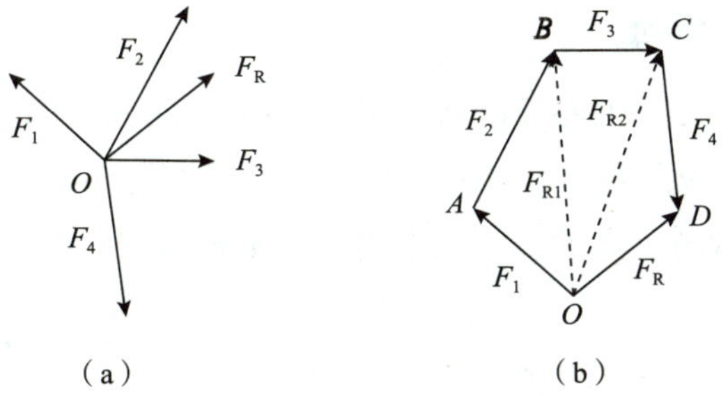

图 2-6　几何法合成多个力

2. 汇交力系合成的解析法

平面汇交力系的求解，除了几何法之外，经常采用的还有解析法。通过力矢在坐标轴上的投影来完成力系合成的方法，称为解析法，也叫投影法。

力矢在坐标轴上的投影是解析法的基础。如图 2-7（a）所示，设有力 F 与 x 轴共面，由力 F 的始端 A 点和末端 B 点分别向 x 轴作垂线，垂足为 a 和 b，则线段 ab 的长度冠以适当的正负号就表示力 F 在 x 轴上的投影，记为 F_x。如果从 a 到 b 的指向与 x 轴的正向一致，则 F_x 为正值。反之为负值，如图 2-7（b）所示。力 F 与 x 轴正向间的夹角为 α，则力 F 在 x 轴上的投影为：$F_x=F\cos\alpha$。

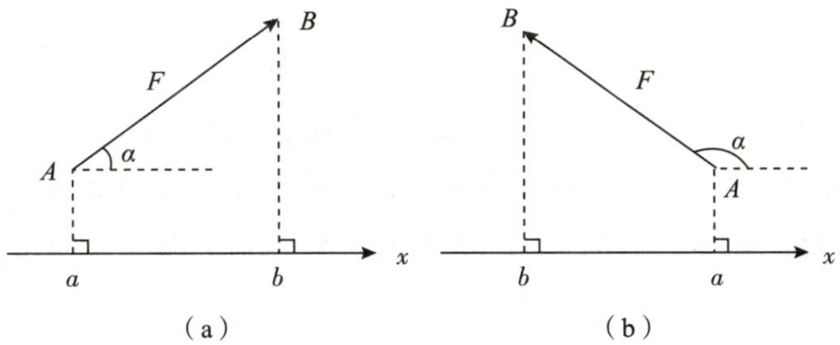

图 2-7　力矢在坐标轴上的投影

力矢在平面上的投影也可以有类似的表达。如图 2-8 所示，由力 F 的始端 A 点和末端 B 点分别向 xy 平面作垂线，垂足为 a 和 b，则矢量 ab 称为力 F 在 xy 平面上的投影，记为 F_{xy}。F_{xy} 是矢量，其大小为：$F_{xy}=F\cos\alpha$。

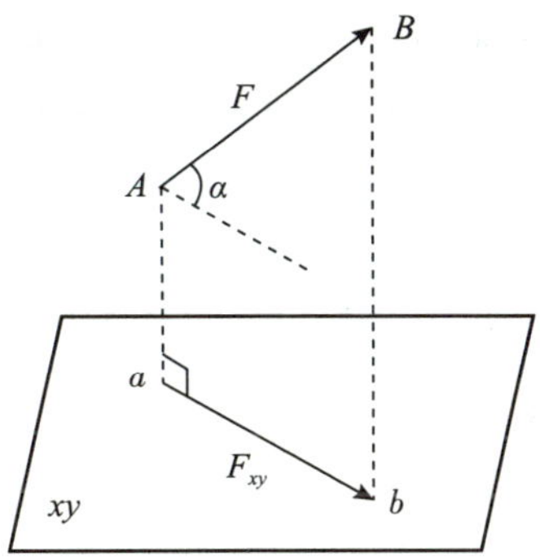

图 2-8　力矢在平面上的投影

2.2.2 汇交力系的平衡

三力平衡汇交定理：当刚体受到同平面内互不平行的三力作用而平衡时，三力的作用线必汇交于一点。如图 2-9 所示，F_1 和 F_2 的合力 F_{12} 必过两力的交点 O，根据二力平衡公理，F_3 要和 F_{12} 平衡，必然过同一点 O，三力平衡汇交定理得证。

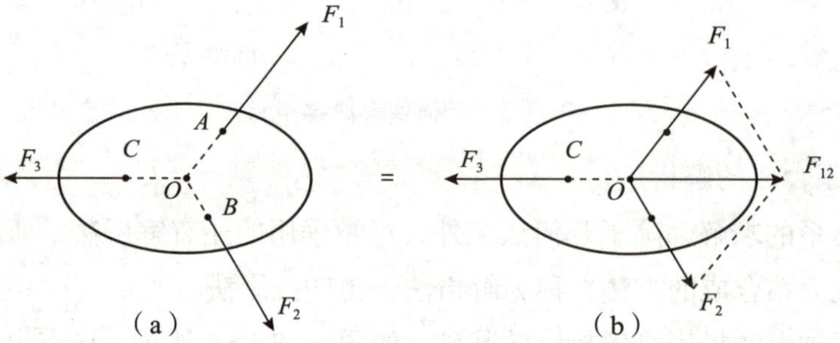

图 2-9　三力平衡汇交示意图

需要注意的是，三力作用线汇交于一点只是刚体在平面互不平行三力作用下平衡的必要条件，而非充分条件。平面汇交力系平衡的必要和充分条件是：力系的合力等于 0。即平面汇交力系的平衡条件可写成矢量表达式为

$$\sum_{i=1}^{n} \boldsymbol{F}_i = 0 \tag{2-1}$$

平面汇交力系的平衡条件常用几何形式或解析形式表示。汇交力系的合力矢是以各分力矢为边构成的多边形的封闭边。若合力为零，表明力多边形中最后一个力矢的末端与第一个力矢的始端重合，如图 2-10 所示，即平面汇交力系平衡的几何条件是：力系的力多边形自行封闭。

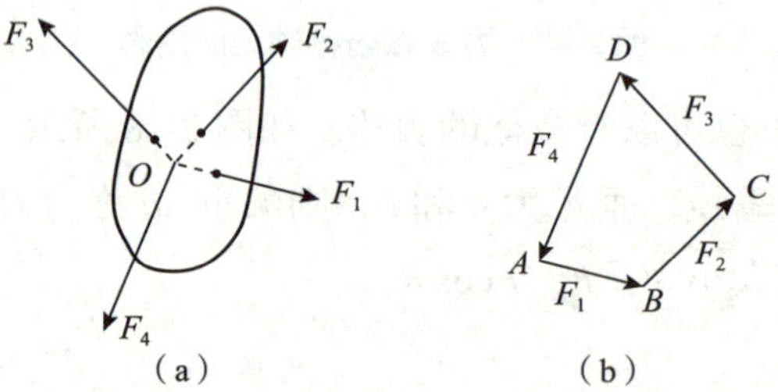

图 2-10　汇交力系平衡的几何条件示意图

如果用各分力投影表示合力 F_R 的大小，则

$$F_R = \sqrt{\left(\sum F_x\right)^2 + \left(\sum F_y\right)^2} \tag{2-2}$$

平面汇交力系平衡，即 $F_R=0$，则需满足以下方程

$$\begin{cases} \sum F_x = 0 \\ \sum F_y = 0 \end{cases} \tag{2-3}$$

因此，平面汇交力系平衡的解析条件是该力系的合力等于 0，即力系中各力在互相垂直的两个坐标轴上投影的代数和分别等于 0。

一般对于只受三个力作用的物体，且角度特殊时用几何法求解比较简便。而对于受多个力作用的物体，多采用解析法。解析法中，投影轴常选择与未知力平行或垂直，最好使每个方程中只有一个未知数。此外，解析法解题时，力的方向可以任意假设，如果求出负值，说明力方向与假设相反。对于二力构件，一般先假设为拉力，如果求出负值，说明构件受压力。

【例题分析】

边长为 a 的直角弯杆 ABC 的 A 端与固定铰链支座连接，C 端与杆 CD 用销钉连接图 2-11（a）所示。而杆 CD 与水平线夹角为 60°，略去各杆重量。沿 BC 方向作用已知力 F=60 N。求 A、C 两点的约束力。

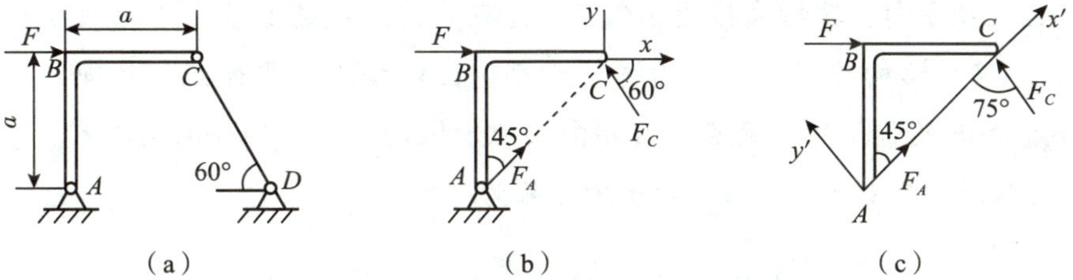

图 2-11　直角弯杆 *ABC* 的受力分析图

解：

（1）选取直角弯杆 ABC 为研究对象。

（2）画出直角弯杆的受力图，如图 2-11（b）所示。其中 F 为已知主动力。CD 为二力构件，C 点约束力 F_C 沿 CD 方向，其指向按图示假设。A 点为固定铰链支座，其约束力 F_A 的方向事先不能确定。当弯杆只在 ABC 三处作用，三个力处于平衡，且 F 和 F_C 交于 C 点时，根据三力平衡汇交原理，A 点约束力 F_A 的作用线必然要过 C 点，其指向按图 2-11（b）所示假设。

（3）利用平衡条件求解。本题用平衡的解析条件，为此选定坐标系 Cxy，如图 2-11（b），列出两个平衡方程为

$$\begin{cases}\sum F_x=0, & F+F_A\sin 45°-F_C\cos 60°=0\\ \sum F_y=0, & F_A\cos 45°-F_C\sin 60°=0\end{cases}$$

联立可解得：F_A=−53.79 N，F_C=43.92 N。负值表示力的指向与假设的方向相反。

注：本题也可采用 $Ax'y'$ 坐标系进行平衡方程计算，如图 2-11（c）所示。

【例题分析】

如图 2-12（a）所示的结构，已知 P=10 kN，不计各杆自重。求杆 BC 所受的力以及固定铰链支座 A 处的约束力。

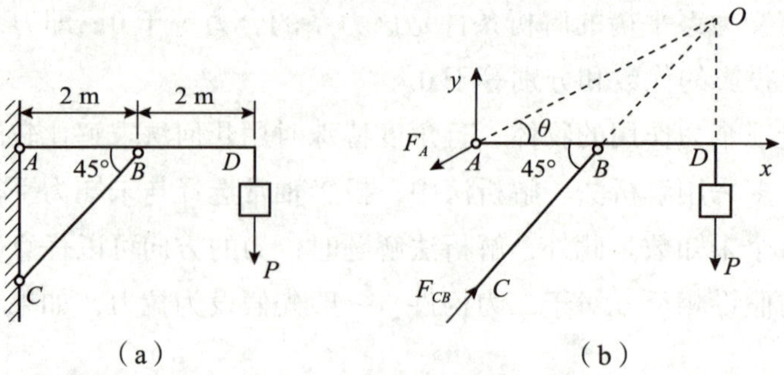

图 2-12　受力分析图

解：

（1）选取结构整体为研究对象。

（2）作受力图，如图 2-12（b）所示。其中 P 为已知主动力。BC 为二力构件，C 点约束力 F_{CB} 沿 CB 方向，其指向按图示假设。A 点为固定铰链支座，其约束力 F_A 的方向事先不能确定。整个结构作用有三个力并处于平衡，根据三力平衡汇交定理，F_A 的作用线必然要过 F_{CB} 和 P 的作用线的交点，其指向按图示假设。三力构成汇交力系。

（3）选取图示投影轴系 Axy，列平衡方程为

$$\begin{cases}\sum F_x=0,\ F_{CB}\cos 45°-F_A\cos\theta=0\\ \sum F_y=0,\ F_{CB}\sin 45°-F_A\sin\theta-P=0\end{cases}$$

由图中几何关系，可以得出：$\sin\theta=\frac{1}{\sqrt{5}}$，$\cos\theta=\frac{2}{\sqrt{5}}$。

（4）解得杆 BC 所受的力以及固定铰链支座 A 处的约束力分别为：$F_{CB}=20\sqrt{2}$ kN，$F_A=10\sqrt{5}$ kN。

【例题分析】

已知两端滑轮 B、C 处分别挂有重物载荷为 P 和 $2P$，圆柱 A 的重量为 Q，如图 2-13（a）所示。求平衡时的角度 α 以及地面的反力 F_0。

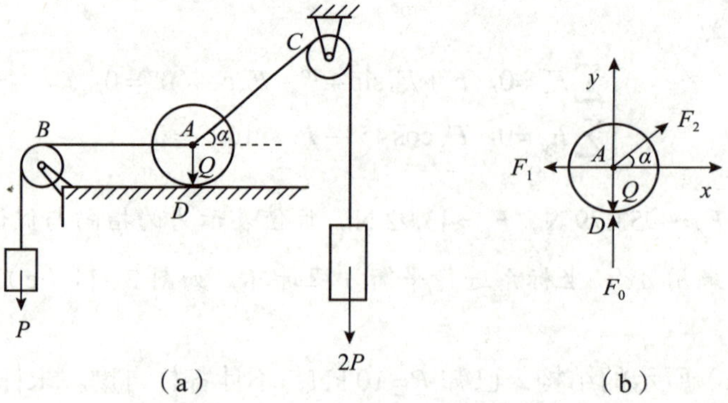

图 2-13　滑轮与重物的受力分析图

解：

以圆柱作为研究对象（图 2-13（b）），根据平面力系汇交平衡原理，列平衡方程为

$$\begin{cases}\sum F_x=0,\ F_2\cdot\cos\alpha-F_1=0\\ \sum F_y=0,\ F_2\cdot\sin\alpha-Q+F_0=0\end{cases}$$

$$\cos\alpha=\frac{F_1}{F_2}=\frac{P}{2P}=\frac{1}{2}$$

解得：$\alpha=60°$，$F_0=Q-\sqrt{3}P$。

2.3　平面力偶系的合成与平衡

2.3.1　力矩

1．力对点的矩

以用扳手旋转螺母为例，由经验可知，螺母能否旋动，不仅取决于作用在扳手上的力 F 的大小，而且还与点 O 到 F 的作用线的垂直距离 L_h 有关。力学用 F 与 L_h 的乘积来度量力 F 使螺母绕点 O 转动效应的大小，称为力矩，其中距离 L_h 称为 F 对点 O 的力臂，点 O 称为矩心，如图 2-14 所示。

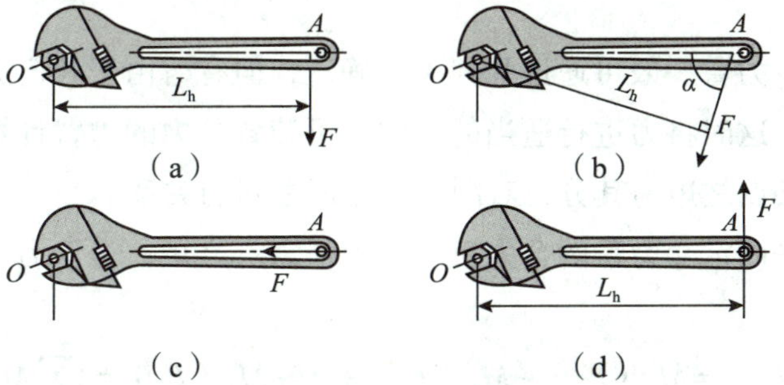

图 2-14　用扳手旋转螺母

力 F 对点 O 之矩定义为：力的大小 F 与力臂 L_h 的乘积，以符号 $M_O(F)$ 表示。

$$M_O(F)=\pm F\cdot L_h \tag{2-4}$$

转动有顺时针和逆时针两个转向，如图 2-15（a）、图 2-15（d）所示。通常规定：力使物体绕矩心逆时针方向转动时，力矩为正；反之为负。

力矩的单位取决于力和力臂的单位，在国际单位制中，力矩的单位名称为牛顿·米，符号为 N·m。

由力矩的定义可知以下内容。

（1）力矩不仅取决于力 F 的大小，同时还与矩心的位置有关。

（2）力 F 对任一点的力矩，不会因该力沿其作用线移动而改变（因为力臂不变）。

（3）力的作用线通过矩心时，力矩等于零（因为力臂等于 0），如图 2-14（c）所示。

【例题分析】

$F=100$ N 的力按图 2-15 所示两种情况作用在锤柄上，柄长 $l=300$ mm，试求力 F 对支点 O 之矩。

解：

（1）如图 2-15（a）所示，支点 O 到力 F 作用线的垂直距离即力臂 L_h 等于锤柄长度 l，力使锤柄做逆时针方向转动，力 F 对支点 O 之矩为

$M_O(F)=F\cdot L_h=100\text{ N}\times 300\text{ mm}=30\,000\text{ N}\cdot\text{mm}=30\text{ N}\cdot\text{m}$

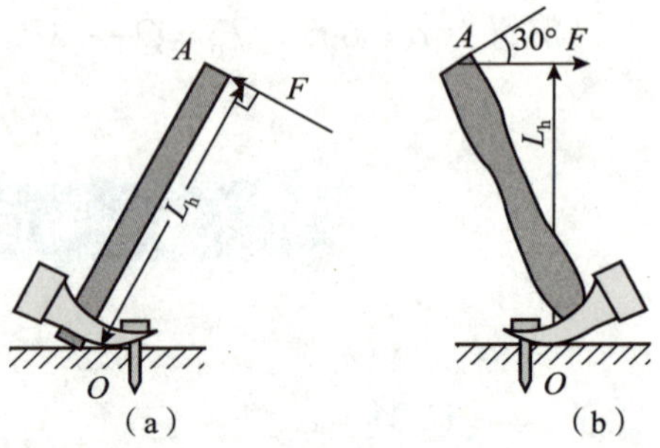

图 2-15　锤的受力分析

（2）如图 2-15（b）所示，力臂 $L_h=l\cos 30°$，力使锤柄做顺时针方向转动，力 F 对支点 O 之矩为

$M_O(F)=-F\cdot L_h=-100\text{ N}\times 300\text{ mm}\times\cos 30°\approx -25\,981\text{ N}\cdot\text{mm}=-25.981\text{ N}\cdot\text{m}$

比较上述两种情况可知：起钉子时，作用在手柄同一位置上的力与手柄的方向不同，所产生的力矩也不同。当力的方向与手柄的方向垂直时力臂最长，所产生的力矩最大，此时起钉子最省力。

2. 合力矩定理

在计算力矩时，力臂一般可通过几何关系确定，但有时由于几何关系比较复杂，直接计算力臂比较困难。这时将力进行适当的分解，可使各分力的力臂计算变得方便。合力矩定理说明了合力对某点之矩与其分力对同一点之矩之间的关系。

合力矩定理：平面汇交力系的合力对平面内任意点之矩，等于力系中各分力对同一点力矩的代数和，即

$$M_O(F_R)=M_O(F_1)+M_O(F_2)+\cdots+M_O(F_n)=\sum M_O(F_i) \tag{2-5}$$

其中，$F_R=F_1+F_1+\cdots+F_n,\ =\sum F_i$，定理证明从略。

解题须知：

（1）首先确定矩心，再由矩心向力的作用线作垂线求出力臂。

（2）力矩正负号的判定：以矩心为中心，力使物体绕矩心做逆时针方向转动时为正，反之为负。

（3）根据已知条件，可采用两种不同的方法进行力矩计算：直接公式法（即按力矩公式进行计算）或合力矩定理法（即先对力进行分解，再按合力矩定理计算）。

【例题分析】

如图 2–16（a）所示，直齿圆柱齿轮受啮合力 F 的作用。设 F=1 400 N，压力角 α=20°，齿轮的节圆（啮合圆）半径 r=60 mm，试计算力 F 对轴中心 O 之矩。

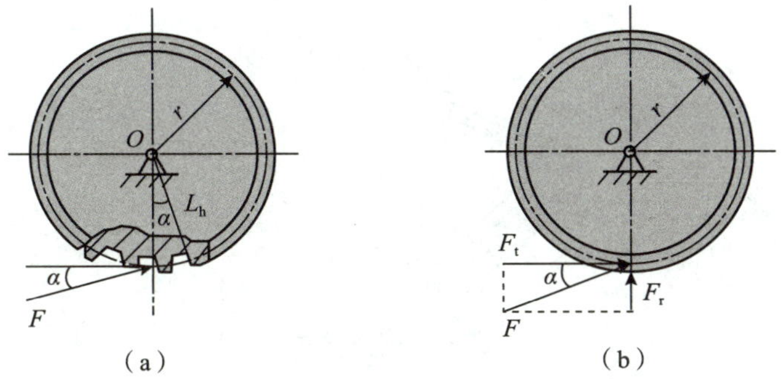

图 2–16　直齿圆柱齿轮受力分析图

解法 1（按直接公式法求解）：

由图 2–16（a）有 $M_O(F)=F\cdot L_h=Fr\cos\alpha=1\,400\ \text{N}\times 60\ \text{mm}\times\cos 20°\approx 78.93\ \text{N}\cdot\text{m}$

解法 2（用合力矩定理法求解）：

将力 F 分解为圆周力（或切向力）F_t 和径向力 F_r，如图 2–17（b）所示，则有 $M_O(F)=M_O(F_t)+M_O(F_r)=M_O(F_t)=F_t\cdot r=F\cos\alpha\cdot r\approx 78.93\ \text{N}\cdot\text{m}$

3. 力矩的平衡条件

在日常生活和生产中，常会遇到绕定点（轴）转动物体（这种物体通常称为杠杆）平衡的情况。如图 2–17 所示的杆秤、汽车制动踏板、钳子和手动剪断机等。

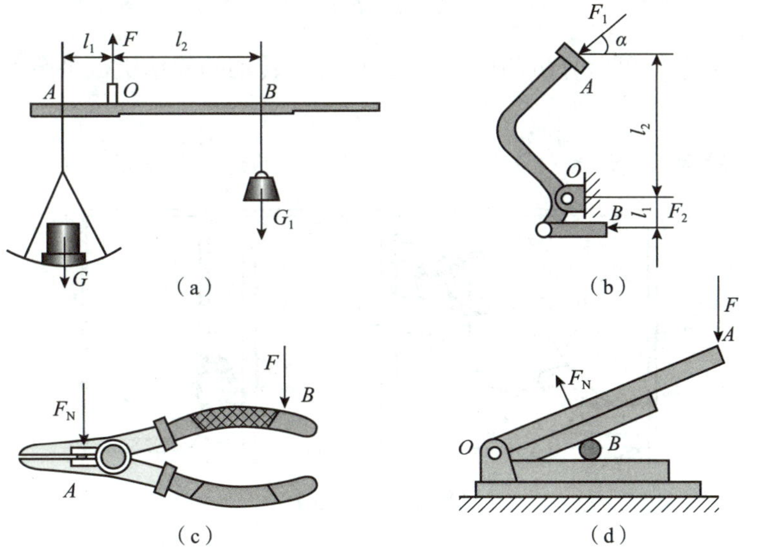

图 2–17　力矩的平衡实例

杠杆平衡

以汽车制动踏板（图 2–18）为例，在具有固定转动中心的物体上作用有两个力，各力对转动中心 O 点之矩分别为

$$M_O(F_A)=F_A\cdot a$$

$$M_O(F_B)=-F_B\cdot b$$

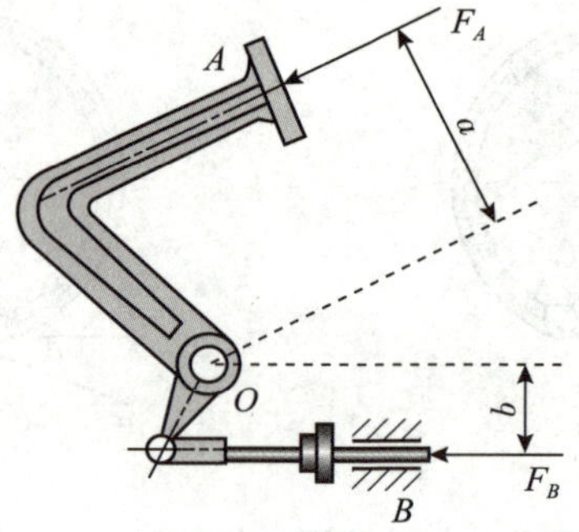

图 2－18　汽车制动踏板

由于物体平衡，顺时针方向转动效果与逆时针方向转动效果相同，所以有

$$F_A\cdot a=F_B\cdot b$$

$$F_A\cdot a-F_B\cdot b=0$$

$$M_O(F_A)+M_O(F_B)=0$$

杠杆的平衡规律反映了所有绕定点转动物体平衡时的共同规律，即绕定点转动物体平衡的条件：各力对转动中心 O 点之矩的代数和等于零，即合力矩为零。用公式表示为

$$M_O(F_1)+M_O(F_1)+\cdots+M_O(F_n)=0$$

或

$$\sum M_O(F_i)=0 \qquad (2-6)$$

利用力矩平衡条件可以分析和计算绕定点（轴）转动的简单机械平衡时的未知力大小。

想一想

如图 2－19 所示，你认为门能朝哪个方向转动，能说明其转动的条件吗？

图 2－19　推门

2.3.2　力偶

1．力偶的概念

在日常生活和工程实际中，经常见到物体受到两个大小相等、方向相反，作用线相互平行的力作用的情况（图 2－20）。在力学中把这样一对等值、反向且不共线的平行力组

成的特殊力系称为力偶，用符号（F, F'）表示。两个力作用线之间的垂直距离 d 称为力偶臂，用 L_d 表示。两个力作用线所确定的平面称为力偶的作用面。

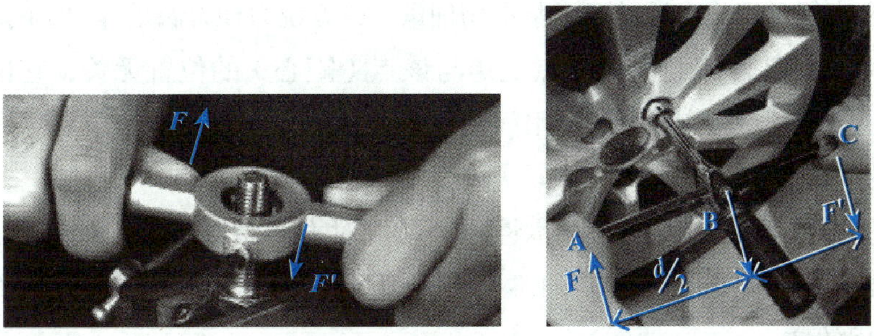

（a）攻螺纹　　（b）拆装汽车轮胎紧固螺栓

图 2-20　力偶实例

实验表明，力偶对物体只能产生转动效应，且当力 F 越大或力偶臂 L_d 越大时，力偶使物体转动的效应就越显著。因此，用力偶中任一力的大小与力偶臂的乘积来度量力偶对物体的转动效应，称为力偶矩。用 M 或 M（F, F'）表示为

$$M= \pm F \cdot L_d \tag{2-7}$$

力偶矩是代数量，式（2-7）中的正负号是说明力偶转向的。一般规定：力偶使物体逆时针方向转动时，力偶矩为正；反之为负。力偶矩的单位是 N·m，读作“牛·米”。

由实践可知，力偶对刚体的转动效应取决于力偶的三要素：力偶矩的大小、力偶的转向以及力偶作用面的方位。对同一平面内的两个力偶，由于力偶作用面的方位相同，力偶的效应只取决于力偶矩的大小和力偶的转向，因此，只要保证这两个要素不变，两个力偶就彼此等效。

2. 力偶的表示方法

力偶可用力和力偶臂来表示，或用带箭头的弧线表示，箭头表示力偶的转向，M 表示力偶矩的大小，如图 2-21 所示。

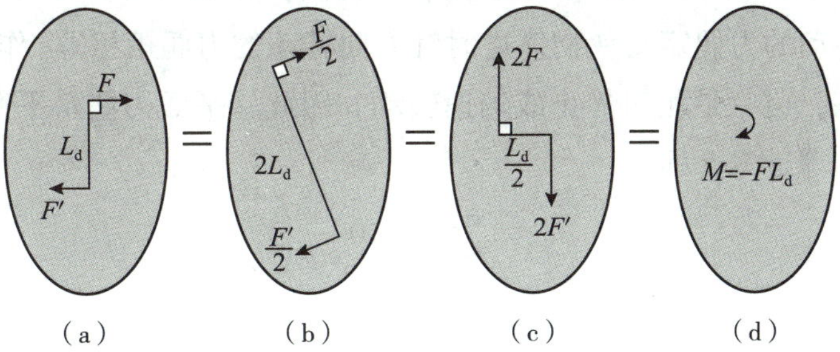

图 2-21　力偶的表示方法

3. 力偶的基本性质

性质 1：力偶无合力，力偶只能用力偶来平衡。

力偶是由两个力组成的特殊力系，在任意坐标轴上投影的代数和恒等于零，故力偶无合

力，不能用一个力来平衡，只能与力偶相平衡。力偶对刚体的移动不会产生任何影响，即力偶对刚体只有转动效应而没有移动效应。而力对刚体既可产生移动效应，也可产生转动效应。

所以，力和力偶是组成力系的两个基本物理量，或者说力和力偶是静力学的两个基本要素。

性质 2：力偶对其作用面内任意点之矩与该点（矩心）的位置无关，它恒等于力偶矩。这个特性说明力偶使刚体绕其作用面内任意点的转动效果是相同的。

4. 力偶的等效性

根据上述力偶三要素和力偶的基本性质，可以对力偶做以下等效处理。

（1）只要保持力偶矩大小和转向不变，力偶可在其作用面内任意移动（图 2-22），而不改变其作用效应。

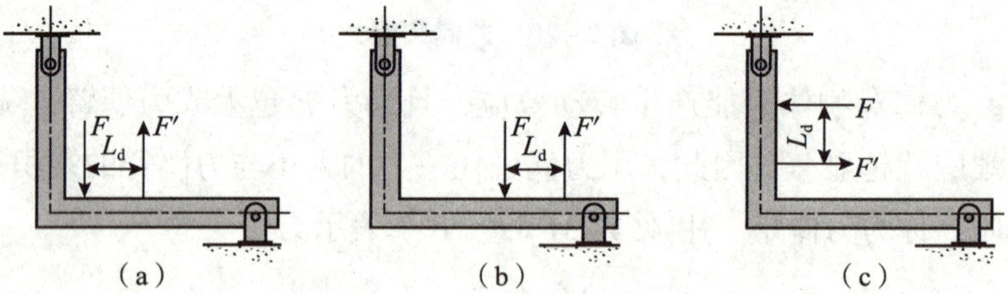

图 2-22　力偶的等效

（2）只要保持力偶矩大小和转向不变，可以同时改变力偶中力的大小和力偶臂的长短（图 2-22），其作用效果不变。

2.3.3　平面力偶系的合成与平衡

1. 平面力偶系的合成

平面力偶系合成（简化）的结果为一合力偶，合力偶矩等于各分力偶矩的代数和，即

$$M=M_1+M_2+\cdots+M_n=\sum M_i \tag{2-8}$$

2. 平面力偶系的平衡

既然平面力偶系合成（简化）的结果为一合力偶，那么当其合力偶矩为零时，表明使物体顺时针方向转动的力偶矩与使物体逆时针方向转动的力偶矩相等，作用效果相互抵消，物体保持平衡状态，也就是相对静止或匀速转动。因此，平面力偶系平衡的充要条件是所有力偶矩的代数和等于零，即

$$\sum M_i=0 \tag{2-9}$$

【例题分析】

多轴钻床在水平工件上钻孔（图 2-23），每个钻头的切削刃作用于工件上的力在水平面内构成一力偶。已知切制三个孔对工件的力偶矩分别为 $M_1=M_2=13.5\ \mathrm{N\cdot m}$、$M_3=17\ \mathrm{N\cdot m}$，求工件受到的合力偶矩。如果工件在 A、B 两处用螺栓固定，A 和 B 之间的距离 $l=0.2\ \mathrm{m}$，试求两个螺栓在工件平面内所受的力。

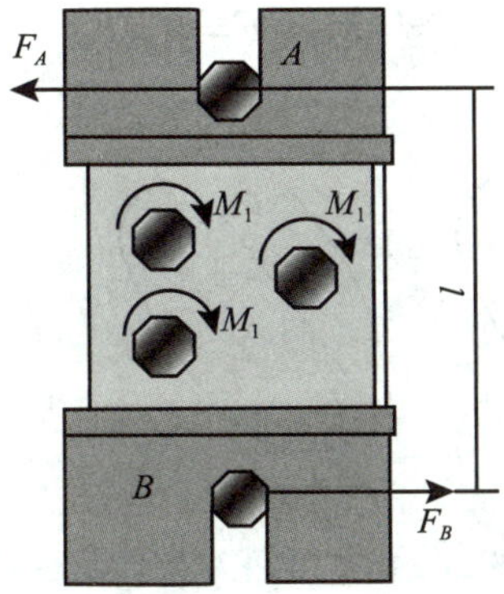

图 2-23　多轴钻床在水平工件上钻孔

解：

（1）求三个主动力偶的合力偶矩

$$M=\sum M_i=-M_1-M_2-M_3=-13.5-13.5-17=-44\ \text{N}\cdot\text{m}$$

负号表示合力偶矩为顺时针方向。

（2）求两个螺栓所受的力

选择工件为研究对象，工件受三个主动力偶作用和两个螺栓提供的约束反力作用而处于平衡，由力偶的性质可知两个螺栓的约束反力 F_A、F_B 必然组成一对力偶，设它们的方向如图 2-23 所示。由平面力偶系的平衡条件 $\sum M_i=0$ 得 $F_A l-M_1-M_2-M_3=0$。

解得　$F_A=\dfrac{M_1+M_2+M_3}{l}=\dfrac{44}{0.2}=220\ \text{N}$（力的方向与图示方向一致）。

由作用与反作用公理可知，两个螺栓在工件平面内所受的力为 220 N。

2.4　平面任意力系的简化与平衡

2.4.1　力的平移定理

如图 2-24（a）所示，在刚体上的任一点 A 作用一个力 F，同时在距离 F 为 d 处的 B 点作用一对平衡力（F'，F''），这对平衡力的大小等于 F，如图 2-24（b）所示。此时，并未改变刚体的运动状态，而力 F 和 F'' 就组成了一个力偶，整个刚体受力状态就变成了作用在 B 点的一个力 F' 和一个力偶矩为 M 的力偶，如图 2-24（c）所示。

平面任意力系的合成

力的平移定理：可以把作用在刚体上点 A 的力 F 平行移到任一点 B，但必须同时附加一个力偶，这个附加力偶的矩等于原来的力 F 对新作用点 B 的矩。附加力偶为

$$M=r_{BA}\times F=M_B(F)$$

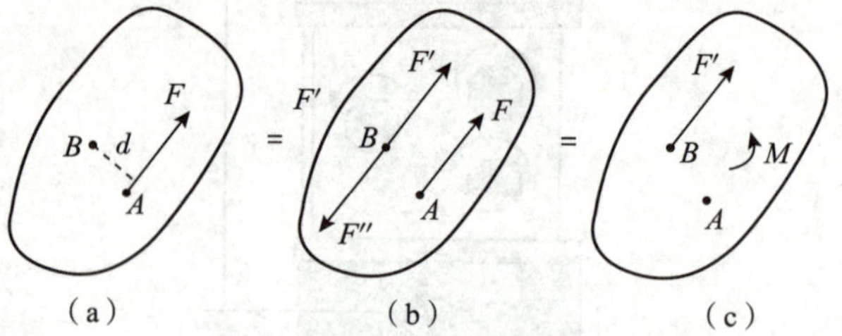

图 2-24　力的平移定理示意图

2.4.2　平面任意力系向一点简化

1．平面任意力系向一点简化

根据力的平移定理，由 F_1、F_2、F_3 三个力组成的力系如图 2-25（a）所示，每个力都向 O 点平移，平移后的力分别用 F_1'、F_2'、F_3' 表示。平移后，附加力偶的矩分别用 M_1、M_2、M_3 表示，如图 2-25（b）所示。F_1'、F_2'、F_3' 三力的合力为 F_R'，称为该力系作用线通过简化中心 O 的主矢；M_1、M_2、M_3 三力偶矩的合力偶矩为 M_O，称为该力系对于点 O 的主矩，如图 2-25（c）所示。主矢与简化中心的位置无关，主矩一般与简化中心的位置有关。

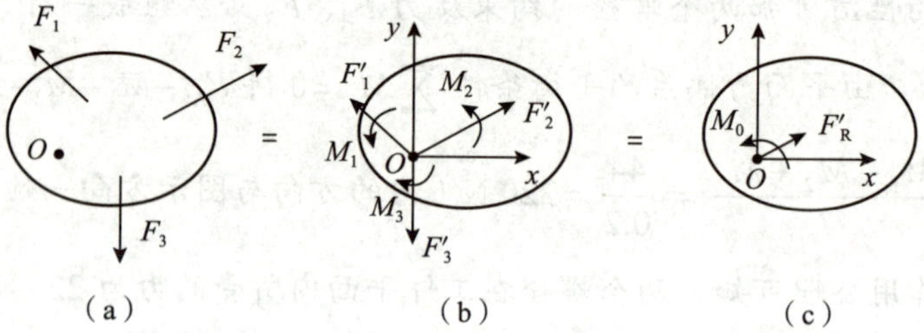

图 2-25　由 F_1、F_2、F_3 三个力组成的力系

划船如果用单桨，根据“力的平移定理”，将水对桨的反作用力 F 平移到船的中心线，需要附加一个力偶，这个附加力偶使船打转，如图 2-26（a）所示。双桨划船时，作用在双桨上的两个力均平移到船的中心线进行叠加，变成了 $2F$，由于平移产生的两个力偶矩大小相等，方向相反，相互抵消，如图 2-26（b）所示。因此，船就可以直线行驶。

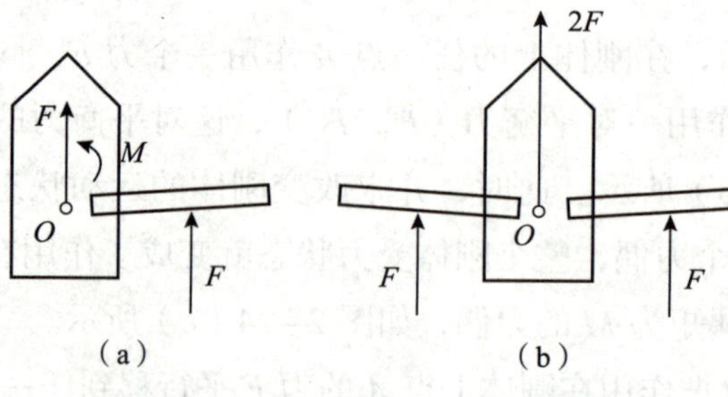

图 2-26　船桨划船的受力示意图

用铁锤钉钉子，当铁锤对钉子的作用力没有在钉子的中心线上时，可将作用力移到钉

子的中心线上，但同时附加一个力偶，力偶的作用使得钉子发生弯曲，如图 2-27 所示。

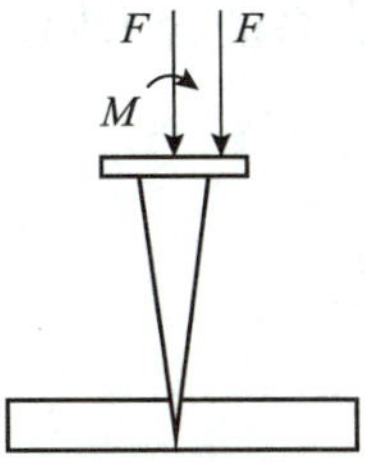

图 2-27　铁锤钉钉子的受力示意图

同理，街上的双头路灯，根据“力的平移定理”，对灯柱来说，只承受压力，不承受弯曲，受力更合理，如图 2-28 所示。

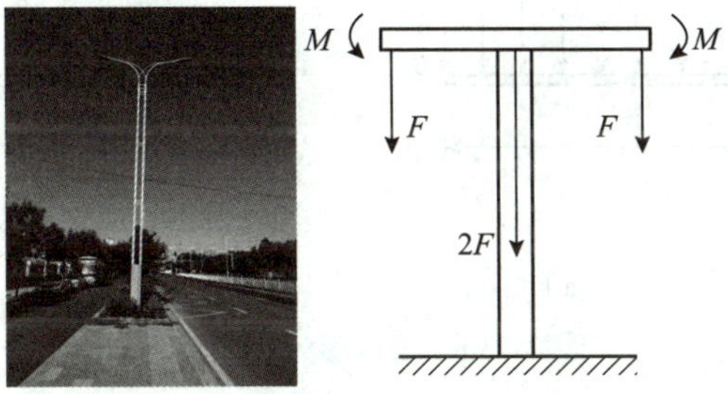

（a）　　（b）

图 2-28　双头路灯的受力示意图

很多阳台都采用悬臂梁结构，即梁的一段插入墙面内部，另一端悬空，如图 2-29(a)所示。插入墙面内部的约束属于固定端约束，固定端约束通常用一对大小未知的正交分力和一个力矩来表示。下面用力向一点简化来分析固定端约束的约束反力。阳台固定端的受力可以看作是平面任意力系的情况，如图 2-29（b）所示。固定端支座力系的简化如图 2-29（c）所示，简化中心 A 为固定端与墙体的交点，可以将固定端支座力系简化为一个力（主矢 F_A）和一个力矩（主矩 M_A）。主矢 F_A 可分解为互相正交的两个分力 F_{Ax}、F_{Ay}，如图 2-29（d）所示。

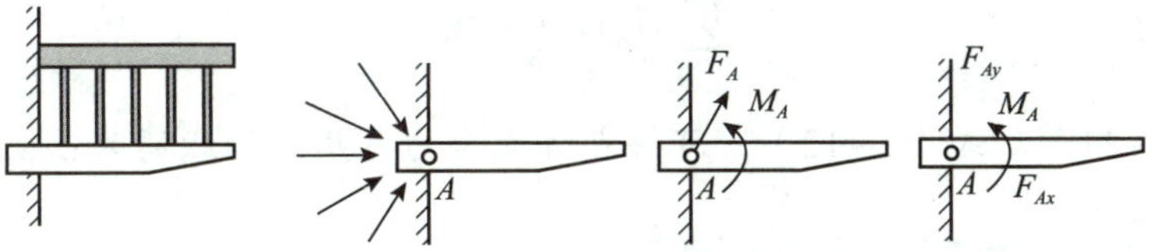

（a）　（b）　（c）　（d）

图 2-29　固定端支座力系简化

2. 平面任意力系的简化结果分析（图 2-25）

（1）$F'_R \neq 0$，$M_0 = 0$

简化结果为一力，此力为原力系的合力，合力的作用线通过简化中心。

（2）$F'_R \neq 0$，$M_0 \neq 0$

简化结果为一力，合力作用线离简化中心的距离为 $d = M_O / F'_R$。

（3）$F'_R=0$，$M_0\neq0$

简化结果为一力偶，此力偶为原力系的合力偶，在这种情况下主矩与简化中心的位置无关。

（4）$F'_R=0$，$M_0=0$

此时，力系处于平衡状态。

【例题分析】

如图 2-30（a）所示，已知长度为 l 的 AB 构件上作用有三角形分布载荷，分布载荷最大值为 q。求分布载荷合力 F 的大小和作用线位置。

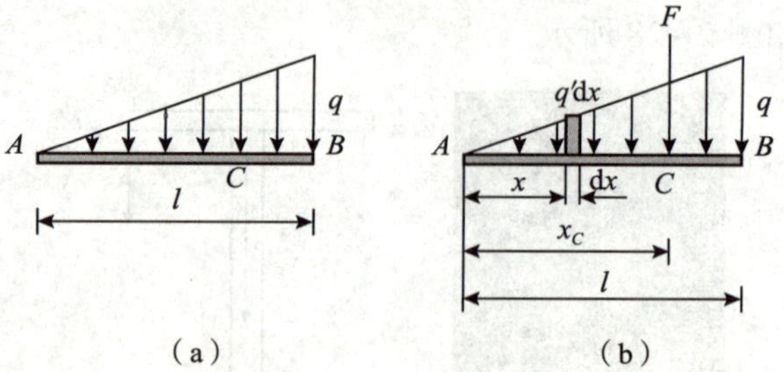

图 2-30　三角形分布载荷图

解：

（1）在距离 A 点为 x 处取小微段 $\mathrm{d}x$，此处的载荷 $q'=\dfrac{q}{l}x$，如图 2-30（b）所示，则合力 F 和分布载荷 q 对 A 点的矩分别为

$$F=\int_0^l q'\mathrm{d}x=\int_0^l \frac{q}{l}x\mathrm{d}x=\frac{ql}{2} \tag{2-10}$$

$$\sum M_A(F)=\int_0^l q'\cdot x\mathrm{d}x=\frac{ql^2}{3} \tag{2-11}$$

（2）同时，q 对 A 点矩满足

$$\sum M_A(F)=Fx_C \tag{2-12}$$

联立式（2-11）、式（2-12），可得点 A 至合力作用线的距离为：$x_C=\dfrac{2l}{3}$。

2.4.3　平面任意力系的平衡问题

前面已经阐述，当平面任意力系向平面内简化中心 O 简化后的主矢和对 O 点的主矩都为零，即 $F'_R=0$，$M_0=0$，该平面任意力系为平衡力系。因此，平面任意力系的平衡方程为

$$\begin{cases}\sum F_x=0\\ \sum F_y=0\\ \sum M_0(F)=0\end{cases} \tag{2-13}$$

式（2-13）为平面任意力系平衡方程的基本形式。三个独立方程可以解三个未知数。

由于含有一个力矩方程，因此也称为一矩式的平面任意力系平衡方程。

平面任意力系二矩式平衡方程为

$$\begin{cases}\sum F_x = 0 \\ \sum M_A(F) = 0 \\ \sum M_B(F) = 0\end{cases} \tag{2-14}$$

二矩式平衡方程需满足“A、B 连线不垂直于 Ox 轴”这一条件。若 A、B 连线垂直于 Ox 轴，则三个方程不独立，无法求解出三个未知数。证明从略。

平面任意力系三矩式平衡方程为

$$\begin{cases}\sum M_A(F) = 0 \\ \sum M_B(F) = 0 \\ \sum M_C(F) = 0\end{cases} \tag{2-15}$$

三矩式平衡方程需满足“A、B、C 不共线”这一条件。证明从略。

作为平面任意力系的特例——平面平行力系，其平衡方程可由平面任意力系平衡方程得到。设有某平面平行力系（F_1，F_2，…，F_n），取 y 轴与力系中的力平行，如图 2-31 所示。

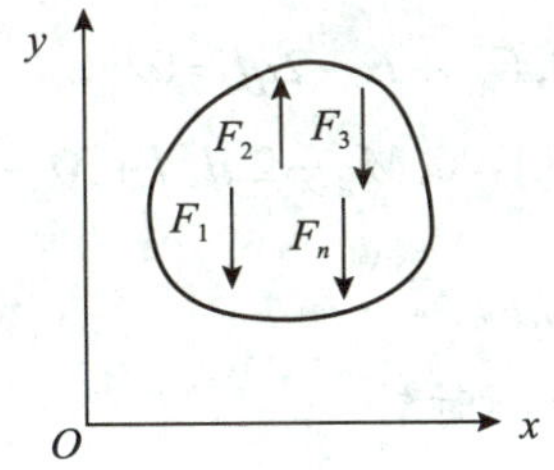

图 2-31　y 轴与力系中的力平行

则平面任意力系平衡方程基本形式（一矩式）只剩下两个有效的平衡方程为

$$\begin{cases}\sum F_y = 0 \\ \sum M_O(F) = 0\end{cases} \tag{2-16}$$

这就是平面平行力系平衡方程的基本形式。两个独立的方程可解两个未知量。同理，也可以从式（2-10）得到平面平行力系二矩式平衡方程为

$$\begin{cases}\sum M_A(F) = 0 \\ \sum M_B(F) = 0\end{cases} \tag{2-17}$$

此处，也需满足“A、B 连线不与平行力系中的各力平行”。

在求解平面任意力系的平衡问题时，采用一矩式、二矩式或者三矩式方程，都是等效的。不过应尽量列一个平衡方程求解一个未知力。取矩时的矩心尽量选在未知力的交叉点上，而投影的坐标轴最好选在与未知力垂直或者平行的投影轴上。求解时应注意判断二力

杆的情况，并运用合力矩定理。

【例题分析】

如图 2-32（a）所示，设集中力 $F=ql$，集中力偶矩 $M=ql^2$。其中 q 为均布载荷，单位为 kN/m。试求悬臂梁固定端处的约束力。

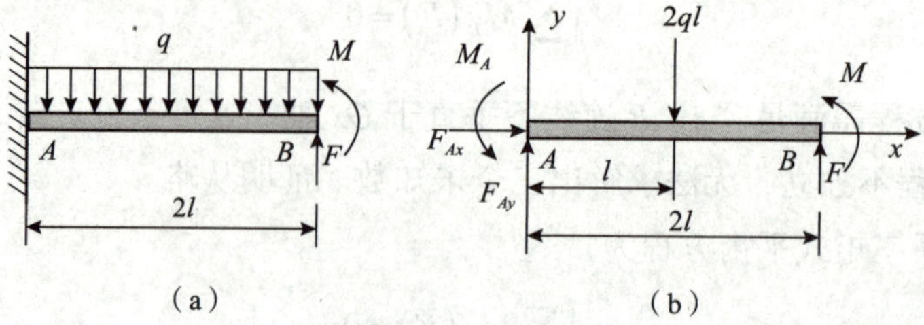

图 2-32　直杆受力分析图

解：

（1）选悬臂梁为研究对象，假设 F_{Ax} 朝 x 轴正方向，F_{Ay} 朝 y 轴正方向，M_A 为逆时针方向，画受力图如图 3-32（b）所示。

（2）列平衡方程

$$\begin{cases}\sum F_x=0, F_{Ax}=0\\ \sum F_y=0, F_{Ay}+F-2ql=0\\ \sum M_A(F)=0, M_A-2ql\cdot l+M+F\cdot 2l=0\end{cases}$$

解得：$F_{Ax}=0$，$F_{Ay}=ql$，$M_A=-ql^2$。

M_A 为负值，说明 M_A 的方向是顺时针。

【例题分析】

如图 2-33 所示，已知 $M=10\ \text{kN}\cdot\text{m}$，$q=2\ \text{kN/m}$，$AB$ 和 BC 用中间铰链连接。求 A、C 处的约束反力。

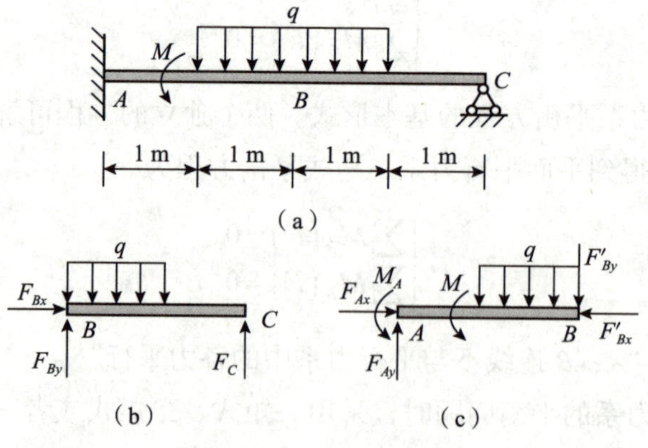

图 2-33　物体受力分析图

解：

（1）以 BC 为研究对象，如图 2-33（b）所示，列平衡方程

$$\begin{cases}\sum F_x=0, F_{Bx}=0\\ \sum F_y=0, F_{By}+F_C-q\cdot 1=0\\ \sum M_B(F)=0, F_C\cdot 2-q\cdot 1\cdot\dfrac{1}{2}=0\end{cases}$$

解得：$F_{Bx}=0$，$F_{By}=1.5\text{ kN}$，$F_C=0.5\text{ kN}$。

（2）以 AB 为研究对象，如图 3-33（c）所示，列平衡方程

$$\begin{cases}\sum F_x=0, F_{Ax}-F'_{Bx}=0\\ \sum F_y=0, F_{Ay}-F_{By}-q\cdot 1=0\\ \sum M_A(F)=0, -F_{By}\cdot 2-q\cdot 1\cdot 1.5+M+M_A=0\end{cases}$$

解得：$F_{Ax}=0$，$F_{Ay}=3.5\text{ kN}$，$M_A=-4\text{ kN}\cdot\text{m}$。

2.5　静定与静不定问题

想一想

工程上一些结构为什么要设置成静不定，这样做有什么好处？

刚体在平面任意力系作用下处于平衡状态时，有 3 个独立的平衡方程，可求解 3 个未知量。对于平面平行力系或汇交力系，则只有 2 个独立的平衡方程，可求解两个未知量。平面力偶系只有一个独立的平衡方程，可求解 1 个未知量。

刚体平衡时，若未知量的数目少于或等于独立平衡方程数目，就可以求出全部未知量。此类问题称之为静定问题。若未知量的数目多于独立平衡方程的数目，则仅应用刚体静力学的平衡方程是不能求出全部未知量的。这类问题称为静不定问题，也称为超静定问题。

图 2-34（a）中有两根绳子吊住重量为 P 的重物，因此重物受力为平面汇交力系，可列两个平衡方程解两个未知量，属于静定问题。而图 2-34（b）中有三根绳子吊住重物，有三个未知力，但平面汇交力系只能列两个方程，属于静不定问题。

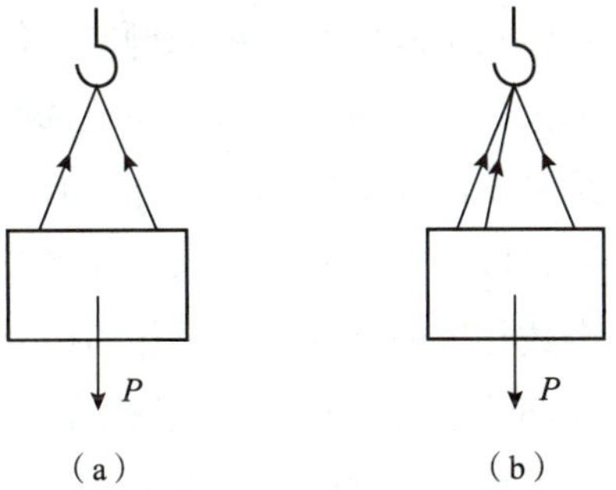

图 2-34　重物受力图

对于刚体系的平衡问题，若刚体系由 n_1 个受平面任意力系作用的刚体，n_2 个受平面汇交力系作用或平面平行力系作用的刚体以及 n_3 个受平面力偶系作用的

刚体组成，可列独立平衡方程数记为 m，则 $m=3n_1+2n_2+n_3$。当系统中未知量的总数 k 小于或等于 m 时，所有的未知量都能由静力学平衡方程求出，系统是静定的，反之系统则是静不定的。

应当指出的是，这里说的静定与静不定问题，是对整个系统而言的。若从该系统中取出一分离体，它的未知量的数目多于它的独立平衡方程的数目，并不能说明该系统就是静不定问题，而要分析整个系统的未知量数目和独立平衡方程数目。

求解力学问题，首先要判断研究对象体系属于静定还是静不定问题。如图 2-35（a）和图 2-35（b）中所示均是由两个刚体 AB、BC 组成的连续梁刚体系。AB、BC 均为受平面任意力系作用的刚体，因此该刚体系一共可列 $m=6$ 个独立的平衡方程。图 2-35（a）中的刚体系有 6 个约束反力，因此属于静定问题。而图 2-35（b）中的刚体系有 7 个约束反力（反力偶），因此属于静不定问题。

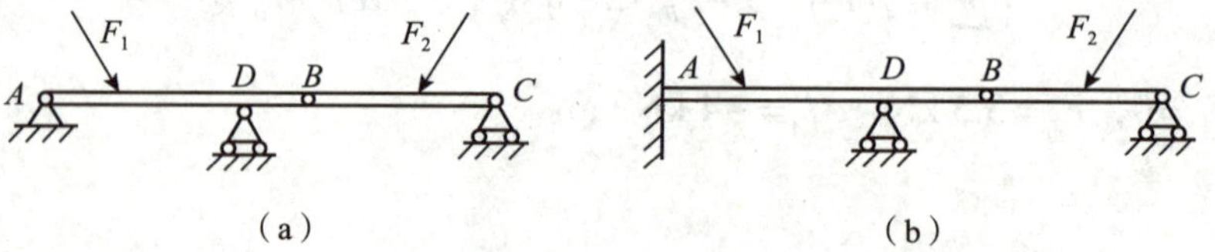

图 2-35　刚体 AB、BC 组成的连续梁刚体系

对于静不定问题，需要考虑物体因受力而产生的变形，加列某些补充方程后才能求解出全部的未知量。静不定问题已超出刚体静力学的范围，需在材料力学部分研究，静力学部分只讨论静定系统的平衡问题。工程实际中常采用静不定结构，因为采用静不定结构常常使得结构更为安全可靠。比如，图 2-36（b）中的静不定梁，相比于图 2-36（a）中的静定梁，最大弯曲应力和弯曲变形明显减小。

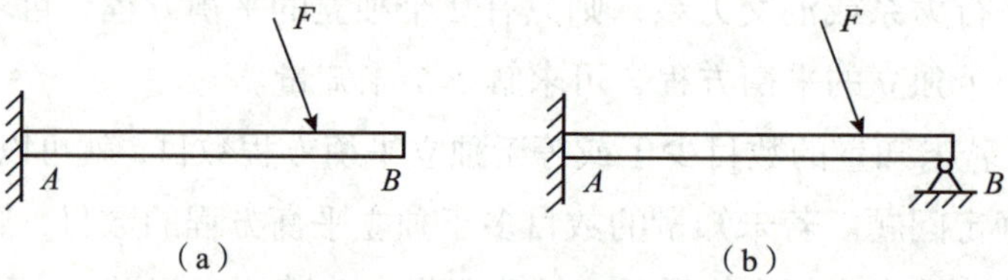

图 2-36　静定梁与静不定梁

求解刚体系平衡问题时，往往由于结构或连接较为复杂，取一次研究对象不能解出全部未知量，因此如何合理地选择研究对象是求解刚体系平衡问题的关键。以下是求解刚体系平衡的几个原则：刚体系有 n 个刚体时可取 n 次研究对象，研究对象可以是单个刚体，也可以是某些刚体的组合或者整个系统，尽量选择受力简单且独立平衡方程个数和未知量个数相等的刚体（系）作为研究对象进行分析；如果整体作为研究对象可以求出部分或者全部约束力，则应先选取整体作为研究对象；要注意判明二力杆，拆分系统分析时尽量避免暴露不要求的未知内力；合理运用力矩方程，尽量选择两个未知力的交点为矩心，并尽量选择与未知力垂直的坐标轴，使得一个方程求解一个未知量。

课后习题

一、判断题

1. 无论平面汇交力系所含汇交力的数目是多小，都可用力多边形法则求其合力。（　）

2. 应用力多边形法则求合力时，所得合矢量与几何相加时所取分矢量的次序有关。（　）

3. 一个平面汇交力系的力多边形画好后，最后一个力矢的终点，恰好与最初一个力矢的起点重合，表明此力系的合力一定等于零。（　）

4. 在求解平衡问题时，受力图中未知约束反力的指向可以任意假设，如果计算结果为正值，那么所假设的指向就是力的实际指向。（　）

5. 在求解平面任意力系的平衡问题时，写出的力矩方程的矩心一定要取在两投影轴的交点处。（　）

二、选择题

1. 汇交二力，其大小相等并与其合力一样大，此二力之间的夹角必为（　）。

A. 0°　　B. 90°

C. 120°　　D. 180°

2. 一物体受到两个共点力的作用，无论是在什么情况下，其合力（　）。

A. 一定大于任意一个分力

B. 至少比一个分力大

C. 不大于两个分力大小的和，不小于两个分力大小的差

D. 随两个分力夹角的增大而增大

3. 平面内三个共点力的大小分别为 3 N、9 N 和 6 N，它们的合力的最大值和最小值分别为（　）。

A. 24 N 和 3 N　　B. 18 N 和 0

C. 6 N 和 6 N　　D. 12 N 和 9 N

4. 在同一平面内的两个力偶只要（　），则这两个力偶就彼此等效。

A. 力偶中二力大小相等　　B. 力偶相等

C. 力偶的方向完全一样　　D. 力偶矩相等

第 3 章　桁架、摩擦和重心

章前导读

本章将深入探讨桁架结构和内力计算、摩擦平衡问题，以及重心的概念和确定方法。这些内容在工程力学中起着关键作用，帮助读者理解和分析物体受力、保持平衡以及确定重心位置的原理。通过本章的学习，帮助读者更好地将其应用于工程实践中。

学习目标

◎知识目标

1. 了解桁架的概念和内力计算方法。
2. 掌握摩擦和平衡问题的基本原理。
3. 理解重心的概念、重心坐标公式和确定方法。

◎能力目标

1. 能够分析桁架结构的受力情况，准确计算内力。
2. 具备解决摩擦和平衡问题的能力。
3. 能够确定物体的重心位置，并应用重心坐标公式进行计算。

◎素质目标

1. 培养对工程力学知识的兴趣和热情。
2. 提高解决工程问题的逻辑思维和分析能力。
3. 培养团队合作和沟通能力，注重工作细致认真和培养责任心。

思政之窗

“工程力学”课程立足于优质教学资源，秉持先进教学理念和现代教学方法，以力学基本理论为根基，工程应用为核心，着重培育学生将理论与实践相结合的能力以及解决实际问题的能力。本课程协同各工科专业，旨在培养符合国家需求、行业认可且具有发展潜力的优秀人才。

3.1 桁 架

3.1.1 桁架概述

桁架是由一些细长直杆按适当方式分别在两端连接而成的几何形状不变的结构。桁架在工程上广泛应用，如建筑、通信、电力等诸多领域，如图 3－1 所示。

（a）建筑　　（b）通信　　（c）电力

图 3－1　桁架的应用案例

工程上把几根直杆连接的地方称为节点。根据桁架节点形成方式的不同，节点的连接可分为榫接、铆接、焊接，如图 3－2 所示。榫接常用于木建筑或木家具，两构件分别做出榫头和榫眼，连接到一起；铆接是用铆钉将一个构件固定在另一个构件上，常用于桥梁、航空器和航天器的蒙皮、起重机吊臂等金属结构；焊接是通过加热、加压（或两者并用），使两构件结合的连接方式，常用于金属材料或其他热塑性材料。这三种连接均属于刚接，即构件与构件之间既能传递力，又能传递力矩，有别于铰链连接。

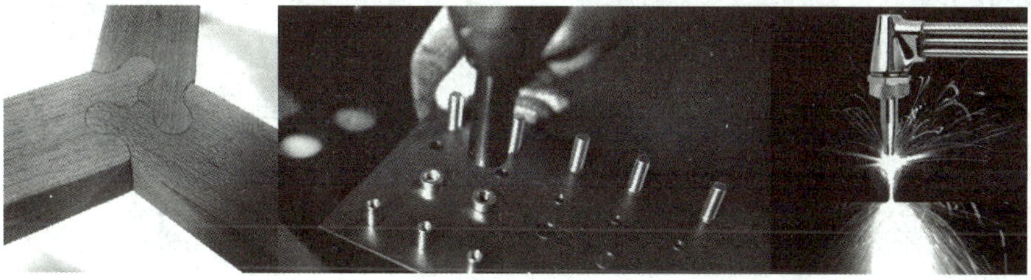

（a）榫接　　（b）铆接　　（c）焊接

图 3－2　节点的连接方式

桁架按照分布形式可分为平面桁架和空间桁架。平面桁架中，组成桁架的所有杆件轴线都在同一平面内，如图 3-3（a）所示的卫星发射塔架，由很多平面桁架构成，而空间桁架的杆件轴线不在同一平面内，如图 3-3（b）所示的足球烯结构。

（a）平面桁架

（b）空间桁架

图 3-3　平面桁架和空间桁架

工程实践中，为了简化桁架的计算，作了 4 个基本假设：各杆件都用光滑铰链相连接；各杆件轴线都是直线，并通过铰链中心；所有外力（载荷及支座约束力）都作用在节点上；杆的重量忽略不计。满足以上 4 个基本假设的桁架称为理想桁架。理想桁架各杆的内力只有轴力（拉力或压力）而无弯矩和剪力。

按理想桁架算出的内力，称为主内力；由于不符合理想情况而产生的附加内力，称为次内力。大量的工程实践表明，一般情况下桁架中的主内力占总内力的 80%以上。

3.1.2　桁架内力的计算方法

下面介绍两种计算平面桁架内力的方法：节点法和截面法。

1. 节点法

节点法是以节点为研究对象计算杆件内力的方法。节点法的特点是：研究对象为节点（汇交力系）；每个节点可以建立两个独立的平衡方程。

每个节点都受平面汇交力系作用，只能列两个独立的平衡方程，求解两个未知数，而有些节点的桁架数量超过 2 个。因此用节点法求解桁架内力时，一般先求桁架系统的约束力。以桁架系统整体为研究对象，列方程求出约束力，从而逐个节点分析，分析到包含所要求的桁架内力的那个节点为止。

画节点受力图时，为了方便，假设杆件均受拉伸作用。根据计算结果的正负号，判断杆件内力的方向。如果计算结果为正值，则杆件受拉；计算结果为负值，则杆件受压。

【例题分析】

在图 3-4 所示桁架中，如何求杆 IJ 的内力？

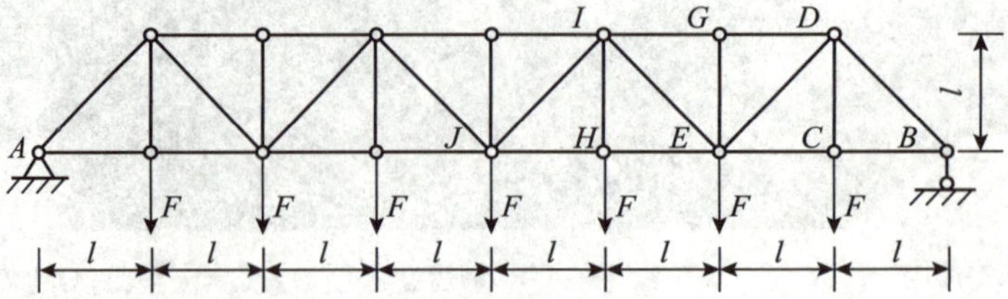

图 3-4　桁架受力分析图

解：

分析节点 G 处的 GD、GE 和 GI 三根杆件，杆 GD 和杆 GI 都是水平杆件，只有杆 GE 是垂直杆件，理想桁架各杆只能承受拉力或压力，由节点 G 平衡可知杆 GE 轴力为零，GE 杆也称为零力杆。同样的方法可以找出桁架中其他的零力杆，如图 3–4（a）中画横线的杆。接下来用节点法求解杆 IJ 的内力。

首先以整体为研究对象，如图 3–4（a）所示，算出 B 端可动铰处的约束力为

$$\sum M_A=0，\ F_B\cdot 8l-F\cdot(1+2+\cdots+7)l=0\rightarrow F_B=\frac{7}{2}F$$

研究节点 B，如图 3–4（b）所示，可得到杆 BC、BD 内力为

$$\begin{cases}\sum F_x=0,-F_{BC}-F_{BD}\cdot\cos 45°=0\\ \sum F_y=0,F_B+F_{BD}\cdot\sin 45°=0\end{cases}\rightarrow\begin{cases}F_{BC}=\dfrac{7}{2}F\\ F_{BD}=-\dfrac{7\sqrt{2}}{2}F\end{cases}$$

研究节点 C，如图 3–4（c）所示，可得到杆 CD、CE 内力为

$$\begin{cases}F_{CD}=F\\ F_{CE}=\dfrac{7}{2}F\end{cases}$$

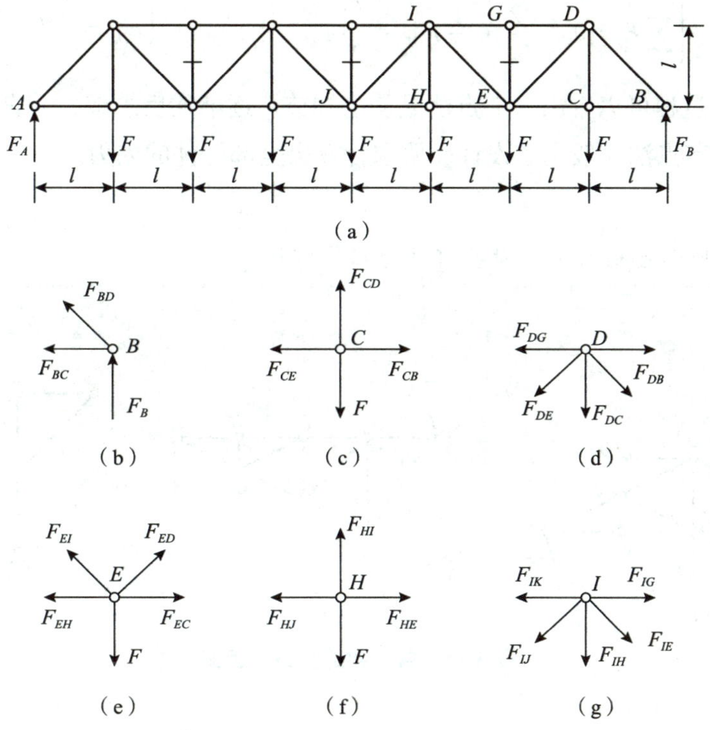

图 3–4　桁架受力分析图（a）～（g）

研究节点 D，如图 3-4（d）所示，可求出杆 DE、DG 内力为

$$\begin{cases}\sum F_x=0,-F_{DG}-\dfrac{\sqrt{2}}{2}F_{DE}+\dfrac{\sqrt{2}}{2}F_{DB}=0\\ \sum F_y=0,-\dfrac{\sqrt{2}}{2}F_{DB}-F_{DC}-\dfrac{\sqrt{2}}{2}F_{DE}=0\end{cases}\rightarrow\begin{cases}F_{DE}=\dfrac{5\sqrt{2}}{2}F\\ F_{DG}=-6F\end{cases}$$

研究节点 E，如图 3-4（e）所示，可求出杆 EH、EI 内力为

$$\begin{cases}\sum F_x=0,-F_{EH}-\dfrac{\sqrt{2}}{2}F_{EI}+\dfrac{\sqrt{2}}{2}F_{ED}+F_{EC}=0\\ \sum F_y=0,\dfrac{\sqrt{2}}{2}F_{EI}+\dfrac{\sqrt{2}}{2}F_{ED}-F=0\end{cases}\rightarrow\begin{cases}F_{EH}=\dfrac{15}{2}F\\ F_{EI}=-\dfrac{3\sqrt{2}}{2}F\end{cases}$$

研究节点 H，如图 3-4（f）所示，可求得杆 HI、HJ 内力为

$$\begin{cases}F_{HI}=F\\ F_{HJ}=\dfrac{15}{2}F\end{cases}$$

最后研究节点 I，如图 3-4（g）所示，可求得杆 IJ 内力为

$$\begin{cases}\sum F_x=0,-F_{IK}-\dfrac{\sqrt{2}}{2}F_{IJ}+\dfrac{\sqrt{2}}{2}F_{IE}+F_{IG}=0\\ \sum F_y=0,-\dfrac{\sqrt{2}}{2}F_{IJ}-F_{IH}-\dfrac{\sqrt{2}}{2}F_{IE}=0\end{cases}\rightarrow\begin{cases}F_{IJ}=\dfrac{\sqrt{2}}{2}F\\ F_{IK}=-8F\end{cases}$$

从以上求解过程可以看出，节点法是从已知节点逐渐往后求解，一直求解到待求杆的内力为止。因此节点法一般用于设计，要求计算出全部杆件的内力。

想一想

在图 3-5 所示各桁架中，哪些杆件为零力杆？

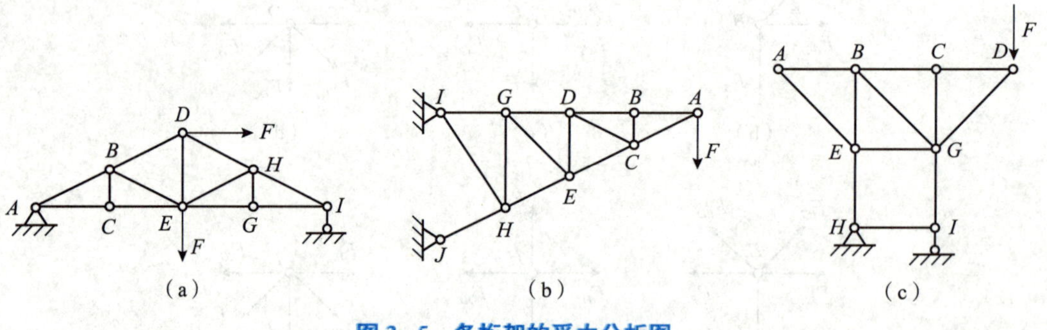

图 3-5　各桁架的受力分析图

2. 截面法

截面法是假想用一截面把桁架截开，分成两部分，其中任一部分杆件的内力和外载荷

共同作用下保持平衡，从而利用平面任意力系的平衡方程求出被切开杆件的内力。需要注意的是，所选取的截面要确保切断所要求解的那根杆件。

下面同样通过上述例题来理解截面法。在图 3-6 示桁架中，如何求杆 IJ 的内力？

解：

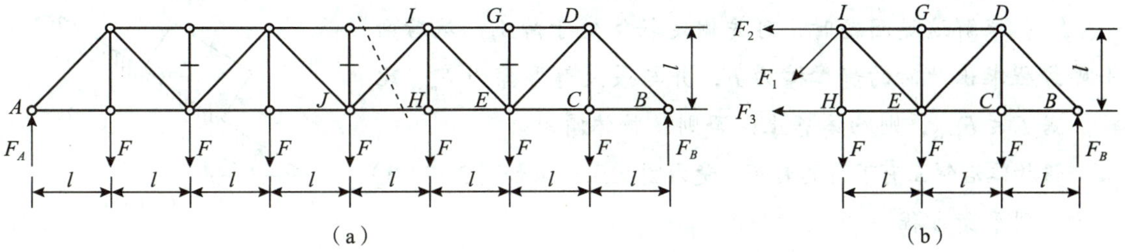

图 3-6　桁架的受力分析图

（1）根据例，已求得约束反力 $F_B=\dfrac{7}{2}F$。

（2）选取截面截断杆件，如图 3-6（a）中虚线所示。

（3）取右边部分桁架，受力图如图 3-6（b）所示。

（4）建立平衡方程，算得 IJ 杆的内力 F_1。

$$\sum F_y=0$$

$$-\frac{\sqrt{2}}{2}F_1-3F+F_B=0\rightarrow F_1=\frac{\sqrt{2}}{2}F$$

与节点法一般用于设计相比，截面法一般用于校核设计的合理性，计算部分杆件的内力。

3.2　摩擦及平衡问题

求解有摩擦时物体的平衡问题，解题方法和步骤与前面所述基本相同。此外应注意以下三点。

（1）在受力分析时，必须考虑摩擦力，摩擦力的方向与相对滑动趋势的方向相反。

（2）由于摩擦力也是一个未知量，求解时除列出平衡方程外，还需列出补充方程，补充方程的数目与摩擦力的数目相同。在一般平衡状态下，静摩擦力的大小由平衡方程确定，并满足 $F\leqslant F_{max}$；在临界状态下，静摩擦力为一确定值，即 $F=F_{max}=f_s\cdot F_N$。

（3）由于静摩擦力可在零和最大静摩擦力 F_{max} 之间变化，所以物体平衡时的解也应是一个范围值，称为平衡范围。为避免解不等式，一般先假定物体处于临界状态，求出结果后再讨论解的范围。

【例题分析】

物体重 $G=980\text{ N}$，放在倾角为 $\alpha=30°$ 的斜面上。已知接触面间的静摩擦系数 $f_s=0.20$。有一大小为 Q 的力沿斜面推物体如图 3-7（a）所示。物体在斜面上是处于静止还是滑动？

解：求解这类问题时，可先假定物体处于静止，然后由平衡方程求出此时的静摩擦力 F，并与最大静摩擦力 F_{max} 比较。若 $F \leqslant F_{max}$，则物体静止；否则，物体滑动。

设物体沿斜面有下滑的趋势，受力图及坐标系如图 3-7（b）所示。列平衡方程

$$\sum F_x=0,\ Q-G\sin\alpha+F=0$$

得

$$F=G\sin\alpha-Q=-98\text{N}$$

$$\sum F_y=0,\ F_N-G\cos\alpha=0$$

$$F_N=G\cos\alpha=980\times\cos 30°\ =848.7\text{ N}$$

根据静摩擦定律，最大静摩擦力为

$$F_{max}=f_s\cdot F_N=0.2\times 848.7=169.7\text{ N}$$

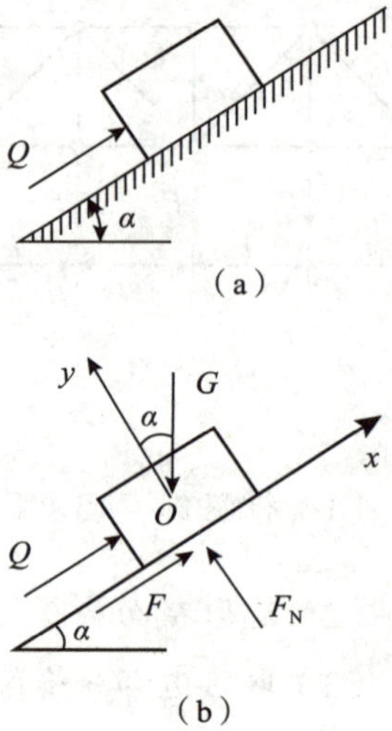

图 3-7　物体在斜面的受力分析图

由于 $|F| \leqslant F_{max}$，说明物体在斜面上保持静止。静摩擦力为负值，说明其实际方向与假设方向相反，故物体沿斜面有上滑趋势。

【例题分析】

图 3-8（a）所示梯子 AB 重为 200 N，梯子上端靠在铅垂的墙壁上，下端搁置在水平地面上，$\theta=\arctan\dfrac{4}{3}$。假设梯子与墙壁之间为光滑约束，而与地面之间存在摩擦，梯子与地面之间的静摩擦系数 $f_s=0.5$。问梯子是处于静止还是会滑倒？此时摩擦力的大小是多少？

解：取梯子为研究对象，分析梯子的临界平衡状态。此时梯子 A 处有向右滑动的趋势，故 A 处静摩擦力的方向如图 3-8（b）所示。

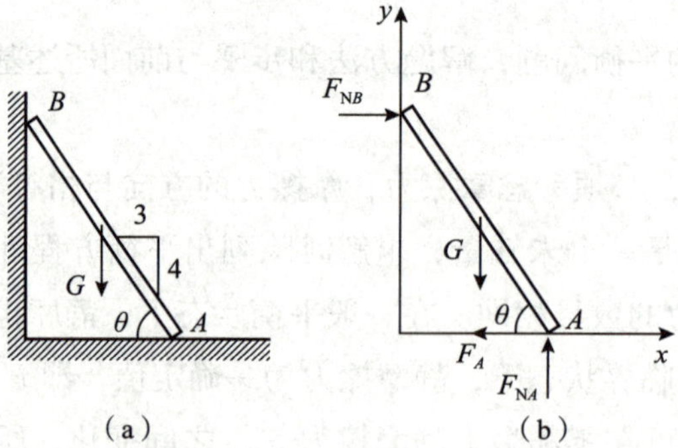

图 3-8　梯子的受力分析图

取直角坐标系如图，列平衡方程

$$\sum F_x = 0\text{，}F_{NB} - F_A = 0$$

$$\sum F_y = 0\text{，}F_{NA} - G = 0$$

$$\sum M_A(F) = 0\text{，}G\frac{l}{2}\cos\theta - F_{NB} l \sin\theta = 0$$

解得

$$F_{NA} = G = 200\ \text{N}$$

$$F_{NB} = \frac{G}{2\tan\theta} = \frac{200}{2\times\frac{4}{3}} = 75\ \text{N}$$

$$F_A = F_{NB} = 75\ \text{N}$$

根据静摩擦定律，最大静摩擦力为

$$F_{max} = f_s \cdot F_{NA} = 0.5\times 200 = 100\ \text{N}$$

由于 $|F_A| < F_{max}$，说明梯子处于静止状态。

【例题分析】

如图 3-9（a）所示，重力为 G 的物块放在一倾角为 α 的斜面上，物块与斜面的摩擦角为 φ_m，斜面倾角 $\alpha > \varphi_m$。如果加一水平力 Q，可使物块平衡。试求 Q 值的范围。

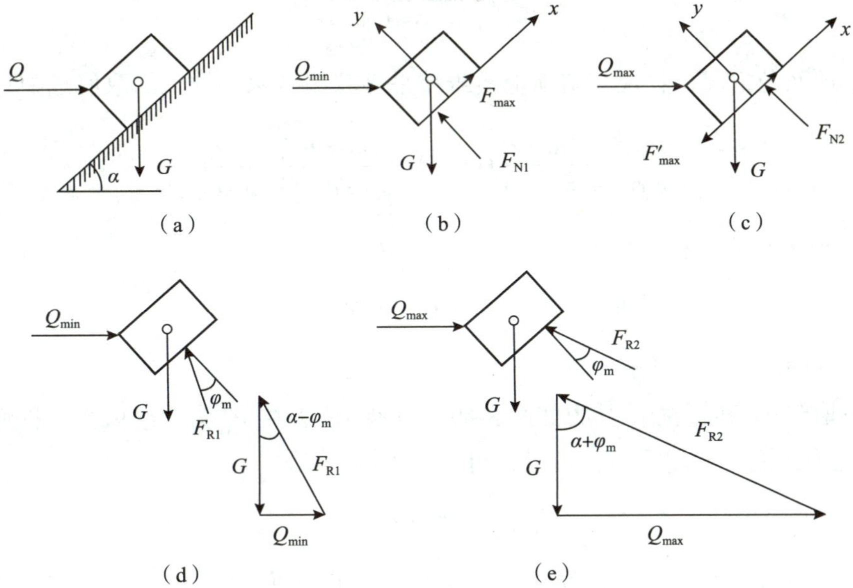

图 3-9 物块在斜面上的受力分析图

解：如果力 Q 太小，物块将下滑；而 Q 太大，则物块将沿斜面上滑。

（1）求使物块不下滑的最小值 Q_{min}

此时物体处于下滑的临界平衡状态，所以摩擦力达到最大值，方向沿斜面向上。物块的受力图如图 3-9（b）所示。列平衡方程

$$\sum F_x = 0\text{，}Q_{min}\cos\alpha + F_{max} - G\sin\alpha = 0 \tag{3-1}$$

$$\sum F_y=0,\ -Q_{min}\sin\alpha+F_{N1}-G\cos\alpha=0 \tag{3-2}$$

$$F_{max}=f_s\cdot F_{N1} \tag{3-3}$$

将式（3-1）、（3-2）、（3-3）联立求解，可得

$$Q_{max}=\frac{\sin\alpha-f_s\cos\alpha}{\cos\alpha+f_s\sin\alpha}G$$

（2）求使物块不上滑的最大值 Q_{max}

此时物体处于上滑的临界平衡状态，摩擦力达到最大值，方向沿斜面向下。物块的受力图如图 3-9（c）所示。列平衡方程

$$\sum F_x=0,\ Q_{max}\cos\alpha-F_{max}-G\sin\alpha=0 \tag{3-4}$$

$$\sum F_y=0,\ -Q_{max}\sin\alpha+F_{N2}-G\cos\alpha=0 \tag{3-5}$$

又

$$F_{max}=f_s\cdot F_{N2} \tag{3-6}$$

同理可解得

$$Q_{max}=\frac{\sin\alpha+f_s\cos\alpha}{\cos\alpha-f_s\sin\alpha}G$$

综合上述两种情况，物块在斜面上要维持平衡状态，水平推力的取值范围是

$$\frac{\sin\alpha-f_s\cos\alpha}{\cos\alpha+f_s\sin\alpha}G\leqslant Q\leqslant\frac{\sin\alpha+f_s\cos\alpha}{\cos\alpha-f_s\sin\alpha}G$$

将 $\tan\varphi_m=f_s$ 代入，得

$$G\tan(\alpha-\varphi_m)\leqslant Q\leqslant G\tan(\alpha+\varphi_m)$$

本题还可用以下方法求解。

当力 Q 取最小值时，物体受力如图 3-9（d）所示，其中 F_R 为全约束力。平衡时，力 G，Q_{min} 和 F_R 三力组成一封闭的力三角形，得

$$Q_{min}=G\tan(\alpha-\varphi_m)$$

同理，当力 Q 取最大值时，物体受力如图 3-9（e）所示，得

$$Q_{max}=G\tan(\alpha+\varphi_m)$$

【例题分析】

制动器的构造及主要尺寸如图 3-10（a）所示。已知制动器与圆轮表面间的摩擦系数为 f_s。求制止圆轮逆时针转动所需力 F_1 的最小值。

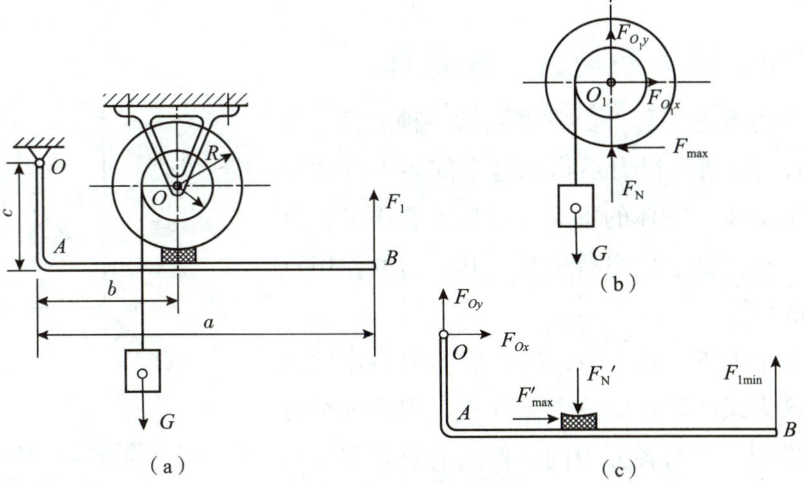

图 3-10　制动器与圆轮的受力分析图

解：当力 F_1 为最小值时，圆轮处于临界平衡状态，摩擦力为 F_{max}。

（1）取圆轮为研究对象，受力图如图 3-10（b）所示，列平衡方程

$$\sum M_{O_1}(F)=0，\quad -F_{max}R+Gr=0$$

$$F_{max}=f_s \cdot F_N$$

解得

$$F_{max}=\frac{r}{R}G \qquad F_N=\frac{F_{max}}{f_s}=\frac{r}{f_s R}G$$

（2）取制动杆为研究对象，受力图如图 3-10（c）所示，列平衡方程

$$\sum M_O(F)=0，\quad F'_{max}c-F'_N b+F_{1min}a=0$$

将 $F'_{max}=F_{max}=\frac{r}{R}G$，$F'_N=F_N=\frac{r}{f_s R}G$ 代入上式，得

$$F_{1min}=\frac{1}{a}\left(F'_N b-F'_{max}c\right)=\frac{Gr}{aR}\left(\frac{b}{f_s}-c\right)$$

3.3 重　心

3.3.1 重心概述

物体的几何中心称为形心。形心只与物体的几何形状和尺寸有关，与物体的物质组成和质量分布无关。物体重力的合力作用点称为物体的重心。重心的位置与物体的几何形状和质量的分布有关。一般情况下重心和形心是不重合的，只有物体是由同一种均质材料构成时，重心和形心才重合。由于重力与质量成正比，重力合力的作用点也称为质心。质心

和重心重合。

3.3.2 空间平行力系与合力矩定理

空间平行力系是工程上经常遇到的一种力系。如图 3-11 所示，空间平行力系指的是空间各力的作用线互相平行的力系。物体的重力可近似地看作平行分布于物体每一质点的空间平行力系，其合力的作用点就是物体的重心。

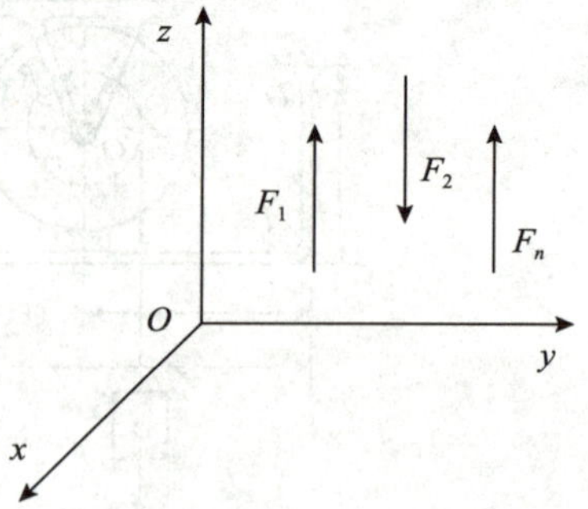

图 3-11 空间平行力系与合力矩定理

如果由 n 个力 F_1，F_2，…，F_n 组成的力系作用在一刚体上，该力系可以合成一个合力 F_R，那么这个合力对刚体的作用效果与各分力同时作用的效果完全相同，包括对物体产生的绕任意点或轴的转动效果。因此，合力对任一点 O 的矩 $M_O(F_R)$ 或任意轴 Z 的矩 $M_Z(F_R)$ 等于力系的各个力 F_i 对同一点之矩 $M_O(F_i)$ 或同一轴之矩 $M_Z(F_i)$ 的矢量和，这就是空间力系的合力矩定理，即

$$\begin{cases} M_O(F_R)=M_O(F_1)+M_O(F_2)+\cdots+M_O(F_n) \\ M_Z(F_R)=M_Z(F_1)+M_Z(F_2)+\cdots+M_Z(F_n) \end{cases} \tag{3-7}$$

当该力系为一空间平行力系时，合力矩定理有代数形式

$$M_O(F_R)=M_O(F_1)+M_O(F_2)+\cdots+M_O(F_n) \tag{3-8}$$

3.3.3 重心坐标公式

由于万有引力的存在，地球表面的物体会受到地球引力的作用。当物体的几何尺寸远小于地球半径时，物体上各点受到的地球引力近似平行。因此，把一个物体看成是由许多微小部分构成，重力作用于物体的每个微小部分，每个微小物体的重力组成的力系可近似为空间平行力系，整个物体的重力是这个空间力系的合力。通常采用合力矩定理来确定地球表面物体的重心位置，如图 3-12 所示。

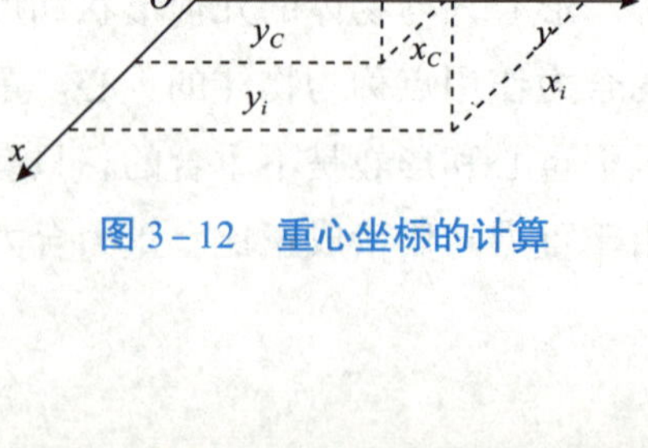

图 3-12 重心坐标的计算

设一物体由无数个微元体构成，任一微元体所受重力为 P_i，如图 3–12 所示，其坐标为 (x_i, y_i, z_i)。这些力组成空间平行力系，其合力大小为 $P=\sum P_i$，即物体的重力。平行力系合力的作用点即物体的重心 C。假设重心坐标为 (x_C, y_C, z_C)，根据合力矩定理，有

$$\begin{cases} P\cdot x_C=\sum P_i x_i \\ P\cdot y_C=\sum P_i y_i \end{cases} \tag{3-9}$$

同理可得

$$P\cdot z_C=\sum P_i z_i \tag{3-10}$$

可得重心坐标的一般公式为

$$x_C=\frac{\sum P_i x_i}{P},\quad y_C=\frac{\sum P_i y_i}{P},\quad z_C=\frac{\sum P_i z_i}{P} \tag{3-11}$$

若微元的体积为 ΔV_i，密度为 ρ_i，则 $P_i=\rho_i g\Delta V_i$，重心坐标可表示为

$$x_C=\frac{\sum \rho_i\Delta V_i x_i}{\sum \rho_i\Delta V_i},\quad y_C=\frac{\sum \rho_i\Delta V_i y_i}{\sum \rho_i\Delta V_i},\quad z_C=\frac{\sum \rho_i\Delta V_i z_i}{\sum \rho_i\Delta V_i} \tag{3-12}$$

若物体为连续体，重心坐标可表示成积分形式，即

$$x_C=\frac{\int_V \rho x dV}{\int_V \rho dV},\quad y_C=\frac{\int_V \rho y dV}{\int_V \rho dV},\quad z_C=\frac{\int_V \rho z dV}{\int_V \rho dV} \tag{3-13}$$

若物体是均质的，则上式可变为

$$x_C=\frac{\int_V x dV}{\int_V dV},\quad y_C=\frac{\int_V y dV}{\int_V dV},\quad z_C=\frac{\int_V z dV}{\int_V dV} \tag{3-14}$$

对于均质等厚薄壳，$\Delta V_i=h\Delta S_i$，其中 h 是薄壳的厚度，ΔS_i 为微元体面积。于是重心坐标为

$$x_C=\frac{\sum \Delta S_i x_i}{\sum \Delta S_i},\quad y_C=\frac{\sum \Delta S_i y_i}{\sum \Delta S_i},\quad z_C=\frac{\sum \Delta S_i z_i}{\sum \Delta S_i} \tag{3-15}$$

若为连续体，上式可进一步简化为

$$x_C=\frac{\int_S x dS}{\int_S dS},\quad y_C=\frac{\int_S y dS}{\int_S dS},\quad z_C=\frac{\int_S z dS}{\int_S dS} \tag{3-16}$$

对于均质等截面细杆，重心坐标如下

$$x_C=\frac{\sum \Delta l_i x_i}{\sum \Delta l_i},\quad y_C=\frac{\sum \Delta l_i y_i}{\sum \Delta l_i},\quad z_C=\frac{\sum \Delta l_i z_i}{\sum \Delta l_i} \tag{3-17}$$

若为连续体，上式可进一步简化为

$$x_C = \frac{\int_l x\mathrm{d}l}{\int_l \mathrm{d}l},\quad y_C = \frac{\int_l y\mathrm{d}l}{\int_l \mathrm{d}l},\quad z_C = \frac{\int_l z\mathrm{d}l}{\int_l \mathrm{d}l} \qquad (3-18)$$

3.3.4 重心确定方法

重心位置的确定在工程中有许多应用。例如，卫星、飞机、汽车、船舶等设计和制造时，都需要计算或测定其重心的位置。如卫星和火箭分离时，推力的合力要求尽可能过卫星重心，否则卫星在分离时产生较大的初始角速度，从而给姿态控制系统带来难度。

重心位置的确定

下面介绍三种确定重心的常用方法。

1. 查表法

对于均质物体，若在几何体上具有对称面、对称轴或对称点，则物体的重心或形心一定在相应的对称面、对称轴或对称点上；如果物体具有两个对称面或两个对称轴，则物体的重心在两对称面的交线或两对称轴的交点上。如圆锥、圆柱重心在其轴线上，球体重心在球心上。

2. 组合法

对于复杂的工程结构，可以将其分解成有限个简单的基本图形，每个基本图形的重心位置可查表确定，再用重心坐标计算公式获得复杂结构图形的重心坐标。这种方法称为组合法或分割法。

$$\begin{cases} x_C = \dfrac{A_1x_1 + A_2x_2 + \cdots + A_nx_n}{A_1 + A_2z + \cdots + A_n} \\ y_C = \dfrac{A_1y_1 + A_2y_2 + \cdots + A_ny_n}{A_1 + A_2 + \cdots + A_n} \end{cases} \qquad (3-19)$$

【例题分析】

求如图 3-13（a）所示平面图形的形心。

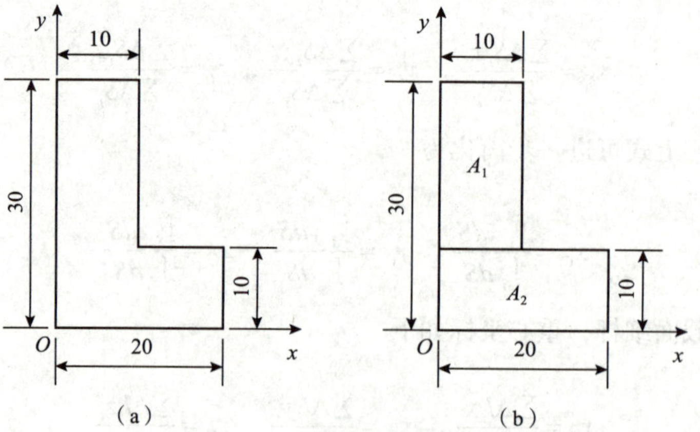

图 3-13 平面图形示意图

解：

（1）把图形分割成两部分，如图 3－13（b）所示，分别为 A_1、A_2。

（2）计算 A_1、A_2 面积及其形心坐标。

$A_1 = A_2 = 20\times10 = 200\ \text{mm}^2$， $x_1 = 5\ \text{mm}$， $y_1 = 20\ \text{mm}$； $x_2 = 10\ \text{mm}$， $y_2 = 5\ \text{mm}$

（3）计算组合体形心坐标为

$$\begin{cases} x_C = \dfrac{A_1x_1 + A_2x_2}{A_1 + A_2} = \dfrac{5\times200 + 10\times200}{200+200} = 7.5\ \text{mm} \\ y_C = \dfrac{A_1y_1 + A_2y_2}{A_1 + A_2} = \dfrac{20\times200 + 5\times200}{200+200} = 12.5\ \text{mm} \end{cases}$$

3．悬挂法

工程中的一些形状复杂和质量分布不均匀的物体，重心难以计算。这时可用实验法确定重心，即悬挂法。

如图 3－14 所示，求物体的重心。将物体悬挂，由于绳子对物体的力和物体所受重力满足二力平衡条件，重心必在过悬挂点的铅垂线上，此时可以画一经过重心的直线。更换悬挂点，可以画另一经过重心的铅垂线，这两条铅垂线的交点即为重心。

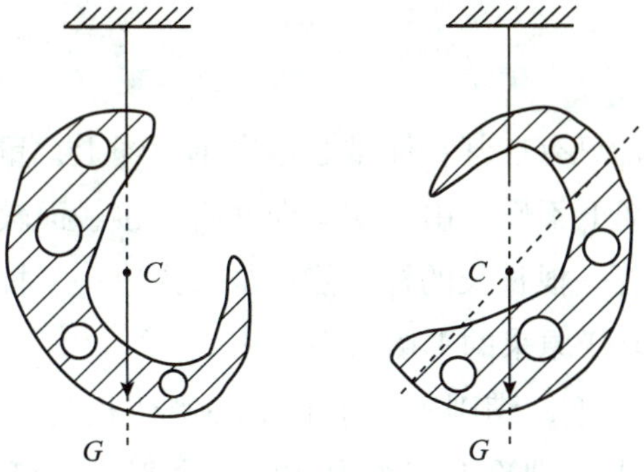

图 3－14　悬挂法确定重心位置

不倒翁的力学原理和重心位置的变化有关。不倒翁是由一个质量较大的底座和质量较轻的外壳组成，整个重心偏向底部。如图 3－15 所示，正常摆放时，不倒翁的重力和地面对其约束反力的合力为 0，合力矩也为 0。当不倒翁倾斜放置时，重心位置变化很小，但地面和不倒翁的接触位置发生了改变，即地面的约束反力和不倒翁的重力不再是在同一直线上，而是构成了一个力偶。当手释放不倒翁时，在这个力偶的作用下，不倒翁实现复位，即“不倒”。

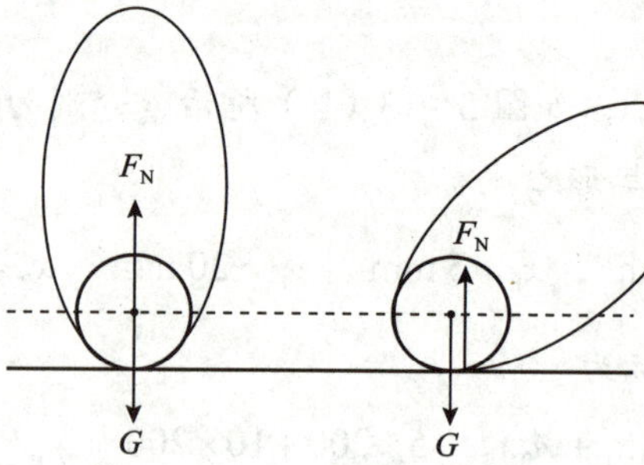

图 3－15　不倒翁工作原理

工地上用于运送建筑材料的车斗也是利用重心变化实现卸料。通过车轮和地面接触点作垂线，当车斗是空的时候，整个车斗的重心处于垂线后侧，如图 3－16（a）所示。当装满建筑材料时，整个车斗的重心前移，移到垂线的前侧，如图 3－16（b）所示。解锁后，在重力的作用下，车斗发生翻转，从而完成卸料，如图 3－16（c）所示。

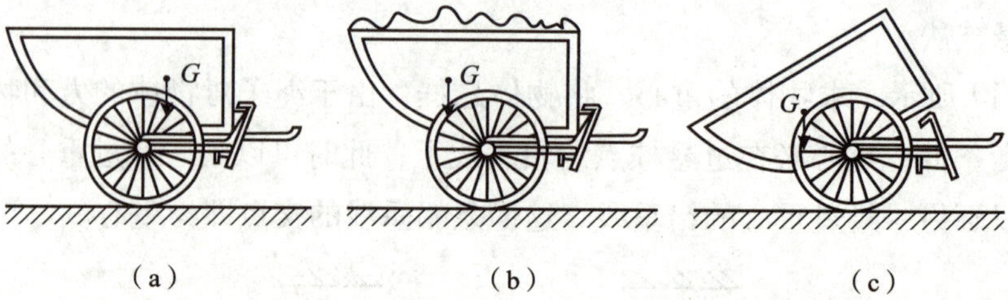

图 3－16　车斗卸料工作原理

杂技表演者走钢丝时，只有在其身体重心落在钢丝绳上，重力和钢丝绳的约束反力实现平衡时，才能立在钢丝绳上不倒。由于钢丝绳和脚的接触面较小，保持重心始终落在钢丝绳上比较困难。手里拿着一根长长的杆，能增加“人”—“杆”系统的转动惯量。于是在受微小扰动时，不容易改变原来的平衡状态。

欹器的“虚则欹，中则正，满则覆”也和重心密切相关。器皿内没注水时，其重心高于两边的绳索拉力的交点，理论上三个力在同一个平面，可实现平衡，但由于器皿加工的偏差或者受到微小扰动，重力和两绳索的拉力并不处于同一平面，于是器皿发生倾斜，即“虚则欹”。倾斜后，器皿的重心低于两绳索拉力的交点，三个力处于平衡状态。当向容器中注水时，容器不断调整倾斜角度（倾斜角度越来越小，即越来越正），保证了容器和水所构成系统的重心始终满足上述平衡条件，当水注满一半时，重心与两绳索拉力的交点重合。此时，器皿实现了直立，即“中则正”。当继续向容器中注水时，重心又升高至两绳索拉力交点的上方，再次出现类似于没注水时的情况，容易倾倒，即“满则覆”。

想一想

卫星的质心（重心）位置对卫星设计来说至关重要，直接关系到推进系统和姿态控制系统的设计，卫星设计阶段就需要考虑质心问题。经过仿真计算，在卫星装配完成后，还得专门测定质心位置。现有一个边长为 15 cm 的立方星，如图 3-17 所示。试问如何测定其质心？

图 3-17　立方星

课后习题

一、判断题

1. 桁架在工程中的作用是用来支撑重要结构，而不起到分担荷载的作用。（　）
2. 摩擦力是一种阻碍物体运动的力，会使物体相对静止或匀速滑动。（　）
3. 在重力平衡的条件下，物体的重心位置不会发生变化。（　）
4. 空间平行力系与合力矩定理可用于计算物体的重心坐标。（　）
5. 通过重心确定方法，可以准确计算物体的重心位置，为系统的稳定提供理论支持。（　）

二、选择题

1. 摩擦与我们的生活息息相关，关于摩擦的说法中不正确的是（　）。
   A. 利用货物与传送带之间的摩擦把货物送到高处
   B. 利用火柴与火柴盒之间的摩擦使火柴头的温度上升而燃烧
   C. 气垫船通过船底向下喷气，在船底和水面之间形成一层空气垫，使航行时阻力大大减小
   D. 机器上安装的滚动轴承，它可以使摩擦大大增加
2. 在棋类比赛中，比赛现场附近的讲棋室内所用的棋盘是竖直放置的，棋子可以在棋盘上移动但不会掉下来。原来，棋盘和棋子都是由磁性材料制成的，棋子不会掉落的原因是棋子（　）。
   A. 受到的空气的浮力等于重力
   B. 受到棋盘对它向上的摩擦力
   C. 受到的重力很小可忽略不计
   D. 和棋盘间存在很大的吸引力

3. 一物体重 100 N，当在水平地面上滑动时摩擦力是 30 N，将物体提起时对它的拉力为 F_1，在地面上匀速运动时拉力为 F_2，则 F_1、F_2 的大小分别是(　　)。

A. 100 N、100 N

B. 100 N、30 N

C. 30 N、30 N

D. 30 N、100 N

4. 重心确定方法，以下错误的是（　　）。

A. 查表法

B. 组合法

C. 悬挂法

D. 观测法

第二篇

材料力学

第4章　材料力学基础

章前导读

本章将概述材料力学的基本知识，主要涉及构件在外力作用下的行为和内部力学特性。首先，将讨论外力与内力的关系，包括外力的作用方式和内力的求解方法。其次，探讨构件的承载能力概念及计算方法，以便更好地理解结构在承受载荷时的表现。再次，介绍了变形固体的基本假设，如连续性、均匀性、各向同性和小变形，为后续内容做准备。最后，深入研究应力与应变的概念，涉及正应力、切应力、正应变和切应变的定义及计算方法。通过本章的学习，可以帮助读者建立起对材料力学基础的扎实理解，为后续的学习和实践奠定基础。

学习目标

◎知识目标

1. 理解构件外力与内力的关系，包括外力作用方式和内力求解方法。

2. 掌握构件的承载能力概念及计算方法。

3. 理解变形固体的基本假设，如连续性假设、均匀性假设、各向同性假设和小变形假设。

4. 熟悉应力与应变的概念，包括正应力、切应力、正应变和切应变的计算方法。

◎能力目标

1. 能够应用外力与内力的关系，分析结构受力情况并求解内力。

2. 能够计算构件的承载能力，评估结构在承受载荷时的性能。
3. 能够运用变形固体基本假设，理解结构力学的基本理论基础。
4. 能够计算应力与应变，分析材料在受力下的变形和性能。

◎素质目标

1. 培养逻辑思维能力，提高分析和解决力学问题的能力。
2. 培养细致观察和推理能力，加强对结构力学基础概念的理解和应用。
3. 培养团队合作能力，与他人合作分析和解决力学问题。
4. 培养对工程学科的探索精神，提高解决实际工程问题的能力。

思政之窗

在学习材料力学基础的过程中，不仅需要掌握结构力学的基本知识，还可以通过学习这些内容培养一种责任感与使命感。通过深入学习，学生可以逐渐理解工程技术对社会的重要性，激发学生对科学技术创新的兴趣，引导学生积极探索未知领域。

4.1 构件的外力与内力

4.1.1 外力

外力指的是作用在构件上的力，包括外加载荷和约束力。按照外力作用位置的不同，可以分为体积力和表面力。体积力是连续分布在构件各点处的力，重力就属于体积力。表面力可分为分布力和集中力。分布力指连续分布在构件表面的力，如水坝受到水的压力。如果分布力作用范围远小于构件的表面积，或沿构件轴线的分布范围远小于构件长度，则分布力可简化为作用于一点处的力，即集中力，如火车车轮对铁轨的压力属于集中力，如图 4-1 所示。

外力的分类

图 4-1 火车车轮对铁轨的压力

按照外力与时间的关系分类，又可以分为静载荷和动载荷。载荷缓慢地由零增加到某一定值后，保持不变或变化很不显著，这样的载荷属于静载荷。随时间显著变化或使构件产生明显加速度的载荷，称为动载荷，如交变载荷和冲击载荷。

4.1.2　内力及求解方法

1. 内力

构件在外力作用下发生变形，其内部各部分之间因相对位置改变而引起的相互作用称为内力。内力随外力的变化而变化，达到某一极限时会引起构件破坏。构件的强度、刚度和稳定性与内力的大小及其在构件内的分布情况密切相关。内力分析是解决构件强度、刚度和稳定性的前提。

2. 截面法求解内力

截面法求解构件的内力可分三步。

（1）截：假想沿 $m-m$ 横截面将杆件截开，如图 4-2（a）所示。

（2）代：用内力代替弃去部分对留下部分的作用，如图 4-2（b）所示。

（3）平：对留下部分列平衡方程，求出内力。

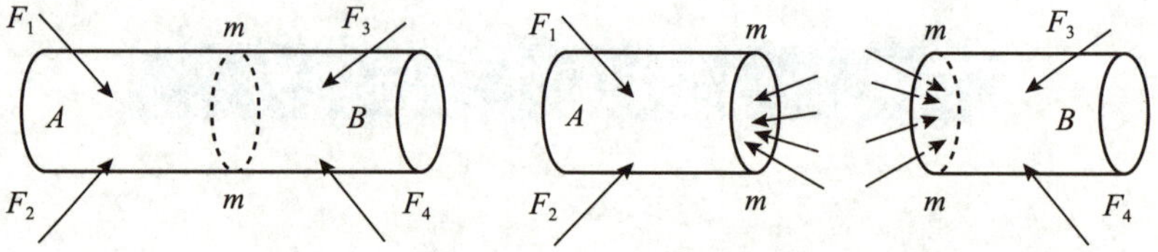

图 4-2　截面法求构件内力

应用力系简化方法，连续分布的内力系可以向截面形心 O 简化成一主矢 F_R 和主矩 M，将 F_R 和 M 沿 x 轴、y 轴、z 轴分解，可得该截面 3 个内力分量 F_x、F_y、F_z 和 3 个内力偶矩分量 M_x、M_y、M_z，如图 4-3 所示。

沿杆轴线方向的内力分量 F_x 使杆件产生轴线方向拉伸或压缩变形，称为轴力，通常也可用 F_N 表示；F_y 和 F_z 使两个相邻截面分别产生沿 y 和 z 方向的相互错动，这种变形称为剪切变形，这两个内力称为剪力，通常也可用 F_{sy}、F_{sz} 表示；M_x 使杆件两个相邻截面产生绕杆件轴线的相对转动，这种变形称为扭转变形，内力偶矩 M_x 称为扭矩，通常也可用 T 表示；M_y 和 M_z 使杆件的两个相邻截面产生绕横截面上某一轴线相互转动，使杆件分别在 xz 平面和 xy 平面内发生弯曲变形，内力偶矩 M_y 和 M_z 称为弯矩。轴向拉伸或压缩变形、剪切变形、扭转变形和弯曲变形是杆件变形的基本形式。

4.2　构件的承载能力

4.2.1　构件的承载能力基本概念

构件承载能力是指构件在所受外力作用下所能承受的最大力或变形量。构件承载能力是结构设计中一个非常重要的指标，直接关系到结构的安全性和可靠性。一个具有良好构件承载能力的结构可以在外力的作用下保持稳定，不发生破坏或者塌陷。

构件承载能力受到多种因素的影响，主要包括以下方面。

1. 材料的强度和刚度

材料的强度决定了构件能够承受的最大应力大小，而刚度决定了构件的变形量。通常情况下，强度越大的材料所制成的构件承载能力越高，刚度越大的构件承载能力也越高。

2. 构件的几何形状

构件的几何形状对其承载能力有着直接的影响。对于同一材料和相同外力作用下的构件来说，截面积越大，构件的承载能力越大，而长度越长的构件，在相同外力作用下产生的变形量则越大。

3. 外力的作用方式和大小

外力的作用方式和大小是构件承载能力的重要因素。不同的外力作用方式对构件产生的应力和变形量有着不同的影响。在结构设计中，需要根据实际情况合理选择结构的工作状态和设计负荷，以保证结构的安全性。

4. 复杂荷载和临界状态

复杂荷载是指结构在使用过程中所受到的各种不同类型和方向的外力作用。复杂荷载对构件的承载能力有着更高的要求，需要在设计中考虑到各种不同工况下构件的承载能力情况。

5. 构件之间的连接方式

构件之间的连接方式对整个结构的承载能力有着重要的影响。连接方式的选择应根据具体的工况和结构要求来确定，以保证连接的可靠性和结构的稳定性。

4.2.2　构件的承载能力特性

构件的承载能力包括强度、刚度和稳定性。强度指的是构件抵抗断裂和过度变形的能力。强度失效，指的是构件在外力作用下发生不可恢复的塑性变形或断裂。塑性变形指的是外力解除后不会消失的变形，如图 4-3 所示易拉罐的变形。相反的，弹性变形是指随外力解除后，变形完全消失的现象，如图 4-4 所示撑竿跳运动员手中撑竿的变形。

图 4-3　易拉罐的塑性变形

图 4-4　撑竿的弹性变形

刚度指的是构件在受力时抵抗弹性变形的能力。刚度失效，指的是构件在外力作用下产生过量的弹性变形，如图 4-5 所示，车床主轴如果刚度不足，会影响零件加工的精度。构件在外力作用下保持原有平衡状态的能力，称为稳定性。稳定失效是指构件在外力作用下平衡形式发生改变。如图 4-6 所示，水稻茎秆的结构特性影响植株的稳定性，即抗倒伏性能，从而影响水稻的产量。

图 4-5　车床主轴

图 4-6　水稻茎秆

4.3　变形固体的基本假设

加工构件所用的材料，其微观尺度上的结构和力学性能比较复杂，工程上在进行强度、刚度和稳定性计算时，通常忽略次要因素，对材料做一些合理的假设。变形固体的基本假设有：连续性假设、均匀性假设、各向同性假设、小变形假设。

4.3.1　连续性假设

假设在构件所占有的空间内无空隙地充满了物质。实际上物质之间存在空隙，微观上是不连续的。而连续性假设表明，材料力学研究整个构件的强度、刚度、稳定性，从宏观角度认为材料连续，可用连续函数来表示构件的各力学量，如内力、应力、应变和位移等。

4.3.2　均匀性假设

假设材料的力学性能与其在构件中的位置无关。实际上各处力学性能在微观上是不同的，而均匀性假设表明构件内部任何部位所切取的微小单元体具有与构件完全相同的力学性能，即材料的力学性能与位置无关。例如，体检时只从手臂上抽取约 5 ml 血液即可代表全身血液的性状，就是应用了均匀性假设。

4.3.3　各向同性假设

假设材料在各个方向具有相同的力学性能。真实情况是微观上单一晶粒不同方向上具有不同的力学性能，在这假设晶粒杂乱无章排列表现出来的宏观的力学性能没有明显的方向性，即各向同性假设。但有些材料的力学性能存在明显的方向性，即各向异性。例如，木材、牛肉在竖纹和横纹方向上的力学性能相差很大，属各向异性材料，庖丁就是利用牛肉的各向异性特点顺利解牛。同样道理，劈柴时顺着纹理劈会更加容易，如图 4－7 所示。

图 4－7　劈柴

4.3.4　小变形假设

小变形假设指的是构件的变形远小于构件本身的几何尺寸。小变形假设存在以下作用，为后续研究带来方便：小变形假设保证构件处于纯弹性变形范围；小变形假设允许以变形前的受力分析代替变形后的受力分析；小变形假设保证叠加法成立。

4.4　应力与应变

4.4.1　正应力与切应力

内力是构件内部相连两部分之间连续分布的相互作用力。通常，内力在横截面上各点处的强弱程度是不相等的。如何度量一点处的内力强弱程度？引入内力分布集度，即应力。研究图 4－8 所示杆件横截面上面积 ΔA，假设作用在该面积上的内力为 ΔF_R。

于是，在此面积上分布内力的平均值为

$$\bar{\sigma} = \frac{\Delta F_R}{\Delta A} \tag{4-1}$$

当 ΔA 趋于无穷小时，ΔA 区域的平均应力便趋于某一极限值，这一极限值能反映分布内力在该点处的强弱程度，称为集度，分布内力在一点处的集度称为应力。

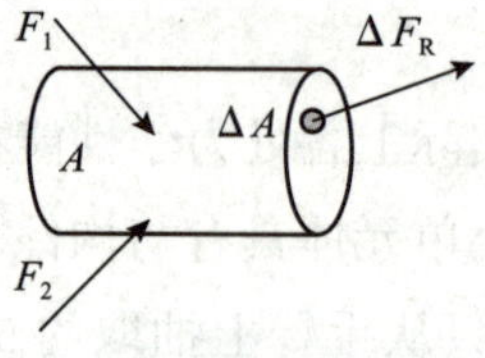

图 4-8　求杆件横截面的平均应力

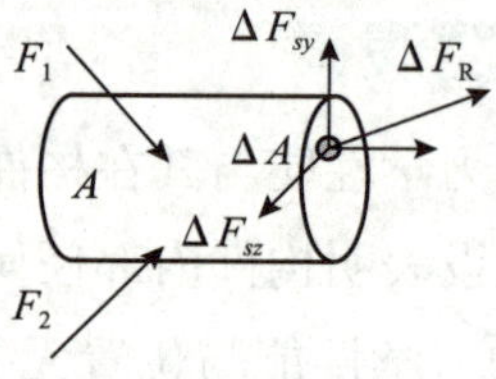

图 4-9　横截面分解三个分量

如图 4-9 所示，将 ΔF_R 沿 x、y、z 分解为三个分量 ΔF_N、ΔF_{sy}、ΔF_{sz}。于是就得到垂直于横截面的应力，称为正应力，用 σ 表示；位于横截面上的应力，称为剪应力或切应力，用 τ 表示。正应力和切应力的极限定义为

$$\sigma = \lim_{\Delta A \to 0} \frac{\Delta F_N}{\Delta A} \tag{4-2}$$

$$\tau = \lim_{\Delta A \to 0} \frac{\Delta F_s}{\Delta A} \tag{4-3}$$

国际单位制（SI）中应力的单位为 Pa（1 Pa=1 N/m²），但常用的是 MPa（10^6 Pa）或 GPa（10^9 Pa）。

虞诩“乃使人烧石”，大石受热膨胀，然后“以水灌之”，大石就会突然受冷收缩，此时会产生巨大的应力，从而实现“石皆坼裂”。

【例题分析】

一受扭团轴（图 4-10），直径 d=20 mm，圆轴的材料为钢，E=200 GPa，V= 0.3。现测得圆轴表面上与轴线成 45° 方向的应变为 $E=5.2\times10^{-4}$，试求团轴所承受的扭矩。

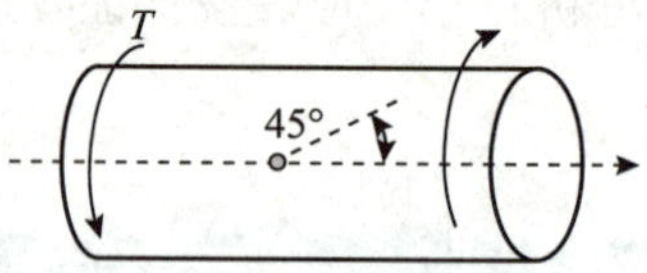

图 4-10　扭团轴示意图

解： 应力状态如图 4-11 所示。

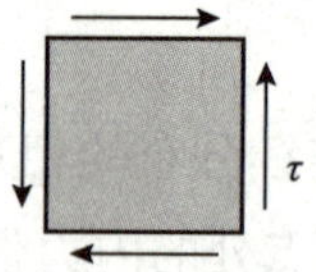

图 4-11　应力状态

$$\sigma_x=\sigma_y=0,\quad \tau_{xy}=-\tau,\quad \alpha=45°$$

$$\sigma_\alpha=\frac{\sigma_x+\sigma_y}{2}+\frac{\sigma_x-\sigma_y}{2}\cos2\alpha-\tau_{xy}\sin2\alpha=\tau$$

$$\tau_\alpha=\frac{\sigma_x-\sigma_y}{2}\sin2\alpha+\tau_{xy}\cos2\alpha=0$$

故所给 45° 方向是主应力方向。

4.4.2 正应变与切应变

在应力作用下，构件将发生变形。围绕构件中的任意点截取微元体，研究微元体的变形特性，通过微元体变形累加就可以获得构件的变形特性，如图 4-12 所示。

对于正应力作用下的微元体，沿着正应力方向和垂直于正应力方向将分别产生伸长和缩短，称为线变形。描述构件在各点处线变形程度的量，称为线应变或正应变，用 ε 表示。微元体变形前 x 方向的长度为 dx，变形后 x 方向的长度为 $dx+du$，因此 x 方向上的正应变为

$$\varepsilon_x = \frac{du}{dx} \tag{4-4}$$

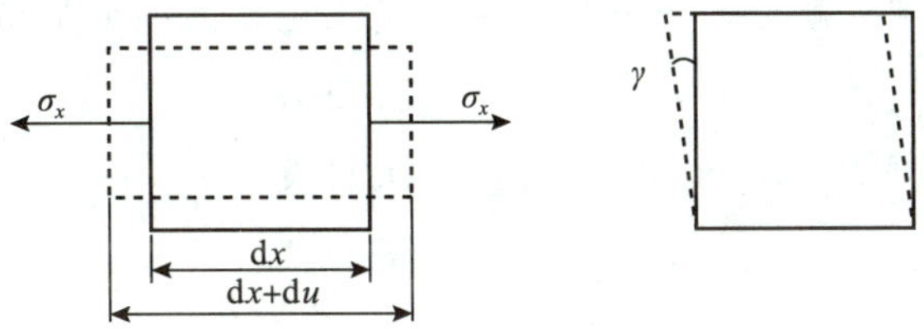

（a） （b）

图 4-12 正应变与切应变

切应力作用下，微元体将发生剪切变形。剪切变形的程度用微元体角度变化来度量。微元体相邻棱边夹角的改变量，称为剪应变或切应变，用 γ 表示。γ 的单位是 rad（弧度）。

正应变和切应变均为无量纲量。

课后习题

一、判断题

1. 相等的内力分布在较大的面积上时，就比较危险。（ ）
2. 单凭轴力的大小就能判断杆件在外力作用下是否发生破坏。（ ）
3. 构件的外力包括作用在结构上的全部外部力，切向外力也属于外力。（ ）
4. 变形固体的基本假设中的均匀性假设指固体性质在整个变形固体内是均匀的。（ ）
5. 应力与应变中的正应力是指垂直于截面上某一点的内力对该点单位面积的作用力。（ ）

二、选择题

1. 构件的承载能力指的是（ ）。

A. 结构在受力状态下的变形能力

B. 结构在不发生破坏的情况下能够承受的最大外荷载

C. 结构内部的力分布情况

D. 结构在受力下的应变程度

2. 变形固体的基本假设中的连续性假设指的是（　）。

A. 固体物质的加工是均匀的

B. 变形固体在受力下会发生连续的变形

C. 固体的应力和应变之间存在线性关系

D. 固体的质量保持不变

3. 材料力学基础包含以下哪个内容？（　）

A. 构件的外力与内力　　B. 变形固体的基本假设

C. 应力与应变　　D. 所有选项都是

4.（　）通常分解为两个分量，一个是正应力，一个是切应力。

A. 应变　　B. 应力

C. 变形　　D. 强度

第 5 章　轴向拉伸与压缩

章前导读

本章主要介绍了轴向拉伸与压缩的相关理论和应用。了解和掌握相关知识对于设计和评估结构的强度和稳定性至关重要。通过本章的学习，帮助读者分析和解决轴向拉伸与压缩的实际工程问题。

学习目标

◎知识目标

1. 了解轴向拉伸与压缩的基本理论和应用。
2. 掌握内力、截面法与轴力图的分析方法。
3. 理解拉压杆的应力分布特征。
4. 能够描述轴向拉伸与压缩时的变形规律。
5. 掌握应力集中现象和对构件强度的影响。
6. 了解材料在拉伸与压缩时的力学性能。
7. 掌握轴向拉伸与压缩的强度计算方法。

◎能力目标

1. 能够应用内力、截面法与轴力图分析结构在轴向拉伸与压缩下的受力情况。
2. 能够评估拉压杆在不同截面上的应力分布情况。
3. 能够预测轴向拉伸与压缩引起的变形情况。

4. 能够识别和分析应力集中问题并提出解决方案。
5. 能够根据材料力学性能评估结构在拉伸与压缩时的性能。
6. 能够进行轴向拉伸与压缩的强度计算并得出结论。

◎素质目标

1. 培养学生分析和解决工程问题的能力。
2. 培养学生结构设计和评估的能力。
3. 培养学生团队合作和沟通能力。
4. 培养学生批判性思维和问题解决能力。
5. 培养学生对结构安全和稳定性的责任心和意识。

思政之窗

促使学生树立成为一名工程师的远大理想，树立爱国敬业的价值观；从科学、专业的知识体系中培养学生严谨的科学态度；从工程事故中让学生认识到结构设计的重要性，从而培养学生遵纪守法、有责任有担当的职业道德，以及求真务实、开拓创新的职业精神。

5.1 内力、截面法与轴力图

5.1.1 内力、截面法

截面法求内力

如图 5-1 所示的拉（压）杆，在外力 F 作用下保持平衡的同时，杆件发生伸长或缩短变形，且杆件内各质点间产生抵抗变形、力图恢复原状的相互作用力，常称这种附加的力为内力。在研究受力物体变形和破坏规律时，必须先研究内力。

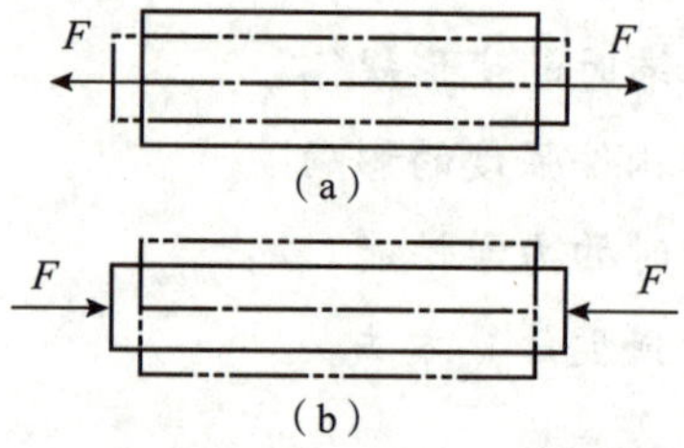

图 5-1 拉（压）杆的受力分析图

用截面法来求图 5-2（a）所示拉杆任一横截面上的内力。应用截面法，假想用一平面在横截面 $m-m$ 处将杆截为两部分，截开面处一部分对另一部分的作用力为杆件的内力，

分别用 F_N 和 F_N' 代替，如图 5-2（b）和图 5-2（c）所示。任取其中一部分为研究对象。由于杆件处于平衡状态，故截开后的每一部分也都应保持平衡。现分析左段杆如图 5-2（b）所示，由分离体的平衡条件可建立沿轴向的平衡方程，即

$$\sum F_x = 0，\quad F_N - F = 0$$

得到

$$F_N = F$$

若取右段杆为分离体，同样可得 $F'_N = F_N$

内力 F_N 和 F'_N 是一对大小相等、指向相反的作用力与反作用力，其作用线必垂直于横截面并与杆轴线重合，称此内力为轴力。为了使由任一部分为研究对象求得同一截面上的轴力有完全一致的结果，规定当轴力的指向与横截面的外法线方向一致时为拉力，取正号；反之为压力，取负号。对于图 5-3 所示的压杆，同样可以求得 $m-m$ 截面上的轴力 $F_N=-F$。

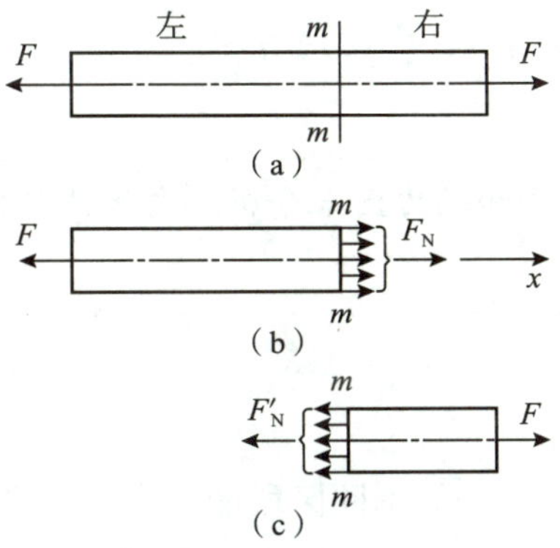

图 5-2　用截面法求内力

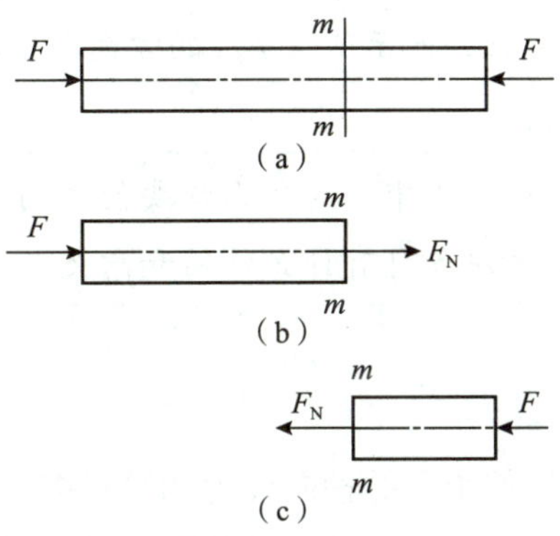

图 5-3　求得 $m-m$ 截面上的轴力

截面法是求解受力构件内力常用的方法，基本步骤如下。

① 在需求内力的截面处，假想地将杆件截分为两部分。

② 画出所选杆段的受力图，截开面处两部分的相互作用力以内力代替，可先假设轴力为拉力。

③ 建立平衡方程，求得轴力的大小和方向。若求得轴力为正值，与前面假设方向一致，轴力为拉力；若为负值，则轴力为压力，与假设方向相反。

【例题分析】

试求图 5-4（a）所示的 AB 杆件 1-1、2-2 横截面处的轴力。

解： 由于此杆件受三个外力作用，因而 AC 段和 CB 段的轴力将不同，要分段计算。

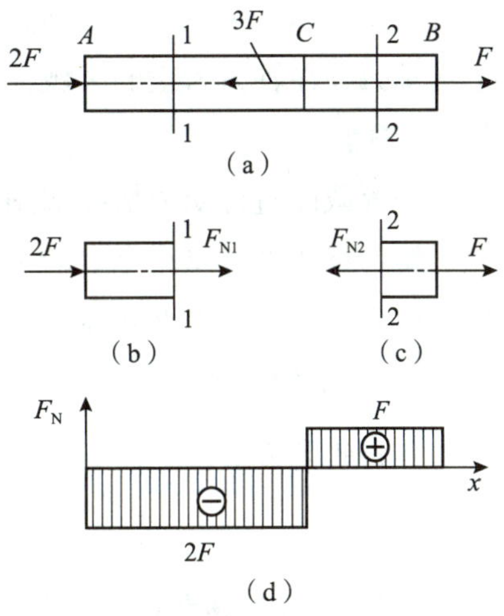

图 5-4　AB 杆件的轴力

（1）求1-1截面的轴力

应用截面法沿1-1截面将杆件截断，取左段为研究对象，其受力图如图5-4(b)所示，由平衡方程

$$\sum F_x = 0 \text{，} F_{N1}+2F=0$$

得

$$F_{N1}=-2F$$

结果为负值，表明所设 F_{N1} 的方向与实际受力方向相反，即为压力。

（2）求2-2截面的轴力

沿2-2截面将杆件截断成两部分，取右段为研究对象，其受力图如图5-4（c）所示，由平衡方程

$$\sum F_x = 0 \text{，} F-F_{N2}=0$$

得

$$F_{N2}=F$$

结果为正，表示所设 F_{N2} 的方向与实际受力方向一致，为拉力。

想一想

在结构力学中，为什么需要使用内力、截面法和轴力图来分析轴向拉伸与压缩的情况？这些方法各自有什么作用和意义？

5.1.2 轴力图

如果杆件承受的轴向外力的数目多于两个时，在杆的不同区段的轴力一般是不同的。为了直观地反映出杆件各横截面上轴力沿杆长的变化规律，并找出最大轴力及其所在横截面的位置，可以用图线的方式表示轴力的大小与横截面位置的关系，这样的图线称为轴力图。轴力图以平行于杆的轴线的坐标为横坐标，其上各点表示横截面的位置，以垂直于杆轴线的纵坐标表示横截面上轴力的大小，在给定的比例尺下，根据截面法求得的轴力数值，正号轴力画在轴力为正的区域，负号轴力画在轴力为负的区域，即可作出轴力图。

【例题分析】

一等截面直杆受力情况如图5-5（a）所示，试作其轴力图。

解： 解此题可以先求出约束力，再求轴各段轴力，而后画轴力图；也可不求约束力，从轴的右端向左依次求轴各段轴力，再画轴力图。

（1）求约束力 F_{NA}

作杆的受力图，如图5-5（b）所示，由 $\sum F_x = 0$，得 $-F_{NA}-F_1+F_2-F_3+F_4=0$

$$F_{NA}=10\text{ kN}$$

（2）求各段横截面上的轴力

直接应用截面法计算轴力，一般不必再逐段截开并作分离体图，计算时取截面左轴段

或右轴段均可，一般取外力较少的杆段计算更简便。

AB 段 1–1 截面：分析左侧，$F_{N1}=F_{NA}=10$ kN。

BC 段 2–2 截面：分析左侧，$F_{N2}=F_{NA}+F_1=50$ kN。

CD 段 3–3 截面：分析右侧，$F_{N3}=F_4-F_3=-5$ kN。

DE 段 4–4 截面：分析右侧，$F_{N4}=F_4=20$ kN。

由以上计算结果可知，杆件在 CD 段受压，其他各段受拉。

（3）作轴力图

最大轴力 $F_{N\max}$ 在 BC 段，其轴力图如图 5–5（c）所示。

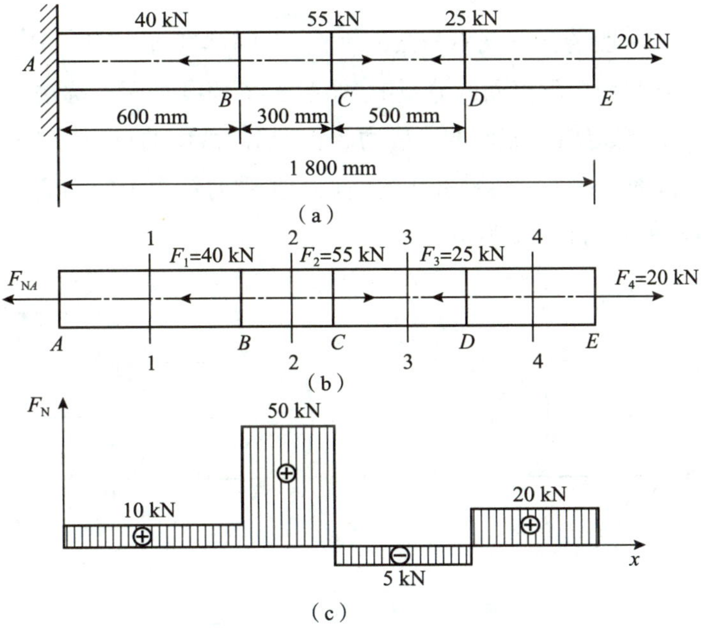

图 5–5　截面直杆受力情况

5.2　拉压杆的应力

5.2.1　应力的概念

拉压杆的轴力仅与所受外力的大小有关，单凭轴力的大小不能判断杆件的强度。例如，由相同材料制成的粗细不同的两根杆件，在逐渐增加相同拉力的情况下，细杆会因强度不够而首先被拉断。可见拉压杆的强度不仅与轴力有关，而且与杆横截面尺寸有关，即取决于内力在横截面上分布的密集程度。分布内力在某点处的集度即为该点处的应力。

如图 5–6（a）所示是一受力杆件沿 $m-m$ 截面截取的分离体，若在 $m-m$ 截面上的 K

点周围取一微面积 ΔA，ΔF 为作用在 ΔA 上的合力，则 ΔF 与 ΔA 的比值为 ΔA 上的平均应力 p_m，即

$$p_m=\frac{\Delta F}{\Delta A}$$

一般情况下，截面上的内力并非均匀分布，但随 ΔA 的减小，其上内力的分布趋近均匀。当 ΔA 趋于 0，相应的极限值为 K 点的内力分布集度称为 K 点的总应力，用 p 表示。

$$p=\lim_{\Delta A\to 0}\frac{\Delta F}{\Delta A}=\frac{dF}{dA}$$

应力 p 是矢量，一般情况下既不与截面垂直，也不与截面相切。通常把总应力分解为垂直于截面的分量 σ 和相切于截面的分量 τ，如图 5-6（b）所示。称法向分量 σ 为正应力，切向分量 τ 为切应力。规定离开截面的正应力为正，指向截面的正应力为负，即拉应力为正，压应力为负；而对截面内部（靠近截面）的一点产生顺时针力矩的切应力为正，反之为负。图 5-6（b）中所示的 σ 为正，τ 为负。

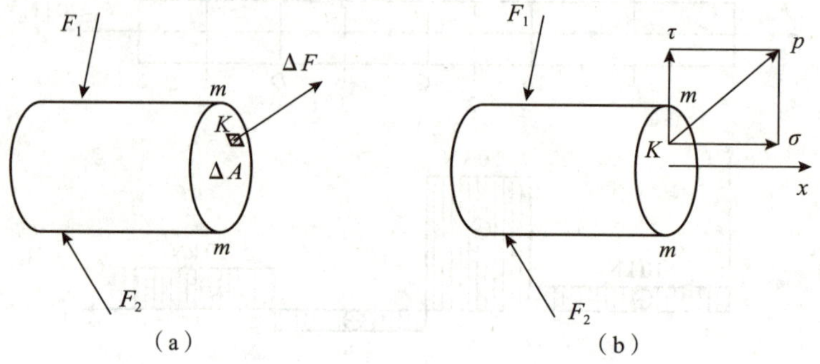

图 5-6 杆件的受力分析图

5.2.2 拉压杆横截面上的应力

要确定拉压杆横截面上任意一点处的应力，首先必须知道该截面上的内力分布规律，由于内力是杆受外力后产生变形而引起的，所以，先通过实验观察杆受力后的变形现象，作出假设和推论，然后进行理论分析，得出截面上的内力分布规律，最后确定应力的大小和方向。

现取一等直杆如图 5-7（a）所示，拉压变形前在其表面上画垂直于杆轴的直线 ab 和 cd。拉伸变形后，发现 ab 和 cd 仍为直线，且仍垂直于轴线，只是分别平行地移动至 $a'b'$ 和 $c'd'$。于是，我们对受拉压的直杆可以作出如下平面假设：原为平面的横截面，在变形后仍为垂直于杆轴线的平面。由此可知，杆件在它的任意两个横截面之间的伸长变形是均匀的。又因材料是均匀连续的，所以杆件横截面上的内力是均匀分布的，即在横截面上各点处的正应力都相等，如图 5-7（b）所示。若杆的轴力为 F_N，横截面积为 A，根据静力学求合力的概念，得 $\sigma A=F_N$，于是得出

$$\sigma=\frac{F_N}{A} \tag{5-1}$$

式（5-1）是拉杆横截面上正应力 σ 的计算公式。当 F_N 为压力时，它同样可用于压应力计算。正应力 σ 与轴力 F_N 符号一致，规定拉应力为正，压应力为负，如图 5-7 所示。

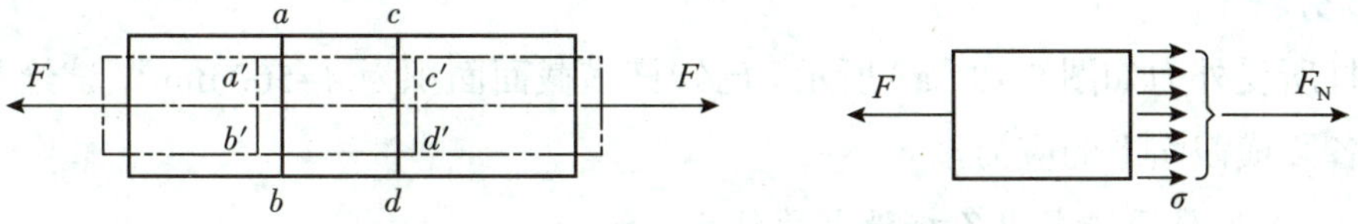

图 5-7　求拉压杆横截面上的应力

【例题分析】

图 5-8 所示的支架，在 B 点处受载荷 G 作用，杆 AB、BC 分别是木杆和钢杆，木杆 AB 的横截面面积 A_1= 100 × 100 mm²，许用应力 [σ_1]=7 MPa；钢杆 BC 的横截面面积 A_2=600 mm², 许用应力 [σ_2] = 160 MPa。求支架的许可载荷 [G]。

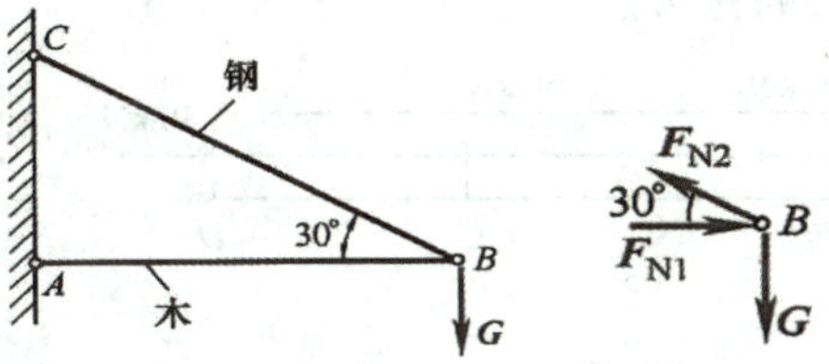

图 5-8　支架

解：（1）求两杆的轴力。画 B 点的受力图，列平衡方程得

$$\sum F_y=0 \qquad F_{N2}\sin 30°-G=0$$

$$F_{N2}=2G$$

$$\sum F_x=0 \qquad F_{N1}-F_{N2}\cos 30°=0$$

$$F_{N1}=\frac{\sqrt{3}}{2}F_{N2} \qquad F_{N1}=\sqrt{3}G$$

（2）确定支架的许可载荷 [G]。

对于木杆

$$由强度准则\ \sigma_1=\frac{F_{N1}}{A_1}=\frac{\sqrt{3}G_1}{A_1}\leqslant[\sigma_1]得$$

$$G_1\leqslant\frac{7\times100\times10^2}{\sqrt{3}}\ \text{N}=40.4\times10^3\ \text{N}=40.4\ \text{kN}$$

对于钢杆

$$由强度准则\ \sigma_2=\frac{F_{N2}}{A_2}=\frac{\sqrt{3}G_2}{A_2}\leqslant[\sigma_2]得$$

$$G_2 \leqslant \frac{160\times600}{2}\ \mathrm{N} = 48\times10^3\ \mathrm{N} = 48\ \mathrm{kN}$$

比较 G_1、G_2，得该支架的许可载荷 [G] =40.4 kN。

【例题分析】

一钢杆所受外力如图 5-9（a）所示。已知杆横截面面积为 A=500 mm²，试绘制轴力图，并计算杆各段横截面上的应力。

解：（1）用截面法求出各杆段上的轴力。

分析杆的受力，整个直杆可分为等轴力的三段。

AB 段：F_{N1}=60 kN，如图 5-9（b）所示。

BC 段：F_{N2}=60-80=-20 kN，如图 5-9（c）所示。

CD 段：F_{N3}=30 kN，如图 5-9（d）所示。

（2）作轴力图，如图 5-9（e）所示。

（3）求杆各段横截面上的应力。

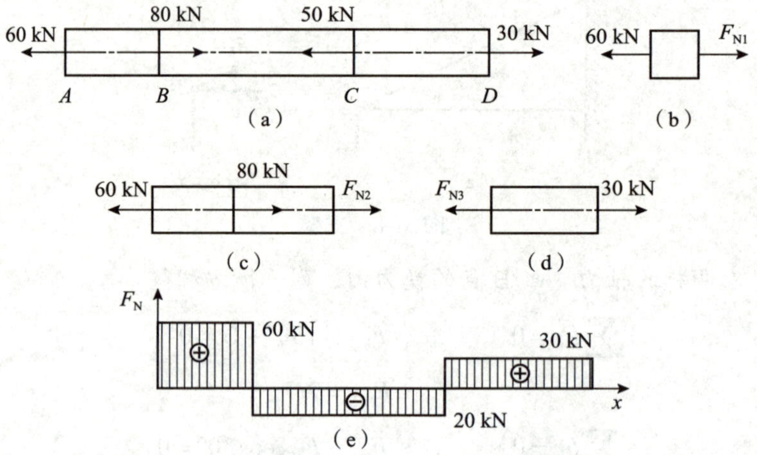

图 5-9　用截面法求出各杆段上的轴力

AB 段：

$$\sigma_1 = \frac{F_{N1}}{A} = \frac{60\times10^3}{500\times10^{-6}} = 120\times10^6\ \mathrm{Pa} = 120\ \mathrm{MPa}$$

BC 段：

$$\sigma_2 = \frac{F_{N2}}{A} = \frac{-20\times10^3}{500\times10^{-6}} = -40\times10^6\ \mathrm{Pa} = -40\ \mathrm{MPa}$$

CD 段：

$$\sigma_3 = \frac{F_{N3}}{A} = \frac{30\times10^3}{500\times10^{-6}} = 60\times10^6\ \mathrm{Pa} = 60\ \mathrm{MPa}$$

5.2.3　拉压杆斜截面上的应力

由不同材料杆件的实验可知，拉压杆的破坏并不总是沿着横截面发生，有时也沿斜截面发生，因此必须研究任意斜截面上的应力。

以图 5-10（a）所示拉杆为例，分析与横截面夹角为 α 的任意斜截面 $m-m$ 上的应力。规定从横截面按逆时针转到斜截面的 α 角为正，反之为负。由截面法求得 $m-m$ 斜截面上的轴力 $F_{N\alpha}=F$，如图 5-10（b）所示，可见斜截面 $m-m$ 上的轴力 $F_{N\alpha}$ 与横截面上的轴力 F_N 数值相等。实验证明，应力在斜截面上也是均匀分布的。以 p_α 表示 $m-m$ 斜截面上的应力，则有

$$p_\alpha = \frac{F_{N\alpha}}{A_\alpha} \tag{5-2}$$

式中，A_α 为斜截面 $m-m$ 的面积，与横截面面积 A 的关系为

$$A_\alpha = \frac{A}{\cos\alpha} \tag{5-3}$$

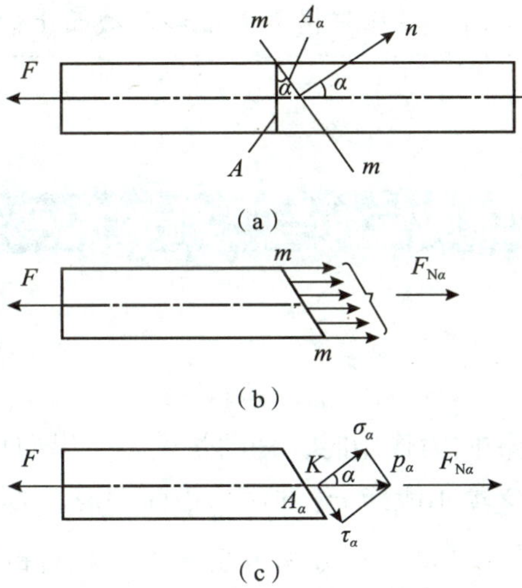

图 5-10　求拉压杆斜截面上的应力

将式（5-3）代入式（5-2），且有 $F_{N\alpha}=F_N$，可得

$$p_\alpha = \frac{F_N}{A}\cos\alpha = \sigma\cos\alpha \tag{5-4}$$

式中，$\sigma = \dfrac{F_N}{A}$ 为横截面上 K 点的正应力。

如图 5-10（c）所示，将 p_α 分解为垂直于斜截面的正应力 σ_α 及切于斜截面的切应力 τ_α。利用式（5-4）可得 $m-m$ 斜截面上 K 点的正应力 σ_α 及切应力 τ_α 的计算表达式

$$\begin{cases} \sigma_\alpha = p_\alpha\cos\alpha = \sigma\cos^2\alpha \\ \tau_\alpha = p_\alpha\sin\alpha = \dfrac{\sigma}{2}\sin 2\alpha \end{cases} \tag{5-5}$$

对于压杆，式（5-5）也同样适用，只是式中的 σ_α 和 σ 为压应力。

由式（5-5）可知以下内容。

（1）σ_α 和 τ_α 随截面位置而变化，σ_α 和 τ_α 都是夹角 α 的函数，即在不同 α 角的斜截面上，正应力与切应力是不同的。只要知道横截面上的正应力 σ 及斜截面与横截面夹角 α，就可以求出该斜截面上的正应力 σ_α 和切应力 τ_α。

（2）当 $\alpha=0°$ 时，$\sigma_{0°}=\sigma_{max}=\sigma$，$\tau_{0°}=0$；

当 $\alpha=45°$ 时，$\tau_{45°}=\tau_{max}=\dfrac{\sigma}{2}$，$\sigma_{45°}=\dfrac{\sigma}{2}$；

当 $\alpha=90°$ 时，$\sigma_{90°}=0$，$\tau_{90°}=0$。

由此表明：杆件轴向拉伸和压缩时，在横截面上只有正应力，且正应力最大；斜截面上不仅有正应力还有切应力；与横截面夹角为 45° 的斜截面上切应力最大，其值等于横截面上正应力的一半；与横截面垂直的纵向截面上无任何应力。

想一想

拉压杆的应力是如何计算的？拉压杆横截面上和斜截面上的应力有何不同？

5.3 轴向拉伸与压缩时的变形

5.3.1 线应变

如图 5-11 所示，当杆受轴向力作用时，杆的长度发生纵向伸长或缩短，即产生纵向变形；同时杆的横向尺寸也随之缩小或增大，即产生横向变形。设杆原长为 l，横向尺寸为 b，杆受拉伸或压缩后，长度变为 l_1，横向尺寸由 b 变为 b_1，则杆的纵向变形 Δl 为 $\Delta l=l_1-l$ 杆的横向变形 Δb 为 $\Delta b=b_1-b$。

Δl 与 Δb 的符号总是相反，线变形的常用单位是 mm。

由实践经验可知，线变形的大小与杆件的原始尺寸有关。为了准确地反映变形程度，用单位长度上的变形，即（线应变 ε 或相对变形）来度量。纵向线应变 ε 和横向线应变 ε' 分别为

$$\varepsilon=\frac{\Delta l}{l},\quad \varepsilon'=\frac{\Delta b}{b} \tag{5-6}$$

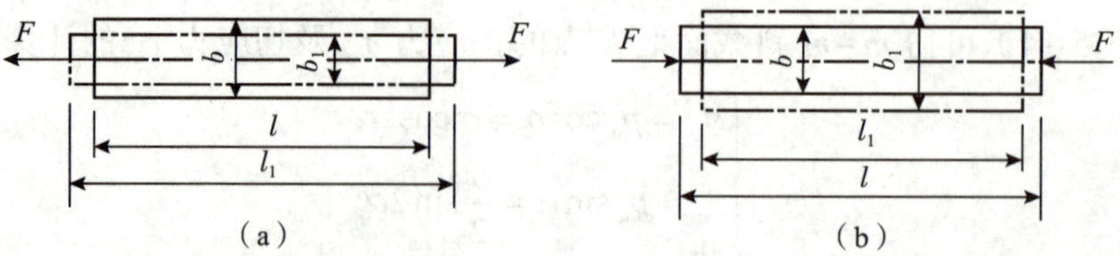

图 5-11　杆受轴向力作用

线应变的正负符号与线变形一致。线应变没有量纲。

5.3.2　胡克定律

实践表明；杆件受拉（压）时，若应力不超过比例极限，杆件的线变形 Δl 与轴力 F_N 及杆件原长 l 成正比，与杆件的横截面积 A 成反比，即

$$\Delta l=\frac{F_N l}{EA} \tag{5-7}$$

这一关系式称为胡克定律。式中比例常数 E 称为拉（压）弹性模量。E 的大小反映了材料抵抗拉压变形的能力，E 值越大，材料在受力时越不易产生变形。各种材料的 E 值均由实验测定。在国际单位制中，弹性模量的常用单位是 GPa（吉帕）。表 5-1 给出了一些常用材料的弹性模量值。

表 5-1　几种常用材料的 E，G，v 值

材料名称	E/GPa	v	G/GPa
碳　钢	196 ~ 216	0.25 ~ 0.33	78.5 ~ 79.5
合 金 钢	186 ~ 216	0.24 ~ 0.33	79.5
灰 铸 铁	113 ~ 157	0.23 ~ 0.27	44.5
铜及其合金	73 ~ 128	0.31 ~ 0.42	39.2−45.1
橡　胶	0.007 85	0.47	

由式（5-7）可看出：当 EA 的乘积愈大时，杆件的变形愈小。EA 值反映了杆件抵抗拉（压）变形的能力，称为杆件的抗拉（压）刚度。

将 $\sigma=\frac{F_N}{A}$，$\varepsilon=\frac{\Delta l}{l}$ 代入式（5-7），可得胡克定律的另一表达式

$$\sigma=E\varepsilon \tag{5-8}$$

即

当正应力不超过比例极限时，正应力与线应变成正比。

胡克定律反映了构件产生拉（压）变形时正应力与线应变的物理关系，在进行材料力学分析时起着重要作用。

5.3.3　横向变形系数

实验表明，在胡克定律适用的范围内，杆件的横向应变 ε' 与纵向应变 ε 成正比。ε' 与 ε 之比的绝对值为一常数 v，称为材料的横向变形系数或称泊松比。

$$v=\left|\frac{\varepsilon'}{\varepsilon}\right|$$

各种材料的 ν 值由实验测定，它是反映材料力学性质的另一弹性常数，表 5-1 中给出了常用材料的 ν 值。

由于 ε' 与 ε 的正负总是相反的，则

$$\varepsilon' = -\nu\varepsilon \tag{5-9}$$

【例题分析】

图 5-12 所示变截面直杆，ADE 段为铜制，EBC 段为钢制；在 A，D，B，C 四处承受轴向载荷。已知：$ADEB$ 段杆的横截面面积为 $A_{AB}=10\times10^2\ \text{mm}^2$，$BC$ 段杆的横截面面积 $A_{BC}=5\times10^2\ \text{mm}^2$；$F_P=60\ \text{kN}$；铜的弹性模量 $E_C=100\ \text{GPa}$，钢的弹性模量 $E_s=210\ \text{GPa}$；各段杆的长度如图所示，单位为 mm。试求：①直杆横截面上的最大正应力 $|\sigma|_{max}$；②直杆的总变形量 Δl_{AC}。

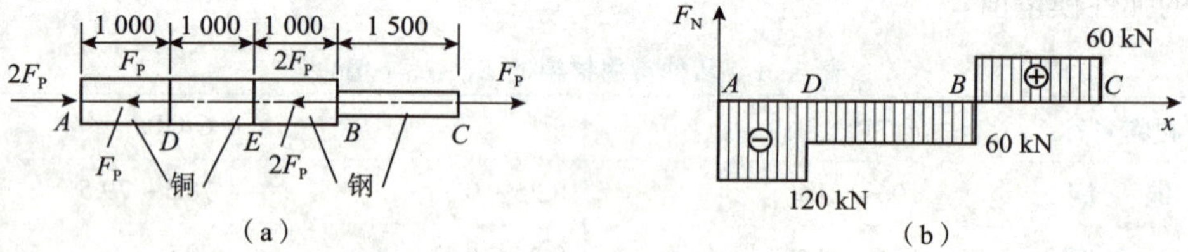

图 5-12　变截面直杆受力分析图

解：（1）作轴力图

由于直杆上作用有 4 个轴向载荷，而且 AB 段与 BC 段杆横截面面积不相等，为了确定直杆横截面上的最大正应力和杆的总变形量，必须首先确定各段杆的横截面上的轴力。

应用截面法，可以确定 AD，DEB，BC 段杆横截面上的轴力分别为

$$F_{NAD}=-2F_P=-120\ \text{kN}$$

$$F_{NDE}=F_{NEB}=-F_P=-60\ \text{kN}$$

$$F_{NBC}=F_P=60\ \text{kN}$$

于是，在 F_N-x 坐标系可以画出轴力图，如图 5-12（b）所示。

（2）计算直杆横截面上绝对值最大的正应力

根据式（5-1），横截面上绝对值最大的正应力将发生在轴力绝对值最大的横截面上，或者横截面面积最小的横截面上。本例中，AD 段轴力最大；BC 段横截面面积最小。所以，最大正应力将发生在这两段杆的横截面上，即

$$\sigma_{AD}=\frac{F_{NAD}}{A_{AD}}=-\frac{120\times10^3}{10\times10^2}=-120\ \text{MPa}$$

$$\sigma_{BC}=\frac{F_{NBC}}{A_{BC}}=-\frac{60\times10^3}{5\times10^2}=120\ \text{MPa}$$

因此，直杆中绝对值最大的正应力为

$$|\sigma|_{max}=|\sigma_{AD}|=\sigma_{BC}=120\,\text{MPa}$$

（3）计算直杆的总变形量

直杆的总变形量等于各段杆变形量的代数和。根据式（5-7）有

$$\Delta l=\Delta l_{AD}+\Delta l_{DE}+\Delta l_{EB}+\Delta l_{BC}=$$

$$\frac{F_{\mathrm{N}AD}l_{AD}}{E_C A_{AD}}+\frac{F_{\mathrm{N}DE}l_{DE}}{E_C A_{DE}}+\frac{F_{\mathrm{N}EB}l_{EB}}{E_s A_{EB}}+\frac{F_{\mathrm{N}BC}l_{BC}}{E_s A_{BC}}=$$

$$-\frac{120\times10^3\times1\,000}{100\times10^3\times10\times10^2}-\frac{60\times10^3\times1\,000}{100\times10^3\times10\times10^2}-\frac{60\times10^3\times1\,000}{210\times10^3\times10\times10^2}+\frac{60\times10^3\times1\,500}{210\times10^3\times5\times10^2}=$$

$$-1.2-0.6-0.285\,7+0.857\,1=$$

$$-1.228\,6\ \mathrm{mm}$$

上述计算中，*DE* 和 *EB* 段杆的横截面面积以及轴力虽然都相同，但由于材料不同，所以需要分段计算变形量。

5.4　应力集中

5.4.1　应力集中现象

工程上有些零件，由于结构和工艺方面的需要，经常有切口、开槽、螺纹、油孔和台肩等结构，造成截面尺寸发生突然变化。当其受轴向拉伸或压缩时，由实验和理论证明，横截面上的应力不是均匀分布的。

如图 5-13 所示，构件开有圆孔或带有切口，当其受轴向拉伸时，通过光测弹性力学的实验分析可以证明，在圆孔或切口附近的局部区域内，应力急剧增大，而在离开这一区域稍远的地方，应力迅速降低而趋于均匀，这种因构件外形突然变化而引起局部应力急剧增大的现象，称为应力集中。

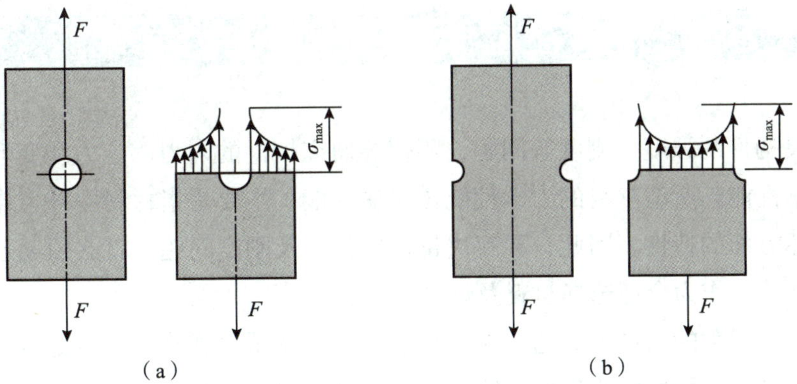

图 5-13　带有圆孔或切口的构件

设发生应力集中的截面上的最大应力为 $\sigma_{\max}$，同一截面上的平均应力为 σ_{m}，则比值 $\alpha=\dfrac{\sigma_{\max}}{\sigma_{\mathrm{m}}}$ 称为理论应力集中系数。它反映了应力集中的程度，是一个大于 1 的系数。实验结

果表明：截面尺寸改变得越急剧，角越尖，孔越小，应力集中的程度就越严重。因此，在设计构件时应尽可能避免带尖角的孔和槽，在阶梯轴的轴肩处要用圆弧过渡，以减缓应力集中。

5.4.2 应力集中对构件强度的影响

在静载荷（载荷从零缓慢增加到一定值后保持恒定）作用下，应力集中对构件强度的影响随材料性质而异，因为不同材料对应力集中的敏感程度不同。塑性材料制成的构件在静载荷下可以不考虑应力集中的影响。因为塑性材料有屈服阶段，当局部最大应力达到屈服极限 R_{eL} 时，应力不再增大。继续增加的外力由截面上尚未屈服的材料来承担，使截面上其他点的应力相继增大到屈服极限（图 5-14）。这就使截面上应力趋于平均，降低了应力不均匀程度，限制了最大应力的数值。而脆性材料制成的构件即使在静载荷作用下，也应考虑应力集中对强度的影响。因为脆性材料没有屈服阶段，应力集中处的最大应力一直增加到抗拉强度 R_m 时，在该处首先产生裂纹，直至断裂破坏。但对于灰铸铁，其内部组织的不均匀性和缺陷是产生应力集中的主要因素，而构件外形或截面尺寸改变所引起的应力集中就成为次要因素，对构件的强度不一定造成明显的影响。因此，在设计灰铸铁构件时，可以不考虑局部应力集中对强度的影响。

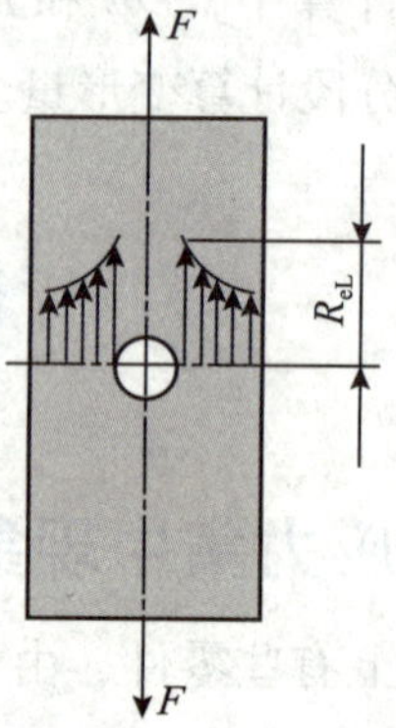

图 5-14　塑性材料横截面上的应力分布

在动载荷（载荷随时间变化）作用下，不论是塑性材料还是脆性材料，都应考虑应力集中对构件强度的影响，它往往是构件破坏的根源。

5.5 材料在拉伸与压缩时的力学性能

为了解决构件的强度、刚度等问题，不仅要研究构件的内力、应力和变形，还必须研究材料的力学性能。所谓材料的力学性能（机械性能）主要是指材料在外力作用下表现出的变形和破坏方面的特性。因此，要解决构件的强度及刚度问题，就必须通过试验来研究材料的力学性能，作为合理选择材料及计算的依据。

将在常温、静载的条件下，通过对材料进行拉伸及压缩试验，观察材料从开始受力直到破坏这一全过程中所呈现的各种现象，来认识材料的各项力学性能。

为使不同材料的试验结果能互相比较，国家标准《金属拉伸试验试样》（GB 6397—1986）规定了试件的形状和尺寸，即标准试件。拉伸试件的形状如图 5-15 所示，中间为较细的等直部分，两端加粗。在中间等直部分取长为 l 的一段作为工作段，l 称为标距。

对圆截面试件，标距 l 与横截面直径 d 有两种比例，$l=10d$ 和 $l=5d$。对矩形截面试件，$l=11.3\sqrt{A}$ 或 $l=5.65\sqrt{A}$，A 为工作段的横截面面积。

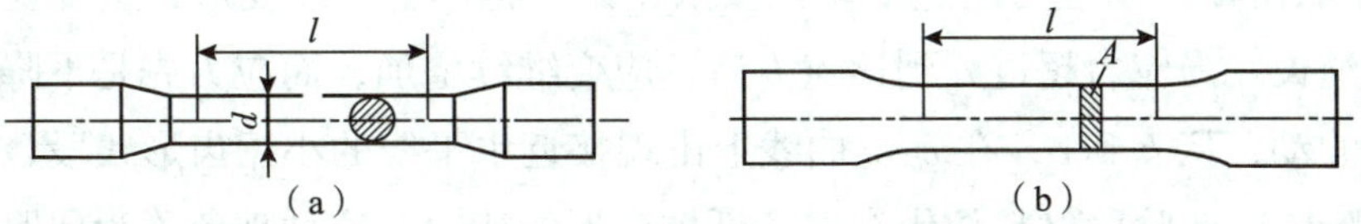

图 5-15　拉伸试件的形状

5.5.1　拉伸时材料的力学性能

1. 低碳钢的拉伸试验

低碳钢是工程上常用的材料。在拉伸试验中，低碳钢表现出来的力学性能最为典型，因此，先研究低碳钢在拉伸时的力学性质。

试件装上试验机后，缓慢加载，直至拉断。对应着每一个拉力 F，又可测出试件标距 l 的伸长量 Δl。以纵坐标表示拉力 F，横坐标表示伸长量 Δl。根据测得的一系列数据，作图表示 F 和 Δl 的关系曲线图，如图 5-16 所示，称此曲线为拉伸图或 $F-\Delta l$ 曲线。

$F-\Delta l$ 曲线与试件的尺寸有关。为了消除试件尺寸的影响，可把 $F-\Delta l$ 曲线改为 $\sigma-\varepsilon$ 曲线，即纵坐标用应力 $\sigma=\dfrac{F}{A}$，横坐标用应变 $\varepsilon=\dfrac{\Delta l}{l}$，其中 A 为试验前试件的横截面面积，l 为试验前试件的标距。这样画出的曲线，称为应力 - 应变图或 $\sigma-\varepsilon$ 曲线。从应力 - 应变图中，可以得到材料重要的力学性质。

分析图 5-17 低碳钢的应力 - 应变图，可见低碳钢的拉伸过程分四个阶段。

（1）弹性阶段。在此阶段试件只产生弹性变形。在拉伸的初始阶段，σ 和 ε 的关系为直线 Oa'，这表示在这一阶段内 σ 和 ε 成正比，此直线段的斜率即材料的弹性模量 E，即 $\tan\alpha=\dfrac{\sigma}{\varepsilon}=E$。直线 Oa' 的最高点 a' 所对应的应力，用 σ_p 来表示，称为比例极限。当应力不超过比例极限 σ_p 时，材料服从胡克定律。

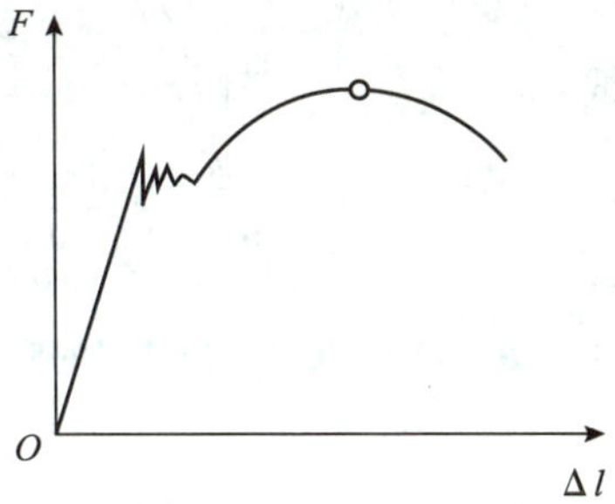

图 5-16　F 和 Δl 的关系曲线图

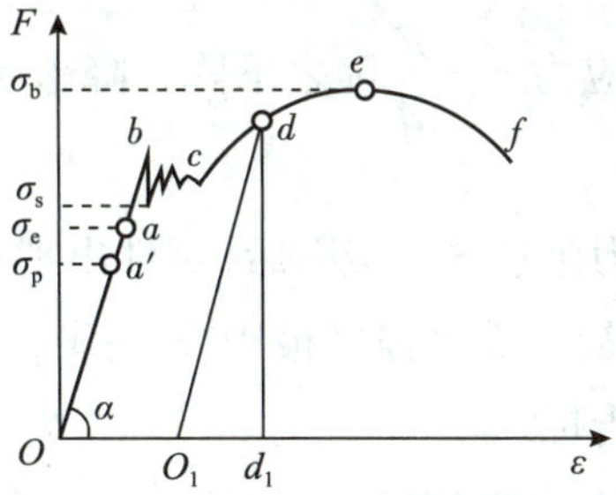

图 5-17　低碳钢的应力 - 应变图

超过比例极限后，从 a' 点到 a 点，σ 和 ε 间的关系不再是直线。但变形仍是弹性变形，即解除拉力后变形将完全消失。a 点对应的应力称为弹性极限，用 σ_e 来表示。在 $\sigma-\varepsilon$ 曲线上，a' 和 a 两点非常接近，所以工程上对弹性极限和比例极限并不严格区分。

（2）屈服阶段。当应力超过了弹性极限，试件将产生塑性变形，这种变形在解除拉力后也不能消失。当应力超过 a 到达点 b 后，应变继续增加，而应力先是下降，然后在很小的范围内波动，从 b 到 c，在 $\sigma-\varepsilon$ 曲线上出现接近水平线的小锯齿形线段，这一阶段为材料的屈服阶段。此阶段材料仿佛丧失了抵抗变形的能力，这种现象称为屈服或流动。在屈服阶段内的最高应力和最低应力分别称为上屈服极限和下屈服极限。上屈服极限的值受变形速度及试件形状的影响较大，故常把数值比较稳定的下屈服极限称为屈服极限或流动极限，用 σ_s 表示。

表面光滑的试件在应力达到屈服极限时，表面将出现与轴线大致成 45° 倾角的条纹，如图 5–18 所示。因为在 45° 的斜截面上作用着最大的切应力，所以这是材料沿最大切应力作用面发生滑移的结果，这些条纹称为滑移线。

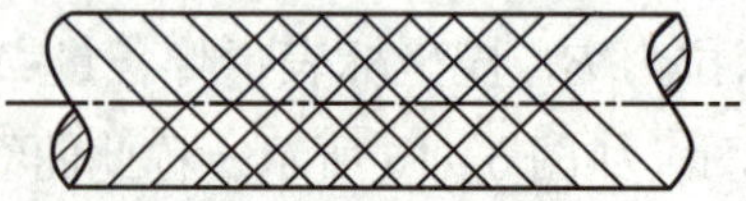

图 5–18　表面出现与轴线大致成 45° 倾角的条纹

当材料屈服时，将引起显著的塑性变形。而零件的塑性变形将影响其正常工作，所以屈服极限 σ_s 是衡量材料强度的重要指标。

（3）强化阶段。过了屈服阶段后，材料又恢复了抵抗变形的能力，要使它继续变形必须增加拉力。这种现象称为材料的强化。在图 5–17 中，强化阶段中最高点 e 所对应的应力，是试件所能承受的最大应力，称为强度极限，用 σ_b 表示。在强化阶段中试件横向尺寸明显缩小。

（4）颈缩阶段。过 e 点后，试件局部显著变细，并形成颈缩现象如图 5–19 所示。由于在颈缩部分横截面面积迅速减小，因此使试件继续变形所需的载荷也相应减小。在图 5–19 中，用横截面原始面积 A 算出的应力 $\sigma=\dfrac{F}{A}$ 随之下降，降落到 f 点，试件被拉断。

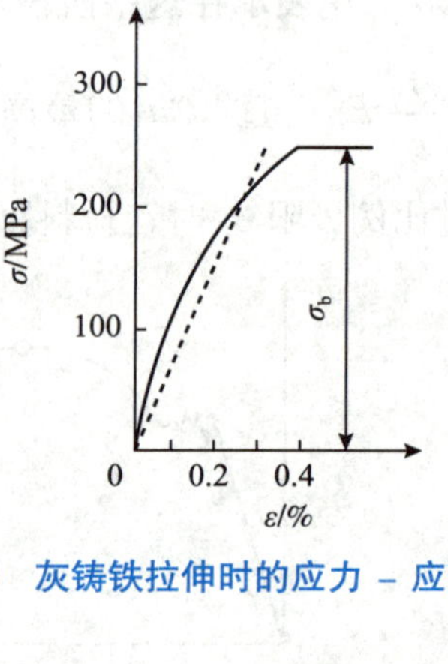

图 5–19　灰铸铁拉伸时的应力 – 应变曲线

因为应力到达强度极限后，试件出现颈缩现象，随后即被拉断，所以强度极限 σ_b 是衡量材料强度的另一重要指标。

2. 表征材料塑性的两个指标

试件拉断后，弹性变形消失，而塑性变形依然保留。常用来表示材料的塑性指标如下。

（1）延伸率 δ

$$\delta = \frac{l_1 - l}{l} \times 100\% \tag{5-10}$$

式中 l_1 是拉断后的标距长度。

（2）截面收缩率 ψ

$$\psi = \frac{A - A_1}{A} \times 100\% \tag{5-11}$$

式中 A_1 是拉断后断口处横截面面积。

δ 和 ψ 都表示材料直到拉断时其塑性变形所能达到的最大程度。δ，ψ 愈大，说明材料的塑性愈好。故 δ，ψ 是衡量材料塑性的两个重要指标。

工程上通常按延伸率的大小把材料分成两大类，$\delta \geqslant 5\%$ 的材料称为塑性材料，如碳钢、黄铜、铝合金等；而把 $\delta<5\%$ 的材料称为脆性材料，如灰铸铁、玻璃、陶瓷等。

3. 材料在卸载和再加载时的力学性能

（1）卸载定律。在低碳钢的拉伸试验中，如果把试件拉到超过屈服极限如图 5－17 所示的 d 点，然后逐渐卸除拉力，材料在卸载过程中应力和应变按直线规律变化，应力和应变关系将沿着斜直线 dO_1，回到 O_1 点。因此得卸载定律。

由图 5－19 可知：Od_1 是对应 d 点的总应变 ε，O_1d_1 表示卸载过程中消失了的弹性应变 ε_e，而 OO_1，表示载荷完全卸除后残余的塑性应变 ε_p。所以在超过弹性极限后的任一点 d，其应变包括两部分：$\varepsilon=\varepsilon_e+\varepsilon_p$。

（2）冷作硬化。卸载后如再重新加载，则应力和应变关系基本上沿卸载时的斜直线 O_1d 变化，过 d 点后，仍沿曲线 def 变化。可见在再次加载过程中，直到 d 点以前材料的变形是弹性的，过 d 点后才开始出现塑性变形。比较图 5－17 中 $Oabcdef$ 和 O_1def 两条曲线，可见在第二次加载时，其比例极限得到了提高，但塑性变形和延伸率却有所降低。这种在常温下把材料预拉到塑性变形，然后卸载，当再次加载时，将使材料的比例极限提高而塑性降低的现象，叫作冷作硬化。当某些构件对塑性的要求不高时，可利用它来提高材料的比例极限和屈服极限，例如，对起重机的钢丝采用冷拔工艺，对某些型钢采用冷轧工艺，均可收到这种效果。

4. 铸铁的拉伸试验

灰铸铁是典型的脆性材料，通过试验，发现铸铁的断裂是突然发生的。在拉伸过程中，没有屈服和颈缩现象，拉断前的应变很小，延伸率也很小，断口平齐。从图 5－19 所示灰铸铁拉伸时的应力－应变曲线可以看出：从开始受拉到断裂，没有明显的直线部分，应力和应变不成比例，是一段微弯曲线。但由于变形很小，在较低应力范围内，可用割线代替曲线，即近似地认为 $\sigma-\varepsilon$ 曲线在一定范围内仍是直线，并且服从胡克定律。铸铁拉断时的最大应力称为强度极限 σ_b，它是衡量脆性材料的唯一强度指标。

5. 其他塑性材料的拉伸试验

其他金属材料的拉伸试验和低碳钢拉伸试验做法相同，但材料所显示的力学性质有很大差异。为便于比较，这里将不同材料的应力 – 应变曲线画在一起，如图 5–20 中曲线分别是锰钢、硬铝、退火球墨铸铁、低碳钢和青铜的应力 – 应变曲线。可以看出，青铜、硬铝、退火球墨铸铁在拉伸过程中，均没有屈服阶段，其他三个阶段则很明显，而锰钢仅有弹性阶段和强化阶段，没有屈服阶段和局部变形阶段。这几种材料的延伸率都比较大，所以它们都是塑性材料。

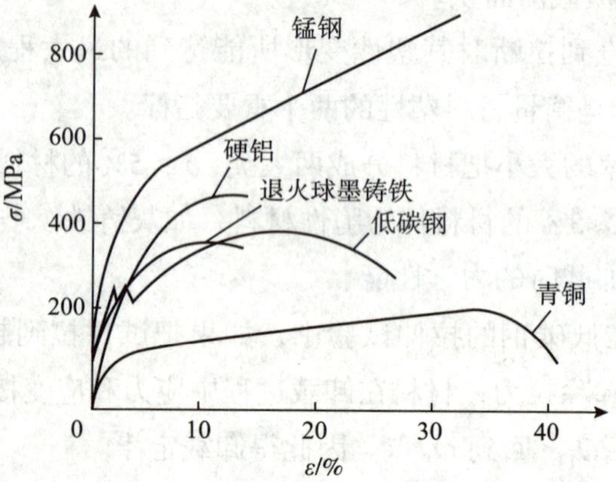

图 5–20　锰钢、硬铝、退火球墨铸铁、低碳钢和青铜的应力 – 应变曲线

对于没有明显屈服阶段的塑性材料，国家标准规定以产生 0.2% 塑性应变时所对应的应力值作为衡量材料的强度指标，此应力称为材料的名义屈服极限 $\sigma_{0.2}$，如图 5–21 所示。

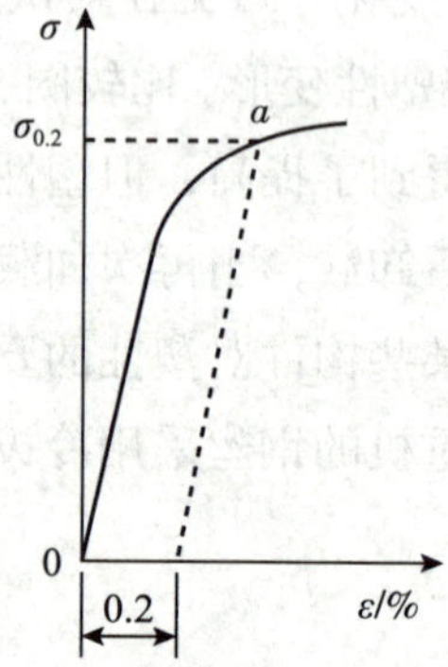

图 5–21　衡量材料的强度指标

5.5.2　压缩时材料的力学性质

一般金属材料的压缩试件都做成圆柱形状。为了避免将试件压弯与减少试件端面的摩擦对试验结果的影响，一般取试件的高度为直径的 1.5~3 倍。图 5–22 为低碳钢压缩与拉伸时的应力 – 应变图。试验表明：这类材料压缩时的屈服极限 σ_s 与拉伸时的接近。在屈

服阶段以前，拉伸与压缩时的 $\sigma-\varepsilon$ 曲线是重合的，故基本上可以认为碳钢是拉、压等强度的材料。低碳钢受压缩时，过屈服以后愈压愈扁，横截面面积不断增大，试件抗压能力也继续提高，因而测不到压缩时的强度极限。

脆性材料在压缩时的力学性质与拉伸时有较大区别。图 5－23 是铸铁压缩时的应力－应变图，整个压缩时的图形与拉伸时相似，但压缩时的延伸率 δ 要比拉伸时的大，压缩时的强度极限 σ_{bc} 约是拉伸时的 3~4 倍。一般脆性材料的抗压能力显著高于抗拉能力。

铸铁受压缩断裂时的断口与轴线的夹角约成 45°。因为在 45° 的斜截面上作用着最大的切应力，故铸铁在轴向压缩时的破坏方式是剪断。

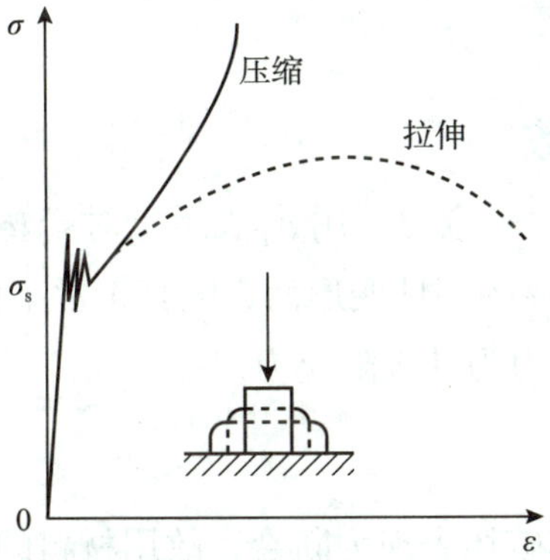

图 5－22　低碳钢压缩与拉伸时的应力－应变图

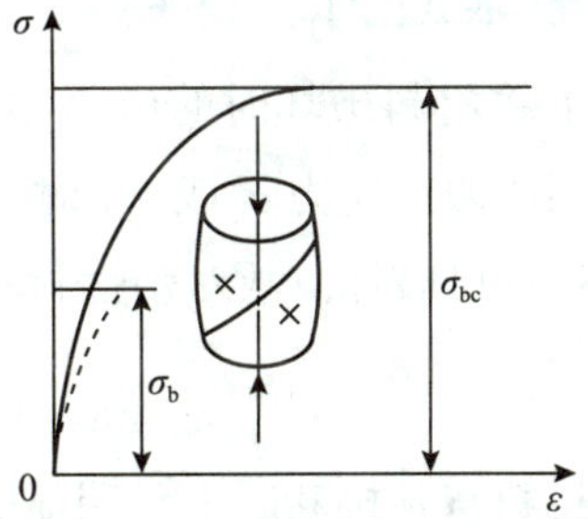

图 5－23　铸铁压缩时的应力－应变图

5.5.3　材料的塑性和脆性性能讨论

从拉伸或压缩试验中观察到的现象，可以比较一下低碳钢和铸铁的力学性质，并从中总结出塑性材料和脆性材料的某些适用场合。

第一，低碳钢受力后，在产生很大的塑性变形时才断裂，而铸铁在很小的变形下就会破坏。因此，低碳钢抗冲击载荷的能力较铸铁优越得多。此外，在装配时需要矫正形状的零件，采用低碳钢为宜。

第二，低碳钢的抗拉能力强，适用于受拉的场合；而铸铁则压缩强度远比拉伸强度高，且价格便宜，耐磨，易浇铸成型等，因此适用于作受压构件，例如，机床床身、机身底座和电动机外壳等。

第三，低碳钢由于有屈服阶段存在，故承受静载荷时对应力集中不敏感，起到缓和作用。

应力集中对于塑性材料影响不大，这是因为当最大应力达到屈服极限时，此处的最大应力 σ_{max} 将停止上升，而变形则继续增加。这样，截面上其他处小于屈服极限的应力，将因变形继续增加而不断提高，使整个截面上的应力趋于均匀，直至同样达到屈服极限为止。因此，对应力集中就起到了缓和作用。

脆性材料没有屈服阶段，因此对于组织均匀的脆性材料来说，当最大应力 σ_{max} 达到强度极限时，构件就会在应力集中处逐渐裂开直至拉断。对于组织不均匀的脆性材料，由于其内部常有无数细小裂缝存在，本来就有应力集中现象，因而掩盖了由外形所产生的应力集中的影响。当承受动载荷时，塑性材料和脆性材料对应力集中都会敏感，这是设计时必须考虑的。

这里必须指出，强度和塑性这两种性质都是相对的，都会随温度、变形、速度和载荷作用方式等外在条件的变化而转化。

5.6 轴向拉伸与压缩时的强度计算

5.6.1 极限应力、许用应力与安全因数

工程上将材料破坏时的应力称为极限应力或危险应力，用 σ_u 表示。对于塑性材料，当应力达到屈服点应力 σ_s 或 $\sigma_{0.2}$ 时，构件将发生明显的塑性变形而影响其正常工作。此时，一般认为材料已破坏。故对塑性材料规定屈服点应力为其极限应力，即

$$\sigma_u=\sigma_s \text{ 或 } \sigma_{0.2}$$

脆性材料直到拉断时也无明显的塑性变形，其破坏表现为断裂，故用材料的强度极限 σ_b 或 σ_{bc} 作为极限应力，即

$$\sigma_u=\sigma_b \text{ 或 } \sigma_{bc}$$

构件在载荷作用下产生的应力称为**工作应力**。等截面直杆最大轴力处的横截面称为危险截面。危险截面上的应力称为**最大工作应力**。

为使构件正常工作，最大工作应力应小于材料的极限应力，并使构件留有必要的强度储备。因此，一般将极限应力除以一个大于 1 的安全因数 n，作为强度设计时的最大许可值，称为许用应力，用 $[\sigma]$ 表示，即

$$[\sigma]=\frac{\sigma_u}{n}$$

对于塑性材料

$$[\sigma]=\frac{\sigma_s}{n_s} \quad \text{或} \quad [\sigma]=\frac{\sigma_{0.2}}{n_s}$$

对于脆性材料

$$[\sigma]=\frac{\sigma_b}{n_b} \quad \text{或} \quad [\sigma]=\frac{\sigma_{bc}}{n_b}$$

式中 n_s，n_b 分别为对应屈服点应力和强度极限的安全因数。各种材料在不用工作条件下安全因数和许用应力值，可从有关规定或设计手册中查到。在静载荷作用下，一般杆件的安

全因数为 n_s=1.5~2.5，n_b=2.0~3.5。

工程中必须考虑安全因数是出于以下诸多原因，如构件所处的工作环境和受载情况与试验条件不同；构件很难保证材质完全一致；对载荷的估算可能带来误差；对结构、尺寸的简化可能造成计算偏差等。

安全因数的选取，关系到工程设计的安全和经济问题。安全因数越大，强度储备越大，构件越安全，但不经济；反之，只考虑经济，安全性会下降。因此，在进行强度计算时，应根据实际情况科学地选取安全因数。

5.6.2　强度计算

为保证轴向拉伸（压缩）杆件在外力作用下具有足够的强度，应使杆件的最大工作应力不超过材料的许用应力，由此，建立轴向拉压杆强度条件

$$\sigma_{\max}=\frac{F_N}{A}\leqslant[\sigma] \tag{5-12}$$

根据强度条件，可以解决三种类型的强度计算问题。

（1）强度校核

若已知杆件尺寸、所受载荷和材料的许用应力，则由式（5-12）校核杆件是否满足强度要求，即

$$\sigma_{\max}\leqslant[\sigma]$$

（2）设计截面尺寸

若已知杆件所受载荷及材料的许用应力，则由式（5-12）可得

$$A\geqslant\frac{F_N}{[\sigma]} \tag{5-13}$$

由此确定满足强度条件的杆件所需的横截面面积，从而得到相应的截面尺寸。

（3）确定许可载荷

若已知杆件尺寸和材料的许用应力，由式（5-12）可得

$$F_{N\max}\leqslant[\sigma]A \tag{5-14}$$

由式（5-14）算出杆件所能承受的最大轴力，从而确定杆件的许可载荷。

必须指出，对受压直杆进行强度计算时，式（5-12）仅适用于粗短的直杆。

【例题分析】

如图 5-24（a）所示筒的内径 D=252 mm，最大内压 p=6 MPa，活塞杆用 40 号铬合金钢制成，材料的许用应力 $[\sigma]$=300 MPa，活塞杆最细处的直径 d_c=44 mm，试校核活塞杆的强度。

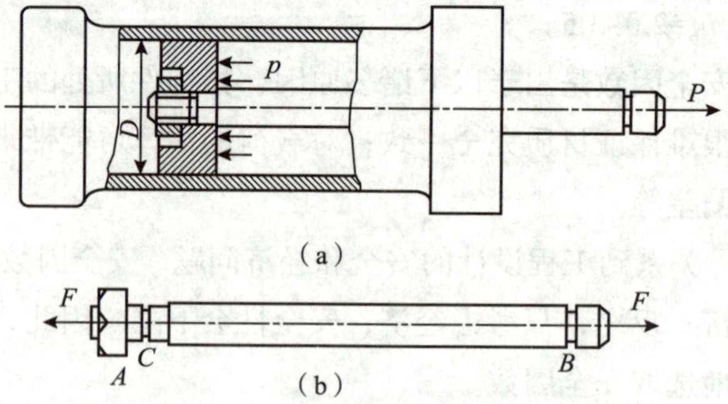

图 5-24　活塞杆的受力分析图

解：（1）取活塞杆为研究对象（受力情况如图 5-24（b））

（2）求轴力

整个活塞杆为等轴力杆，轴力为

$$F_N = F \approx \frac{\pi \cdot D^2}{4} \times p = \frac{3.14 \times 252^2}{4} \times 6 = 299\ \text{kN}$$

（3）校核活塞杆的强度

由于 C 处的横截面积最小，所以活塞杆的最大工作应力在 C 处，根据强度条件有

$$\sigma_{\max} = \frac{F_N}{A_C} = \frac{4F_N}{\pi d_c^2} = \frac{4 \times 299 \times 10^3}{3.14 \times 44^2} = 197\ \text{MPa} < [\sigma]$$

所以活塞杆满足强度条件，能安全工作。

【例题分析】

结构受力如图 5-25（a）所示。已知 BD 为圆截面钢杆，F=24 kN，许用应力 $[\sigma]$=160 MPa，试设计 BD 杆直径。

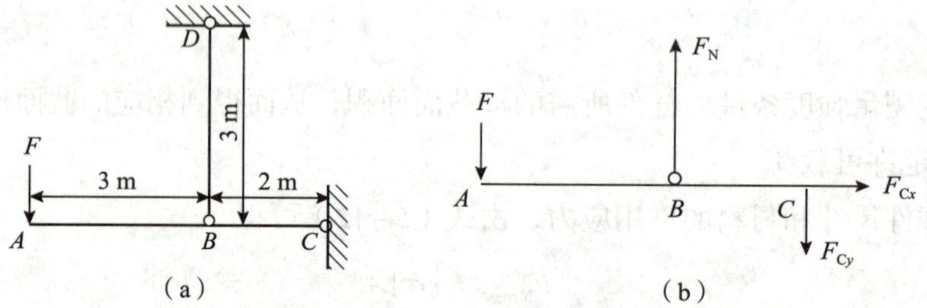

图 5-25　钢杆的受力分析图

解：（1）受力分析，列平衡方程求解 BD 杆的轴力

取 AC 杆为分离体，画受力图如图 5-25（b）所示。根据平衡方程

$$\sum M_C(F) = 0，F \times 5 - F_N \times 2 = 0$$

得

$$F_N = 60\ \text{kN}。$$

（2）设计 BD 杆直径

根据强度条件，BD 杆横截面面积应满足以下要求

$$A=\frac{\pi d^2}{4}\geqslant\frac{F_N}{[\sigma]}$$

即
$$d\geqslant\sqrt{\frac{4F_N}{\pi[\sigma]}}=\sqrt{\frac{4\times60\times10^3}{\pi\times160}}=21.86\ \text{mm}$$

故 BD 杆直径取为 d=22mm。

【例题分析】

三角构架受力如图 5-26（a）所示。AB 为圆截面钢杆，直径 d=30 mm；BC 为矩形截面木杆，截面尺寸 b=60 mm，h=120 mm。若钢的许用应力 $[\sigma]_{钢}$=170 MPa，木材的许用应力 $[\sigma]_{木}$=10 MP$_a$，试求该结构的许用载荷 $[F]$。

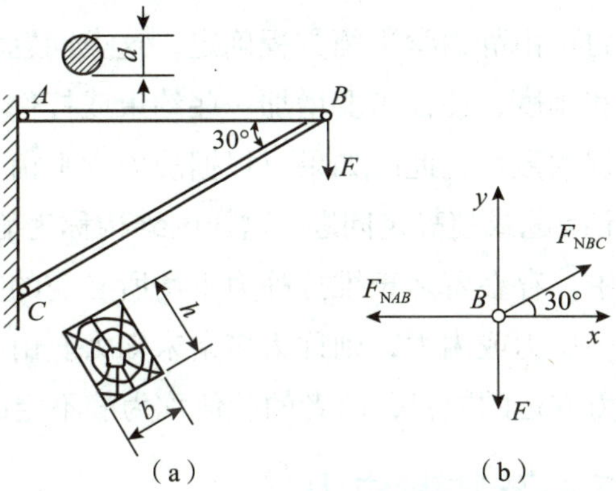

图 5-26　三角构架受力分析图

解：（1）求 AB，BC 两杆的轴力

取节点 B 为研究对象，受力图如图 5-26（b）所示。根据静力平衡条件列平衡方程

$$\sum F_x=0,\ F_{NBC}\cos30°-F_{NAB}=0$$

$$\sum F_y=0,\ F_{NBC}\sin30°-F=0$$

解得 $F_{NAB}=\sqrt{3}F$（拉力），F_{NBC}=2F（压力）

（2）确定结构的许用载荷

首先应根据强度条件分别计算两杆允许的结构的许用载荷，然后取其小数值即为结构的实际许用载荷。

AB 杆：$\sigma_{AB}=\dfrac{F_{NAB}}{A_{AB}}=\dfrac{\sqrt{3}F}{A_{AB}}\leqslant[\sigma]_{钢}$

$$F\leqslant\frac{A_{AB}}{\sqrt{3}}[\sigma]_{钢}=\frac{\pi\times30^2\times170}{4\sqrt{3}}=69.3\ \text{kN}$$

$$BC\text{杆：}\ \sigma_{BC}=\frac{F_{NBC}}{A_{BC}}=\frac{2F}{A_{BC}}\leqslant[\sigma]_{\text{木}}$$

$$F\leqslant\frac{A_{BC}}{2}[\sigma]_{\text{木}}=\frac{60\times120\times10}{2}=36\ \text{kN}$$

比较计算结果，可得该结构的许用载荷 $[F]$ 为 36 kN。

5.7 拉压杆变形与拉压静不定

在前面所讨论的问题中，未知力（支座反力或内力）的数目小于或等于静力学平衡方程式的数目，此时，未知力可由静力学平衡方程确定，这类问题称为静定问题。但工程上有时为了提高结构的强度和刚度，往往需要增加一些约束或杆件，因此有一些结构的未知力数目大于静力学平衡方程的数目，此时如果只根据静力学平衡方程将不能求解全部的未知力，这类问题称为静不定问题或超静定问题，这样的结构称为静不定结构或超静定结构。由此可见，在静不定问题中，存在着多于维持静力平衡所必需的支座或杆件，通常称之为“多余”约束，相应的支座反力或内力，则称为多余未知力。由于多余约束的存在，未知力的数目必然多于静力平衡方程的数目，两者的差值称为静不定的次数。

5.7.1 静不定问题解法及装配应力

解决静不定问题，除了根据静力平衡条件建立静力平衡方程外，还需建立补充方程。要分析结构各部分间的变形协调条件，由此得到各部分之间的几何关系，再根据变形与轴力间的物理关系——胡克定律，就可以得到以轴力表示的变形协调方程即补充方程，与静力平衡方程联立，使得方程的数目与未知力的数目相等，从而求得全部未知力。下面举例进一步说明拉压静不定问题的解法。

【例题分析】

图 5-27 为一两端固定的等直杆 AB，在截面 C 受轴向力 F 作用，杆的拉压刚度为 EA。试求两端约束反力。

解: 杆 AB 为轴向拉压杆，故两端的约束反力也均沿轴线方向，独立平衡方程只有 1 个，未知力数为 2 个，故为一次静不定问题，所以需建立一个补充方程。

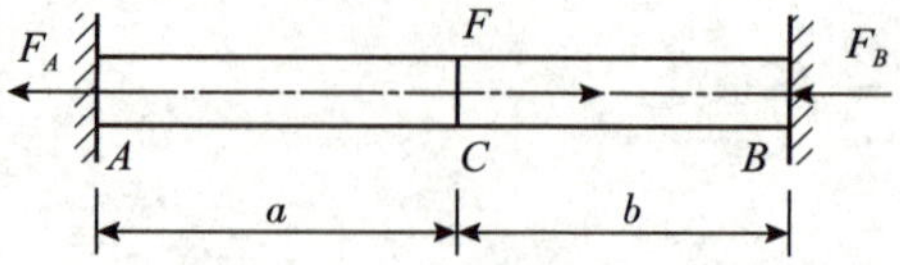

图 5-27　求两端约束反力

（1）建立静力平衡方程

$$\sum F_x = 0\text{，}F - F_A - F_B = 0$$

得

$$F_A + F_B = F \tag{5-15}$$

（2）分析变形协调条件，建立补充方程

为建立补充方程，需要先分析变形协调的几何关系。在载荷与约束力的作用下，AC 段和 CB 段均发生轴向变形，但由于两端是固定的，杆的总变形必须等于零，得杆 AB 变形协调的几何关系式

$$\Delta l_{AB} = \Delta l_{AC} - \Delta l_{CB} = 0 \tag{5-16}$$

再根据式（5-7）胡克定律，各段的轴力与变形之间的物理关系为

$$\Delta l_{AC} = \frac{F_{NAC}a}{EA} = \frac{F_A a}{EA}\text{，}\Delta l_{CB} = \frac{F_{NCB}b}{EA} = \frac{F_B b}{EA} \tag{5-17}$$

将式（5-17）代入式（5-16），得补充方程为

$$F_A = \frac{b}{a}F_B \tag{5-18}$$

（3）求未知约束力

最后，联立求解静力平衡方程式（5-15）和补充方程式（5-18），即可解出杆 AB 两端的约束反力

$$F_A = \frac{Fb}{a+b}\text{，}F_B = \frac{Fa}{a+b}$$

【例题分析】

如图 5-28（a）所示结构中，AB 为刚性杆，1，2 两杆的拉伸（压缩）刚度均为 EA，长度均为 l。加工时 1 杆的长度短了 Δ_e（$\Delta_e \ll l$）装配后，在 AB 杆上再施加荷载 F。试求 1，2 杆的轴力。

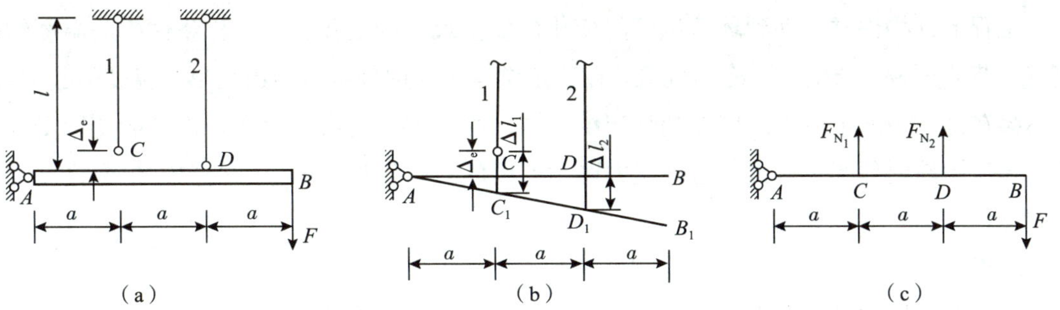

图 5-28 求 1，2 杆的轴力

解： 该题是求装配和荷载共同作用时 1，2 杆的轴力。

设装配后再加荷载 F，AB 杆将移至 AB_1，如图 5-28（b）所示。1、2 两杆均产生伸长变形，

1、2 两杆的轴力均为拉力，*AB* 杆受力图如图 5-28（c）所示。

（1）建立 *AB* 杆的平衡方程

由图 5-28（c）

$$\sum M_A=0,\quad F_{N1}\times a+F_{N2}\times 2a-F\times 3a=0$$

解得

$$F_{N1}+2F_{N2}=3F \tag{5-19}$$

（2）分析变形，建立补充方程

由图 5-28（b）得到变形的几何方程为

$$\Delta l_2=2(\Delta l_1-\Delta_e) \tag{5-20}$$

由胡克定律得

$$\Delta l_1=\frac{F_{N1}l}{EA},\quad \Delta l_2=\frac{F_{N2}l}{EA} \tag{5-21}$$

将式（5-21）代入式（5-20），解得

$$F_{N2}=2F_{N1}-2\frac{EA}{l}\Delta_e \tag{5-22}$$

（3）求 1、2 杆的轴力

联立求解式（5-19）和式（5-22），解得

$$F_{N1}=\frac{3}{5}F+\frac{4}{5}\cdot\frac{EA}{l}\Delta_e$$

$$F_{N2}=\frac{6}{5}F-\frac{2}{3}\cdot\frac{EA}{l}\Delta_e$$

5.7.2 温度变化引起的应力

工程上，构件常会遇到环境温度的变化而发生尺寸的变化，如工作条件中的温度的改变或季节的更替，产生热胀冷缩现象。在静定结构中，构件可以自由变形，温度引起的胀、缩不会在构件中产生应力。但在超静定结构中，由于多余约束的存在，构件的变形受到限制，导致构件内部产生应力，这种应力称为温度应力。计算温度应力的关键也要建立变形协调方程。

【例题分析】

火力发电厂的高压蒸汽锅炉（汽包）与汽轮机的管道连接简图如图 5-29（a）所示。管道通过高温高压蒸汽后，温度增加 Δt。材料的线胀系数为 α，管道的弹性模量为 E。试求管道工作时横截面的正应力。

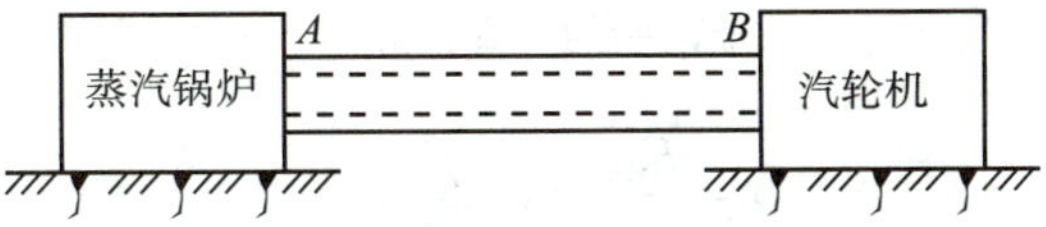

（a）

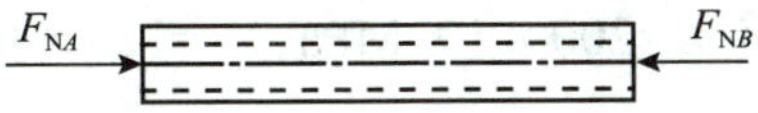

（b）

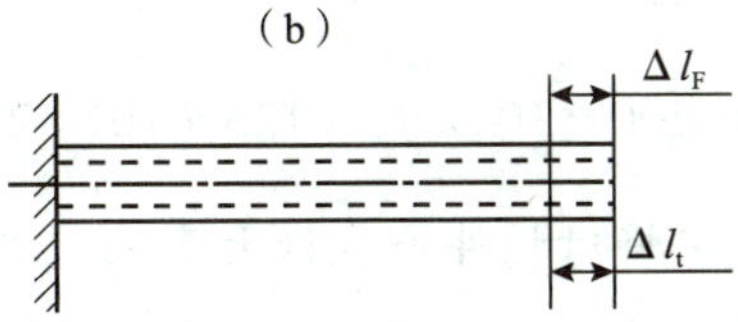

（c）

图 5-29　求管道工作时横截面的正应力

解： 由于管道两端 AB 被固定，因而由温度上升引起的热膨胀被完全限制。故在两端产生的轴向力为 F_{NA} 和 F_{NB}，如图 5-29（b）所示。

（1）列出静力平衡方程

$$\sum F_x = 0\text{，}F_{NA} - F_{NB} = 0 \tag{5-23}$$

式（5-23）为一次超静定。

（2）由变形几何关系建立变形协调方程

管道 A，B 端都相对原来位置产生位移，可以把它看做由一端固定，另一端自由。假定 A 端固定，B 端自由，由 B 端的位移代表 A，B 两端的相对位移的效果是一样。设温差的变形为 Δl_t，如图 5-29（c）所示，向右伸长，又假定汽轮机和汽包支座是绝对刚硬的，没有 Δl_t 向右移的空间，而把它往回压，其值为 Δl_F，使它们成为大小相等、方向相反的一对位移。即有

$$\Delta l = \Delta l_t - \Delta l_F = 0$$

得

$$\Delta l_t = \Delta l_F \tag{5-24}$$

（3）由物理关系，建立补充方程

由物理学中的热膨胀定律得知

$$\Delta l_t = l \cdot a \cdot \Delta t \tag{5-25}$$

由胡克定律可知

$$\Delta l_F = \frac{F_{NB} l}{EA} \tag{5-26}$$

把式（5-25）、式（5-26）代入式（5-24），得

$$l \Delta t \cdot a = \frac{F_{NB} l}{EA}$$

所以
$$F_{NB}=EA\cdot\Delta t\cdot a$$

于是
$$\sigma=\frac{F_{NB}}{A}=E\cdot\Delta t\cdot a \tag{5-27}$$

如果管道材料为钢材，其 $E=200\times10^3$ MPa，$\alpha=125\times10^{-7}$/℃。当 $\Delta t=90$℃时，则温度应力为

$$\sigma=200\times10^3\times90\times125\times10^{-7}=225\ \text{MPa}$$

可见温度应力相当大，它将对构件产生很大影响，工程设计中必须给予足够重视。

在工程实际中，常采用一些措施来减少和预防温度应力的产生。例如对接的火车钢轨之间预留有适当间隙；高温管道中设计一些热膨胀节（伸缩节）如图 5-30 所示；铁桥桁梁的一端采用活动铰链支座等，都是为了避免温度应力引起构件破坏而采取的相应措施。

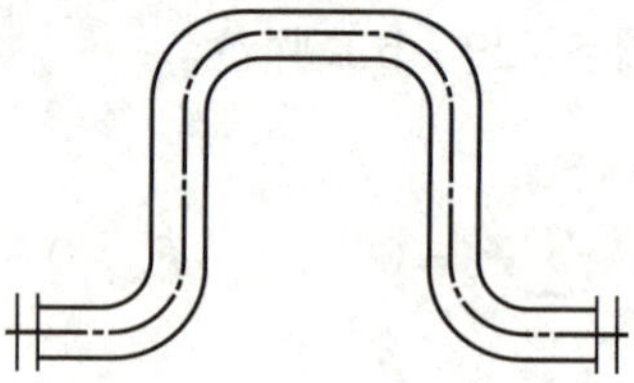

图 5-30　高温管道

课后习题

一、判断题

1. 构件内力的大小不但与外力大小有关，还与材料的截面形状有关。　（　）
2. 杆件的某横截面上，若各点的正应力均为零，则该截面上的轴力为零。　（　）
3. 两根材料、长度都相同的等直柱子，一根的横截面积为 A_1，另一根为 A_2，且 $A_2>A_1$。如图 5-31 所示。两都受自重作用。则两杆最大压应力相等，最大压缩量也相等。　（　）

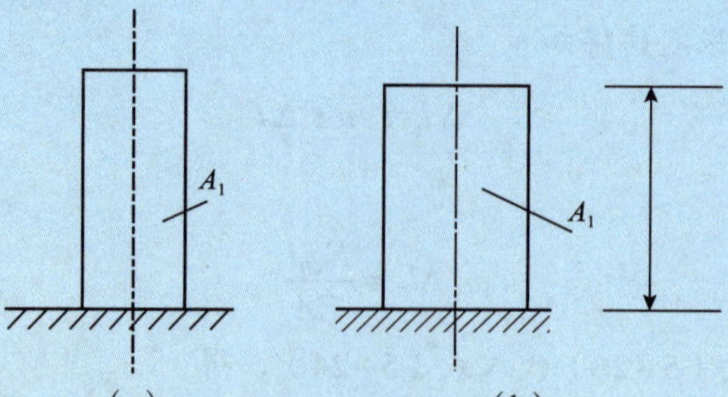

图 5-31　两杆的受力分析

4. 受集中力轴向拉伸的等直杆，在变形中任意两个横截面一定保持平行。所以纵向纤维的伸长量都相等，从而在横截面上的内力是均匀分布的。（　）

5. 若受力物体内某电测得 x 和 y 方向都有线应变 ε_x 和 ε_y，则 x 和 y 方向肯定有正应力 ε_x 和 ε_y。（　）

二、选择题

1. 轴向拉伸的等直杆，杆内的任一点处最大剪应力的方向与轴线成（　）。

A. 45°　　B. 35°

B. 60°　　D. 90°

2. 空心圆截面直杆，其内、外径之比为 0.8，两端承受力作用，如将内外径增加一倍，则其抗拉刚度将是原来的（　）倍。

A. 3　　B. 4

C. 5　　D. 6

3. 空心圆截面杆受轴向拉伸时，下列结论正确的是（　）。

A. 外径和壁厚都增大

B. 外径和壁厚都减小

C. 外径减小、壁厚增大

D. 外径增大、壁厚减小

4. 低碳钢材料在拉伸实验过程中，不发生明显的塑性变形时，承受的最大应力应当小于的数值，以下四种答案中正确的是（　）。

A. 比例极限　　B. 强度极限

C. 屈服强度　　D. 许用应力

第 6 章　圆轴扭转

章前导读

本章将深入讨论圆轴在扭转加载下的力学行为，主要介绍了基本概念、扭矩图、切应力互等定理、扭转应力和强度、刚度条件等内容。通过本章的学习，帮助读者掌握圆轴扭转的相关知识，为工程实践提供支持。

学习目标

◎知识目标

1. 理解圆轴扭转的基本概念和扭矩图的绘制方法。
2. 掌握切应力互等定理的原理，并能应用于薄壁圆筒扭转的切应力计算。
3. 理解剪切力、切应变和胡克定律在圆轴扭转中的作用和计算方法。
4. 熟悉圆轴扭转过程中扭转变形的几何关系。
5. 理解圆轴扭转的强度条件和刚度条件，包括破坏判据和变形要求。

◎能力目标

1. 能够绘制圆轴扭矩图，分析扭转加载下圆轴的力学行为。
2. 能够利用切应力互等定理计算薄壁圆筒扭转时的切应力。
3. 能够计算和分析剪切力、切应变和胡克定律在圆轴扭转中的应用。
4. 能够确定圆轴扭转的强度条件和刚度条件，对圆轴结构进行评估和设计。

◎素质目标

1. 培养学生清晰的逻辑思维和分析问题的能力。
2. 培养学生准确计算和分析数据的能力。
3. 培养学生细致观察和批判性思维的素质。
4. 培养学生团队合作和沟通交流的能力。

思政之窗

通过分析古今中外重大工程中力学原理的应用，以及我国政府的"制造业强国战略"，引导学生树立远大理想和爱国主义情怀，树立正确的世界观、人生观、价值观，勇敢地肩负起时代赋予的光荣使命，全面提高学生思想政治素质。

转动是动力传递的基本形式，例如，电机将电能转换成轴的转动；用螺丝刀拧螺钉时，手对螺丝刀施加力偶，使其绕中心轴线转动；开车打方向盘时，和方向盘连接的转向轴绕中心轴线转动。

上述例子的共同特点是：构件为直杆，构件横截面绕轴线作相对旋转，轴线仍为直线。以横截面绕轴线作相对旋转为主要特征的变形形式，称为扭转。使杆件产生扭转的外力偶，称为扭力偶，其矩称为扭力偶矩。杆件扭转时，矢量方向垂直于横截面的内力偶矩，称为扭矩。横截面间绕轴线的相对角位移，称为扭转角。以扭转为主要变形的杆件称为轴。工程上承担扭转的轴通常为圆截面轴，本章主要介绍圆截面轴的扭转相关内容。

想一想

在日常生活中，圆轴扭转的理论在许多场景中都有应用。请举例。

6.1　扭矩和扭矩图

6.1.1　内力—扭矩

圆轴在外力偶矩的作用下，其横截面上将有内力产生，应用截面法可以求出横截面上的内力。

圆轴扭转的内力

如图 6－1 所示圆轴扭转的力学模型为例，假想用一截面将轴截分为两段，取其左段为研究对象，由于轴原来处于平衡状态，则其左段也必然是平衡的，截面上必有一个内力偶矩与左端面上的外力偶矩平衡。由平面力偶系平衡方程可得

$$M_T - M = 0$$
$$M_T = M$$

式中 M_T 为截面的内力偶矩，称为扭矩。

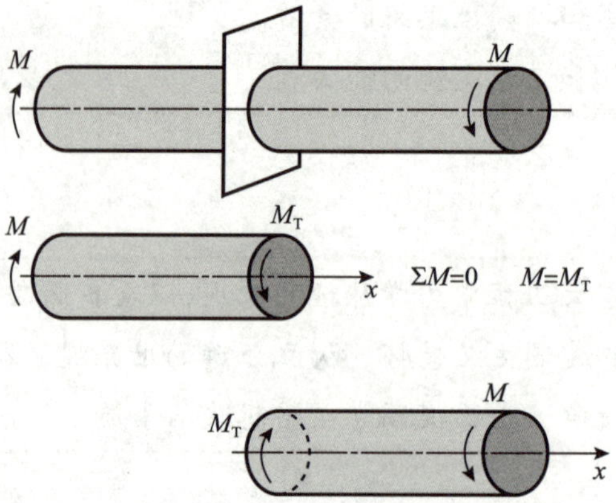

图 6-1 圆轴扭转的力学模型

同理，也可以取截面右段为研究对象，此时求得的扭矩与取左段为研究对象时所求得的扭矩大小相等、转向相反。它们是作用与反作用的关系。

为了使不论取左段或右段求得的扭矩的大小、符号都一致，对扭矩的正负号规定如下。按右手螺旋法则（图 6-2），四指顺着扭矩的转向握住轴线，拇指的指向离开截面时（与横截面的外法线方向一致），扭矩为正；反之，拇指的方向指向截面时（与横截面的外法线方向相反），扭矩为负。

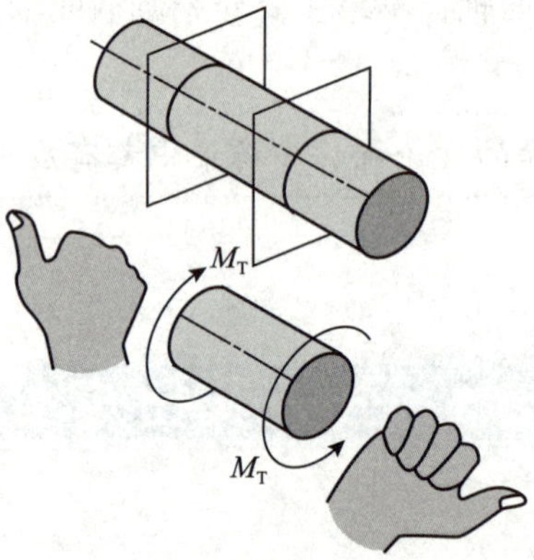

图 6-2 右手螺旋法则

解题须知：

1. 当圆轴上有多个外力偶作用时，应在相邻两个外力偶之间选取截面来求解其内力。

2. 当横截面上的扭矩的实际转向未知时，一般先假设扭矩为正。若求得结果为正，则表示扭矩实际转向与假设方向相同；若求得结果为负，则表示扭矩实际转向与假设方向相反。

【例题分析】

传动轴如图 6-3（a）所示，主动轮 A 的输入功率 P_A=50 kW，从动轮 B、C 的输出功

率分别为 P_B=30 kW，P_C=20 kW，轴的转速 n=300 r/min，试求轴上截面 1－1 和 2－2 处的内力。

解：

（1）按外力偶矩公式计算出各轮上的外力偶矩

$$M_A = 9\,550\frac{P_A}{n} = 9\,550\times\frac{50}{300}\text{ N}\cdot\text{m}\approx 1\,592\text{N}\cdot\text{m}$$

$$M_B = 9\,550\frac{P_B}{n} = 9\,550\times\frac{30}{300}\text{ N}\cdot\text{m}\approx 955\text{N}\cdot\text{m}$$

$$M_C = 9\,550\frac{P_C}{n} = 9\,550\times\frac{20}{300}\text{ N}\cdot\text{m}\approx 637\text{N}\cdot\text{m}$$

从动力偶矩 M_B 和 M_C 的方向与轴的转向相反。

（2）计算各段轴的扭矩

设轮 A 和轮 B 之间的截面 1－1 上的扭矩 M_{T1} 为正图 6－3（b），则根据平面力偶系的平衡条件有

$$M_{T1} - M_A = 0$$

得
$$M_{T1} = M_A = 1\,592\text{ N}\cdot\text{m}$$

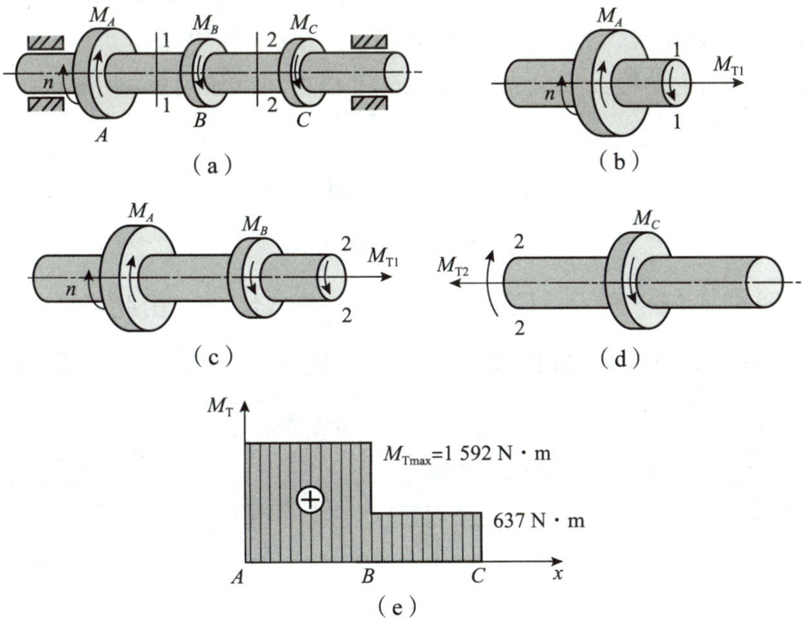

图 6－3　传动轴及其受力分析

同理，设轮 B 和轮 C 之间的截面 2－2 上的扭矩 M_{T2} 为正图 6－3（c），则根据平面力偶系的平衡条件有

$$M_{T2} + M_B - M_A = 0$$

得

$$M_{T2}=M_A-M_B=637\ \text{N}\cdot\text{m}$$

如果取截面 2-2 的右边部分为研究对象图 6-3（d），设截面上的扭矩 M_{T2} 为正，也可求得 $M_{T2}=M_C=637\ \text{N}\cdot\text{m}$。

通过例题可总结出求扭矩的简便法则：轴上任意横截面的扭矩等于该截面一侧（左侧或右侧）轴段上所有外力偶矩的代数和。左侧轴段上箭头向上（或右侧轴段上箭头向下），外力偶产生正值扭矩；反之为负。此时应以外力偶矩所在的截面将轴分成数段，逐段求出其扭矩。

应用上述方法直接求某截面上的扭矩非常方便。以图 6-3（a）为例，将各截面的扭矩计算如下

$$M_{T1}=M_A=1\,592\ \text{N}\cdot\text{m}$$

$$M_{T2}=M_A-M_B=637\ \text{N}\cdot\text{m}$$

6.2.2 扭矩图

为了显示整个轴上各截面扭矩的变化规律，以便分析最大扭矩（$M_{T\max}$）所在截面的位置，常用横坐标表示轴的各截面位置，纵坐标表示相应横截面上的扭矩大小。扭矩为正时，曲线画在横坐标上方；扭矩为负时，曲线画在横坐标下方，从而得到扭矩随截面位置而变化的图线，称为扭矩图。图 6-3（e）为图 6-3（a）所示轴的扭矩图。可以看出，轴上 AB 段各截面的扭矩最大，$M_{T\max}=1\,592\ \text{N}\cdot\text{m}$。

如果在设计时把主动轮 A 安装在从动轮 B 和 C 之间，如图 6-4（a）所示，用截面法可求得

$$M_{T1}=-M_B=-955\ \text{N}\cdot\text{m}$$

$$M_{T2}=M_C=637\ \text{N}\cdot\text{m}$$

扭矩图如图 6-4（b）所示，最大扭矩 $|M_{T\max}|=955\ \text{N}\cdot\text{m}$。由此可见，传动轴上主动轮与从动轮位置不同，轴的最大扭矩数值也不同。显然，从强度观点看后者较为合理。

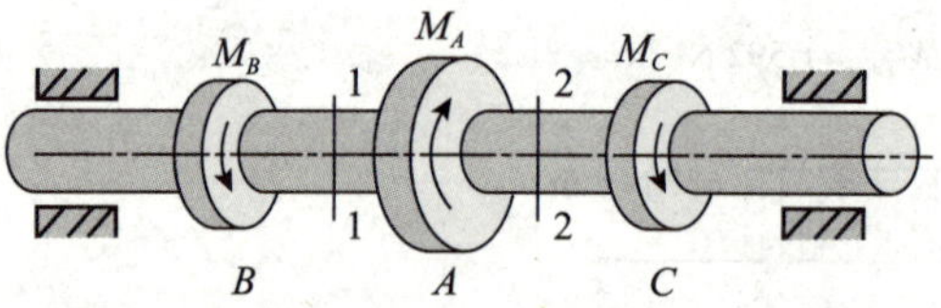

（a）

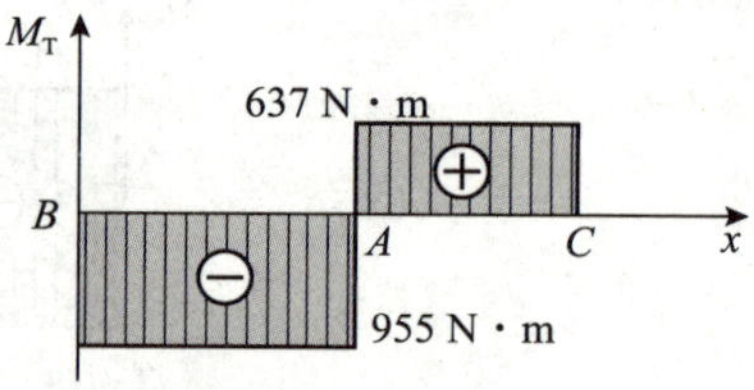

（b）

图 6-4　把主动轮 A 安装在从动轮 B 和 C 之间的传动轴及其扭矩图

想一想

为什么扭矩和扭矩图在圆轴扭转中至关重要？请解释内力与扭矩之间的关系，并说明扭矩图在工程设计和分析中的作用。

6.2　切应力互等定理、剪切与胡克定律

受扭转轴横截面上的应力分析比较复杂，本节首先研究薄壁圆筒的扭转，通过其受力和变形分析，研究切应力和切应变的规律及两者间的关系。

6.2.1　薄壁圆筒扭转时的切应力

图 6-5（a）为一等厚度薄壁圆筒（薄壁圆筒是指壁厚 t 远小于其平均半径 r 的圆筒）。受扭前在表面上画两条纵向线和距离筒端稍远处的圆周线，相交形成一矩形网格，构成正方格。然后在两端作用转向相反的扭转力偶矩，使圆筒产生扭转变形。变形后如图 6-5（b）所示，由于截面 $m-m$ 对截面 $n-n$ 的相对转动，使方格的左右两对边发生相对错动。但圆周线的形状、大小和它们之间的距离不变，这表示在圆筒横截面上只有切应力而无正应力，在包含半径的纵向截面上也无正应力。

在横截面上，由于筒壁很薄，故可近似地认为沿壁厚切应力不变；又由于沿圆周方向各点情况相同，故沿圆周各点的应力也是相同的如图 6-5（c）所示，这样横截面上内力系对 x 轴的力矩为

$$2\pi rt\cdot\tau\cdot r=2\pi r^2t\tau \tag{6-1}$$

式中，t 为薄壁圆筒的厚度，r 为平均半径。若外力偶矩为 M_e，由 $m-m$ 截面以左部分圆筒的平衡条件 $\sum M_x=0$ 得

$$M_e=2\pi r^2t\tau$$

故求得

$$\tau=\frac{M_e}{2\pi r^2t} \tag{6-2}$$

6.2.2　切应力互等定理

图 6-5（d）为从圆筒上切出的微小六面体（微元），其左右一对面对应着圆轴的横截面，上下一对面对应着纵截面（过轴线），它在 3 个方向的尺寸分别为 dx，dy 和 t。根据前面结论可知，左右横截面上只有剪应力而无正应力，其值可由式（6-2）求得。根据微元的平衡要求，不仅左右一对面上有大小相等，方向相反的切应力 τ，在上下一对面也必须有切应力 τ'，由力矩平衡条件

$$\sum M_x=0,\quad (\tau t\mathrm{d}y)\mathrm{d}x=(\tau' t\mathrm{d}x)\mathrm{d}y$$

由此得到

$$\tau=\tau' \tag{6-3}$$

这表明，在微元相互垂直的两个微面上，切应力总是成对出现的，它们数值相等，而方向均垂直于两微面的交线，或指向或背离这一交线。这就是切应力互等定理。

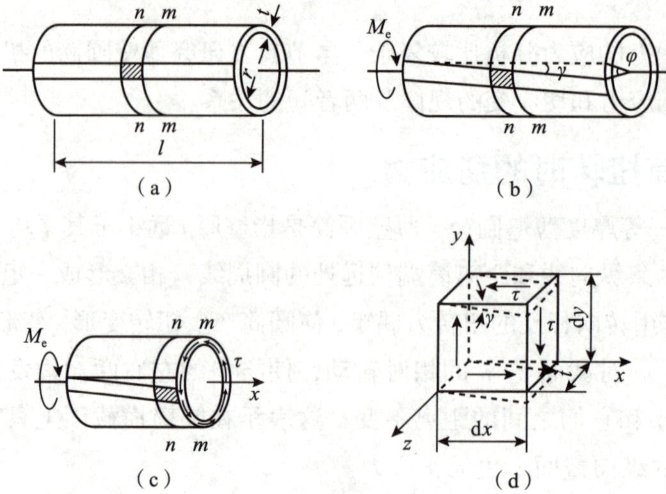

图 6-5　薄壁圆筒扭转时的切应力

6.2.3　切应变、剪切与胡克定律

微元各对面上只作用有切应力的情形称为纯剪切。在此情形下，单元体的相对两侧面将发生微小的相对错动如图 6-5（d）所示，原来互相垂直的两个棱边的夹角改变了一个微量 γ，这就是切应变。由图 6-5（b）可知，若 φ 为薄壁圆筒两端的相对转角，l 为圆筒的长度，则切应变为

$$\gamma = \frac{r\varphi}{l} \tag{6-4}$$

利用上述薄壁圆筒的扭转可以实现纯剪切实验。实验结果表明，对于大多数工程材料，当纯剪状态处于弹性范围内时，切应力和切应变存在线性关系（图 6-6）

$$\tau = G\gamma \tag{6-5}$$

上述关系称为剪切胡克定律。其中 G 称为材料的剪切弹性模量，单位常用 GPa（kN/mm^2），和拉（压）弹性模量 E 相同，其数值可通过实验测定。如图 6-6 所示，只有当切应力 $\tau \leqslant \tau_p$ 时，式（6-5）才能成立。τ_p 称为剪切比例极限。

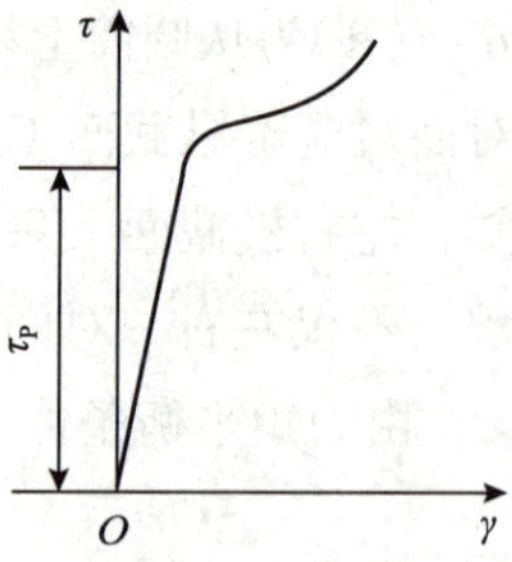

图 6-6　切应力和切应变存在线性关系

至此，已经引用了 3 个材料常数，即拉（压）弹性模量 E，剪切弹性模量 G 以及泊松比 ν。对各向同性材料，它们之间满足如下关系

$$G = \frac{E}{2(1+\nu)} \tag{6-6}$$

6.3　圆轴扭转切应力

6.3.1　扭转变形的几何关系

如图 6-7（a）所示，取一左端固定的易变形的圆形截面直杆，在此圆轴的表面各画两条相互平行的圆周线和纵向线。在轴的右端施加一个力偶矩 M，使其产生扭转变形。当扭转变形很小时，可观察到如图 6-7（b）所示的现象。

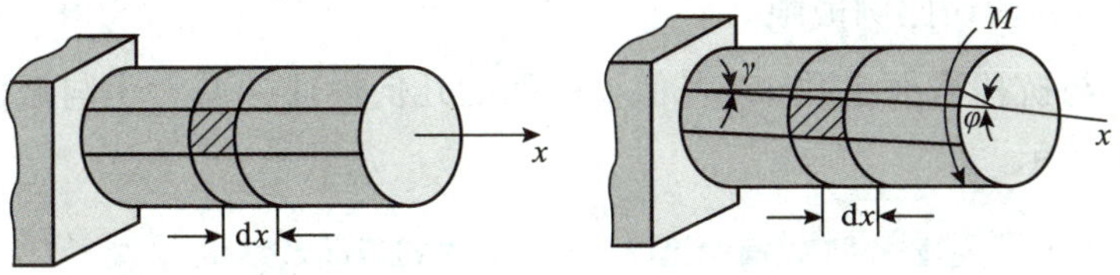

（a）　　　　（b）

图 6-7　扭转变形的力学模型

（1）圆周线的形状和大小不变，相邻两圆周线的间距保持不变，仅绕轴线做相对转动。

（2）各纵向线仍为直线，且都倾斜同一角度 γ，使原来的矩形变成平行四边形。

由此可以得出以下几点。

（1）扭转变形时，由于圆轴相邻横截面间的距离不变，即圆轴没有纵向变形发生，因此横截面上没有正应力。

（2）扭转变形时，各纵向线同时倾斜了相同的角度；各横截面绕轴线转动了不同的角度，相邻截面产生了相对转动并相互错动，发生了剪切变形，所以横截面上有切应力。

（3）因半径长度不变，故切应力方向必与半径垂直。其分布规律如图 6-8 所示。

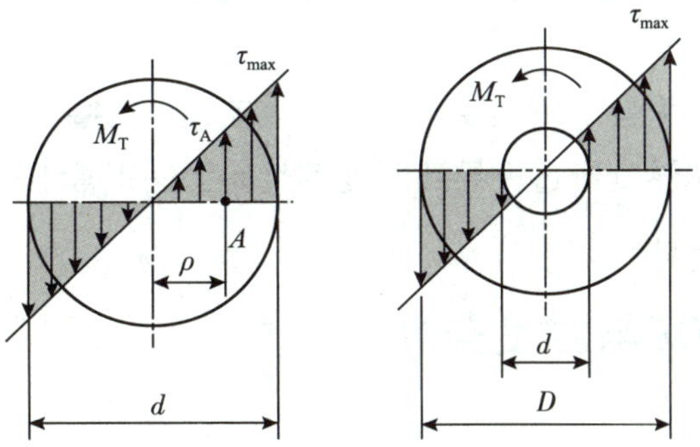

（a）实心圆轴　　　　（b）空心圆轴

图 6-8　横截面上切应力的分布规律

6.3.2　扭转应力——切应力

根据静力平衡条件，推导出截面上任意点的切应力计算公式为

$$\tau_\rho = M_T \rho / I_\rho$$

式中，τ_ρ 为横截面上任意点的切应力，单位为 MPa；$M_{T\rho}$ 为横截面上的扭矩，单位为 N·mm；ρ 为欲求应力的点到圆心的距离，单位为 mm；I_ρ 为截面对圆心的极惯性矩，单位为 mm^4。

圆轴扭转时，横截面边缘上各点的切应力最大，其值为

$$\tau_{max}=\frac{M_T}{W_n}$$

式中 W_n 为抗扭截面系数，单位为 mm^3。该式只适用于圆截面轴，而且横截面上的最大切应力不得超过材料的剪切比例极限。

极惯性矩 I_ρ 与抗扭截面系数 W_n 表示了截面的几何性质，其大小与截面的形状和尺寸有关，如表 6-1 所示。

表 6-1 截面的极惯性矩 I_ρ 与抗扭截面系数 W_n

轴的类型	极惯性矩 I_ρ / mm^4	抗扭截面系数 W_n / mm^3
实心圆轴	$I_\rho=\frac{\pi d^4}{32}\approx 0.1d^4$ （d 为直径）	$W_n=\frac{I_\rho}{r}=\frac{\pi d^4}{32}/\frac{d}{2}=\frac{\pi d^3}{16}\approx 0.2d^3$ （d 为直径）
空心圆轴	$I_\rho=\frac{\pi D^4}{32}-\frac{\pi d^4}{32}=\frac{\pi D^4}{32}\left(1-\alpha^4\right)\approx 0.1D^4\left(1-\alpha^4\right)$ （D 为半径，d 为内径，$\alpha=d/D$）	$W_n=\frac{I_\rho}{R}=\frac{\pi D^3}{16}\left(1-\alpha^4\right)\approx 0.2D^3\left(1-\alpha^4\right)$ （D 为半径，d 为内径，$\alpha=d/D$）

6.4 圆轴扭转的强度条件和刚度条件

圆轴扭转时切应力过大会导致强度不足而发生破坏。有些场合下的圆轴尽管切应力尚未达到极限切应力，但扭转变形过大导致刚度不足而无法正常工作。因此，需要研究圆轴扭转的强度条件和刚度条件。

6.4.1 圆轴扭转破坏与强度条件

1. 圆轴扭转破坏

实验结果表明，低碳钢的切应力与切应变的关系曲线，类似于单向拉伸时拉应力与正应变的关系曲线，即也存在线弹性、屈服和断裂三个主要阶段。扭转屈服极限和扭转强度极限分别用 τ_s 和 τ_b 表示。对于铸铁等脆性材料，扭转过程中，没有明显的线弹性阶段和屈服阶段，直接发生脆性断裂。扭转强度极限用 τ_b 表示。

2. 圆轴扭转强度条件

将扭转屈服极限 τ_s（塑性材料）或扭转强度极限 τ_b（强度极限）除以安全因数 n，得

材料的扭转许用切应力

$$\begin{cases}[\tau]=\dfrac{\tau_s}{n} & \text{塑性材料}\\[2mm] [\tau]=\dfrac{\tau_b}{n} & \text{脆性材料}\end{cases} \tag{6-7}$$

为保证轴工作时不会因强度不足而破坏，轴上最大扭转切应力 τ_{max} 不得超过［τ］，即满足

$$\tau_{max}=\left(\frac{T}{W_p}\right)_{max}\leqslant[\tau] \tag{6-8}$$

式（6–8）为圆轴扭转强度条件。若是等截面圆轴，抗扭截面系数为恒值，则式（6–8）可改写为

$$\tau_{max}=\frac{T_{max}}{W_p}\leqslant[\tau] \tag{6-9}$$

实验研究表明，同一种材料的许用切应力与拉伸时许用正应力间存在一定的关系

$$\begin{cases}[\tau]=(0.5\sim0.6)[\sigma] & \text{塑性材料}\\ [\tau]=[\sigma] & \text{脆性材料}\end{cases} \tag{6-10}$$

3. 圆轴合理截面设计

圆轴合理截面设计就是在相同用料，即经济性相同的情况下，通过设计截面，使得圆轴所受的最大切应力尽可能小；或在相同的安全性前提下，圆轴用料尽可能少，即经济性最好。

如图 6–9（a）所示，当截面边缘的最大切应力达到许用切应力时，圆心附近各点处的切应力仍很小。可将圆轴做成空心的轴（外径和实心轴直径相同），如图 6–9（b）所示，即在同样安全性的前提下提高了经济性。如果空心轴的横截面面积和实心轴横截面面积相同，则空心轴 τ_{max} 的要小于实心轴的 τ_{max}，即在同样经济性的前提下提高了安全性。

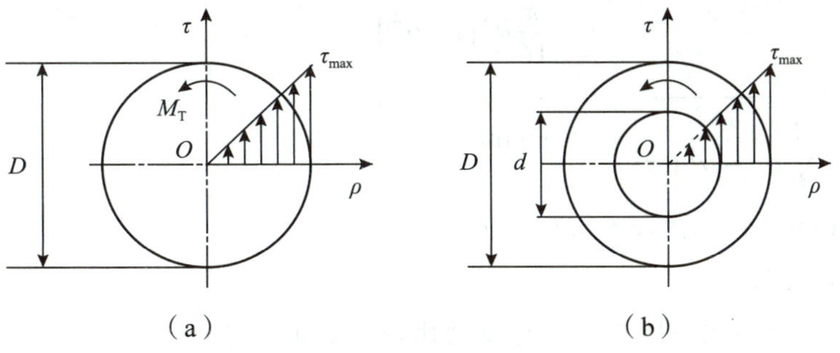

图 6–9　圆轴截面设计图

此外，如图 6-10 所示，在作用有单位长度的扭力偶矩 m（$m=M/l$）时，采用变截面轴与阶梯形轴有利于提高经济性。

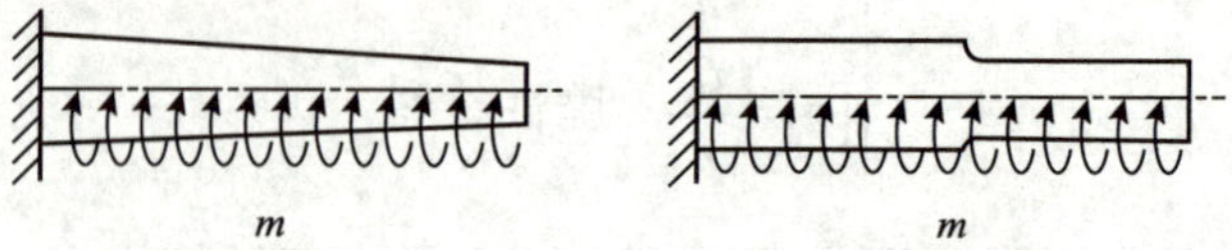

（a）变截面轴　　（b）阶梯轴

图 6-10　采用变截面轴与阶梯形轴

想一想

为什么变截面轴与阶梯形轴有利于实现经济性?

【例题分析】

已知一圆轴，材料许用切应力 $[\tau]=40$ MPa，轴两端作用有扭力偶矩 $M=2$ kN · M。根据强度条件设计实心圆轴与 $\alpha=0.8$ 的空心圆轴，并进行经济性比较。

解：

（1）根据强度条件确定实心圆轴直径

当圆轴两端作用扭力偶矩 M 时，轴上各个横截面的扭矩 T 均等于 M，根据扭转强度条件，可算得圆轴直径。

$$\tau_{\max}=\frac{T}{W_{\mathrm{p}}}=\frac{\mathrm{T}}{\frac{\pi d^{3}}{16}}\leqslant[\tau]$$

$$d\geqslant\sqrt[3]{\frac{16T}{\pi[\tau]}}=\sqrt[3]{\frac{16\times\left(2\times10^{3}\right)}{\pi\times\left(40\times10^{6}\right)}}=0.063\,4\ \mathrm{m}$$

即 $d=63.4$ mm。

（2）根据强度条件确定空心圆轴直径

空心圆轴内径和外径分别记为 d_{i}、d_{o}，根据扭转强度条件

$$\frac{16T}{\frac{\pi}{16}d_{\mathrm{o}}^{3}\left(1-\alpha^{4}\right)}\leqslant[\tau]$$

算得：$d_0\geqslant\sqrt[3]{\frac{16T}{\pi\left(1-\alpha^{4}\right)[\tau]}}=75.6\ \mathrm{mm}$。

取 d_0=75.6 mm，$d_{\mathrm{i}}=\alpha d_0$=75.6 mm。

（3）经济性比较

经济性比较可以简化为所用材料重量的比较（这里不考虑加工工艺差别带来的经济性差异），对于长度相同的实心轴和空心轴，即横截面之比。

$$\beta = \frac{\frac{\pi}{4}\left(d_o^2 - d_i^2\right)}{\frac{\pi}{4}d^2} = 51.1\%$$

由此可见，在满足同样安全性的前提下，空心轴比实心轴省 48.9%的材料。

6.4.2　圆轴扭转变形与刚度条件

1. 圆轴扭转变形

圆轴的扭转变形用横截面绕轴线的相对角位移（扭转角）φ 来衡量。微段 dx 的扭转变形为

$$\mathrm{d}\varphi = \frac{T}{GI_p}\mathrm{d}x \qquad (6-11)$$

若两横截面间距离为 l，则扭转角 φ 为

$$\varphi = \int_l \frac{T}{GI_p}\mathrm{d}x \qquad (6-12)$$

对于等截面圆轴，积分可得两横截面的相对扭转角为

$$\varphi = \frac{Tl}{GI_p} \qquad (6-13)$$

上式表明，扭转角 φ 与扭矩 T、圆轴长度 l 成正比，与 GI_p 成反比。GI_p 为圆截面的扭转刚度。

2. 圆轴扭转刚度条件

扭转刚度校核是将单位长度上的相对扭转角限制在某一规定的许用值内，即构件需满足刚度条件

$$\theta = \frac{\mathrm{d}\varphi}{\mathrm{d}x} = \frac{T}{GI_p} \leqslant [\theta] \qquad (6-14)$$

式中，$[\theta]$ 为单位长度许用扭转角。精密机械轴取 $[\theta]=0.25\sim0.5(°)/\mathrm{m}$，一般传动轴取 $[\theta]=0.5\sim1.0(°)/\mathrm{m}$。需要注意的是 $\frac{T}{GI_p}$ 的单位是 rad/m，而 $[\theta]$ 的单位是（°）/m，计算时要统一。

【例题分析】

如图 6-11 所示阶梯圆轴，已知 AB 段直径 d_1=75 mm，BC 段直径 d_2=50 mm，P_1=35 kW，P_2=50 kW，P_3=15 kW，轴的转速 n=200 r/min，轴材料的切变模量 G=80 GPa，许用切应力 $[\tau]$=60MPa，单位长度许用扭转角 $[\theta]=2(°)/\mathrm{m}$。求校核该轴的强度和刚度；计算该轴的总扭转角 φ_{AC}。

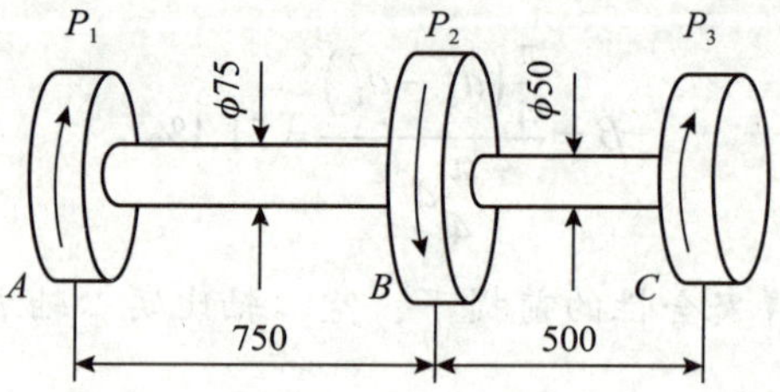

图 6－11　阶梯圆轴

解：

（1）校核轴的强度和刚度

此阶梯轴各轴段传递的扭矩和直径均不相同，因此需要逐段校核。

① 计算外力偶矩，作扭矩图

作用在轮 A、轮 C 上的外力偶矩分别为

$$M_1 = 9\,549\frac{P_1}{n} = 9\,549 \times \frac{35}{200} = 1.67 \times 10^3\ \text{N}\cdot\text{m}$$

$$M_3 = 9\,549\frac{P_3}{n} = 9\,549 \times \frac{15}{200} = 0.72 \times 10^3\ \text{N}\cdot\text{m}$$

应用截面法，可求得 AB 段扭矩为 $T_1 = M_1 = 1.67 \times 10^3\ \text{N}\cdot\text{m}$，$BC$ 段扭矩为 $T_2 = -M_3 = -0.72 \times 10^3\ \text{N}\cdot\text{m}$。作扭矩图（图 6－12）。

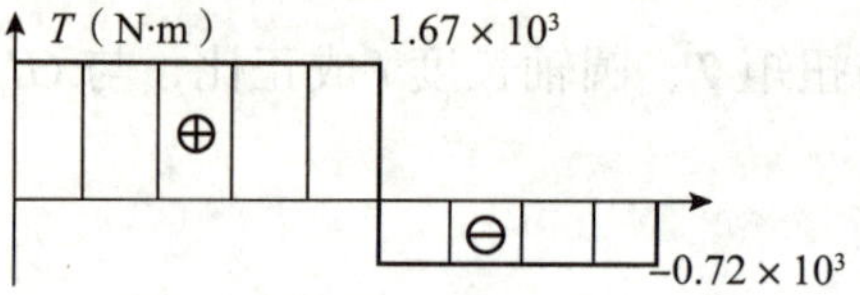

图 6－12　扭矩图

② 计算切应力，校核强度

从扭矩图上看，AB 段扭矩最大但直径也大，BC 段扭矩最小但直径也小，故需要通过分别计算才能确定最大切应力。

AB 段：$\tau_{1\max} = \dfrac{T_1}{W_{p1}} = \dfrac{1.67 \times 10^3}{\dfrac{\pi}{16} \times 0.075^3} = 20.2\ \text{MPa}$

BC 段：$\tau_{2\max} = \dfrac{|T_2|}{W_{p2}} = \dfrac{0.72 \times 10^3}{\dfrac{\pi}{16} \times 0.05^3} = 29.2\ \text{MPa}$

$\tau_{\max} = \tau_2 = 29.2\ \text{MPa} < [\tau]$，强度符合要求。

③ 计算扭转角，校核刚度

同样道理，由于 AB 段和 BC 段扭矩不同，极惯性矩也不同，需分段计算单位长度扭转角。

AB 段：$\theta_1 = \dfrac{T_1}{GI_{p1}} = \dfrac{1.67 \times 10^3}{80 \times 10^9 \times \dfrac{\pi}{32} \times 0.075^4} \times \dfrac{180}{\pi} = 0.39(°)/\text{m}$

BC 段：$\theta_2 = \dfrac{T_2}{GI_{p2}} = -\dfrac{0.72 \times 10^3}{80 \times 10^9 \times \dfrac{\pi}{32} \times 0.05^4} \times \dfrac{180}{\pi} = -0.84(°)/\text{m}$

$\theta_{max} = |\theta_2| = 0.84(°)/\text{m} < [\theta]$，刚度符合要求。

（2）计算扭转角 φ_{AC}

根据单位长度扭转角，分别计算 AB 段和 BC 段的扭转角。

AB 段：$\varphi_{AB} = \theta_1 \cdot l_{AB} = 0.39° \times 0.75 = 0.29°$

BC 段：$\varphi_{BC} = \theta_2 \cdot l_{BC} = -0.84° \times 0.75 = -0.42°$

总扭转角为：$\varphi_{AC} = \varphi_{AB} + \varphi_{BC} = -0.13°$

课后习题

一、判断题

1. 只要在杆件的两端作用两个大小相等、方向相反的外力偶，杆件就会发生扭转变形。（　）
2. 扭矩就是受扭杆件某一横截面左、右两部分在该横截面上相互作用的分布内力系合力偶矩。（　）
3. 扭矩的正负号可按如下方法来规定：运用右手螺旋法则，四指表示扭矩的转向，当拇指指向与截面外法线方向相同时规定扭矩为正;反规定扭矩为负。（　）
4. 横截面为圆形的直杆在产生扭转变形时作出的平面假设仅在弹性范围内成立。（　）
5. 圆轴横截面上的扭矩为 T，按强度条件算得直径为 d，若该横截面上的扭矩变为，则按强度条件可算得相应的直径。（　）

二、选择题

1. 汽车传动主轴所传递的功率不变，当轴的转速降低为原来的二分之一时，轴所受的外力偶的半偶矩较之转速降低前将（　）。

A. 增大一倍数　　B. 增大三倍数

C. 减小一半　　D. 不改变

2. 杆件扭转时，其平面假设的正确结果，只有通过（　）的扭转变形才能得到。

A. 等直杆　　B. 圆截面沿轴线变化的维形杆

C. 等直圆杆　　D. 等直圆杆和锥形杆

3. 对于材料以及横截面面积均相同的空心圆轴和实心圆轴，前者的抗扭刚度一定（　）于后者的抗扭刚度。

A. 小　　B. 等

C. 大　　D. 无法对比

4. 等截面圆轴扭转时的单位长度扭转角为θ，若圆轴的直径增大一倍，则单位长度扭转角将变为（　）。

A. $\dfrac{\theta}{16}$　　B. $\dfrac{\theta}{8}$

C. $\dfrac{\theta}{4}$　　D. $\dfrac{\theta}{2}$

第7章 弯曲内力

章前导读

本章主要介绍了结构弯曲问题中的内力计算方法。弯曲是结构工程中常见的受力形式，对于设计和分析工程结构至关重要。通过本章的学习，帮助读者掌握弯曲内力计算的基本原理和方法，能够准确求解剪力和弯矩，绘制剪力图和弯矩图，并理解内力分布的微分关系。这些技术将为设计和分析实际结构提供有力的支持。

学习目标

◎知识目标

1. 理解平面弯曲的概念，包括弯曲变形与平面弯曲之间的关系。
2. 掌握剪力和弯矩的定义和计算方法，理解截面法求解内力的原理。
3. 熟悉剪力方程和弯矩方程的概念，以及它们在求解内力时的应用。
4. 了解剪力图和弯矩图的绘制方法，能够准确表示结构内力的分布情况。
5. 理解剪力、弯矩与载荷集度之间的微分关系，加深对内力分布的理解。

◎能力目标

1. 能够运用平面弯曲理论，计算和分析结构在弯曲受力下的内力。
2. 能够正确选择和应用截面法求解内力的方法，进行内力计算和验证。
3. 能够建立和应用剪力方程、弯矩方程，解决弯曲内力计算问题。
4. 能够绘制剪力图和弯矩图，准确表达结构内力的分布情况。

5. 能够理解和应用剪力、弯矩与载荷集度之间的微分关系，分析内力的变化规律。

◎素质目标

1. 增强学生建立系统思维和工程意识，能够从整体角度考虑结构受力问题。

2. 培养学生具备准确分析和解决问题的能力，能够运用弯曲内力计算方法解决实际工程中的结构问题。

3. 培养学生具备准确的数据处理和图形表达能力，能够绘制和解读剪力图和弯矩图。

4. 培养学生具备动手能力和工程实践能力，能够运用所学知识进行结构设计和分析。

5. 培养学生具备团队合作和沟通能力，能够与他人分享和交流关于弯曲内力计算的知识和经验。

思政之窗

通过在学习弯曲内力的过程中培养学生专业责任感、创新精神、实践能力、团队合作和社会责任感等素质，使学生能够成为具备深厚专业知识和高尚思想品质的工程科技人才，为建设美好的社会和国家做出积极的贡献。

7.1 平面弯曲的概念

7.1.1 弯曲变形与平面弯曲

工厂车间里的桥式起重机的大梁承受自重和它所起吊重物的重力，如图 7-1 所示；机车车厢的轮轴承受车厢的压力和钢轨的约束力，如图 7-2 所示；汽轮机叶片承受高压高速蒸汽的作用，如图 7-3 所示；造纸机上的压榨辊受到轧制压力的作用，如图 7-4 所示。这些构件（杆件）的受力和变形特点是：在力偶或垂直于轴线的横向力作用下，原为直线的轴线弯成了曲线，构件的这种变形称为弯曲变形。工程中，凡是以弯曲变形为主的构件通常称为梁。

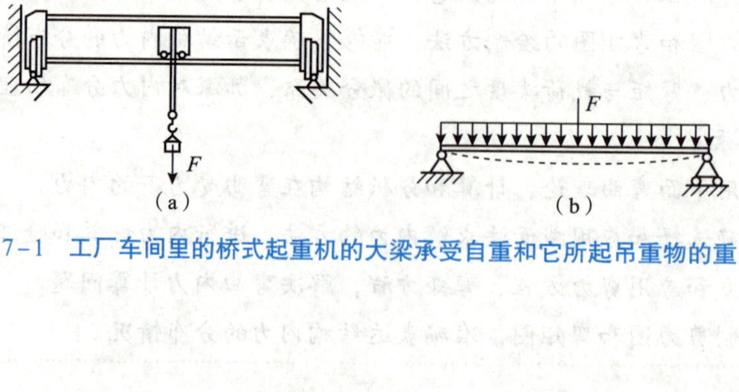

图 7-1 工厂车间里的桥式起重机的大梁承受自重和它所起吊重物的重力

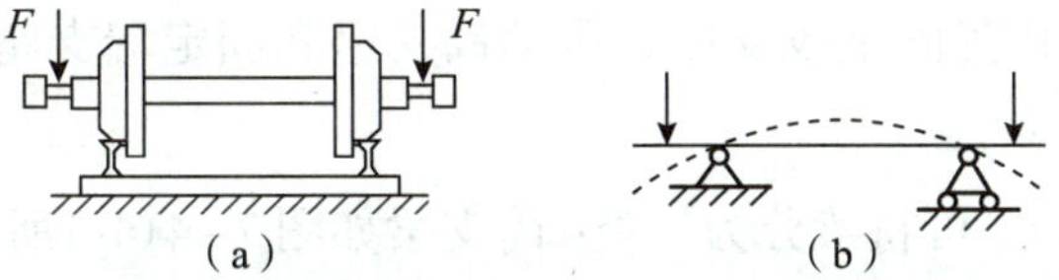

图 7－2　机车车厢的轮轴承受车厢的压力和钢轨的约束力

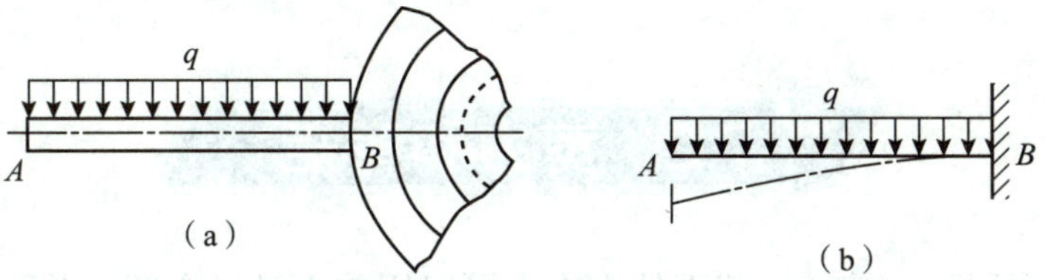

图 7－3　汽轮机叶片承受高压高速蒸汽的作用

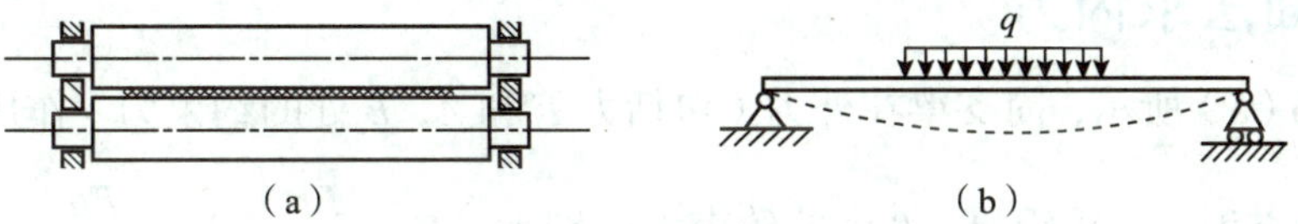

图 7－4　造纸机上的压榨辊受到轧制压力的作用

梁的横截面通常都有对称轴，如图 7－5（a）所示的截面。对称轴与梁轴线所组成的平面称为纵向对称面，如图 7－5（b）所示的阴影面。如果外力位于该平面内，则梁的轴线将在这个纵向对称面内弯曲成一条平面曲线，这种弯曲称为平面弯曲。平面弯曲是最基本、最简单的，也是工程中最常见到的一种弯曲形式，也称为对称弯曲。本章只对平面弯曲的内力进行研究。

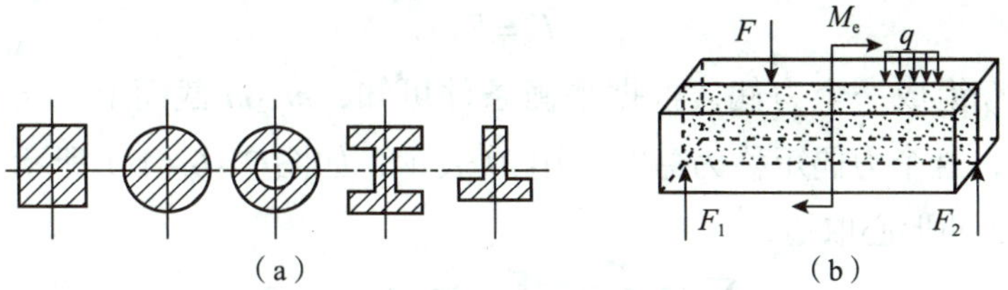

图 7－5　截面与阴影面

7.1.2　计算简图与梁的种类

为了对梁进行内力计算，首先要把梁的实际结构简化为计算简图，如图 7－1 至图 7－4 中的（b）图为其对应结构的简图，简化的原则如下。

（1）尽可能地反映结构的真实受力情况。

（2）尽可能使计算简化。

以上两条原则是互相制约的，必须妥善考虑，所取计算简图的正确与否要看计算结果是否符合实际。

梁上的载荷有三种形式：集中载荷、分布载荷和集中力偶。均匀分布的载荷也称均布载荷，分布于梁单位长度上的载荷称为载荷集度，以 q（N/m 或 kN/m）表示。

梁的支撑方式可简化为固定铰支座、可动铰支座和固定端支座。两支座间的距离称为梁的跨度。

根据支撑形式的不同，可将梁分为三类：简支梁如图 7-4（b）所示、外伸梁如图 7-2（b）所示和悬臂梁如图 7-3（b）所示。能用静力平衡方程求出约束力的梁称为静定梁，否则称为静不定梁。

7.2 剪力和弯矩

梁在外载荷作用下，其任一截面的内力也可以用前面已经介绍的截面法求得。

7.2.1 截面法求内力

如图 7-6（a）所示，简支梁在外力（包括力 F 和 A，B 处的约束力）作用下处于平衡。根据静力平衡方程，可求得 A，B 处的约束力分别为：$F_A=\dfrac{Fb}{l}$，$F_B=\dfrac{Fa}{l}$。为了求出梁的内力，假定用截面 $m-m$ 在距 A 支座为 x 处将梁截为两部分，显然每部分都是平衡的。以左段为研究对象，如图 7-6（b）所示，左段在约束力 F_A 和内力的共同作用下处于平衡，所以 $m-m$ 截面上一定有一个垂直轴线的与 F_A 平衡的内力，用 F_s 表示。F_s 的作用线与 $m-m$ 横截面相切，故 F_s 称为剪力。

根据平衡方程 $$\sum F_y=0,\ F_A-F_s=0$$

得 $$F_s=F_A$$

由于 F_s 与 F_A 组成一个力偶，根据平衡条件可知，$m-m$ 截面上一定有一个与此力偶平衡的内力偶矩，这个力偶矩称为弯矩，用 M 表示，如图 7-6（b）所示。

对 $m-m$ 截面的形心取矩，有

$$\sum M_O(F)=0,\ M-F_A\cdot x=0$$

得 $$M=F_A\cdot x=\frac{Fb}{l}x$$

同理，取右段梁为研究对象，如图 7-6（c）所示，可以得到同样数值的剪力 F_s 和弯矩 M，只是对应的内力方向正好相反。

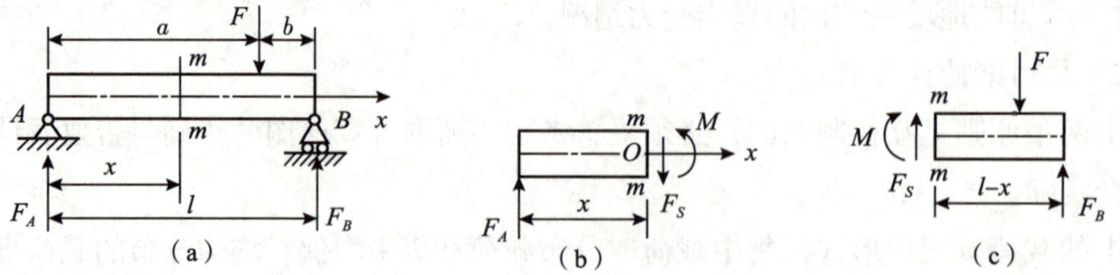

图 7-6 截面法求内力

想一想

在进行弯曲内力计算时，为何在某些情况下需要考虑剪应力和弯矩的共同作用？请举例说明一个实际工程中可能会出现这种情况的情景。

7.2.2 剪力、弯矩的符号规定

由于作用和反作用力的关系，梁在同一横截面上左右两侧的剪力和弯矩，在数值上相等，但方向相反，如图 7-6（b）和图 7-6（c）所示。为了使所求得的同一截面上的剪力和弯矩不仅在数值上相等，而且正负号一致，须按梁的变形情况来规定内力的符号。

剪力：截面上的剪力使截面邻近微段顺时针转动时为正，否则为负，如图 7-7（a）和图 7-7（b）所示。

弯矩：截面上的弯矩使截面邻近微段的上部受压下部受拉时为正，即下凸为正，否则为负，如图 7-7（c）和图 7-7（d）所示。

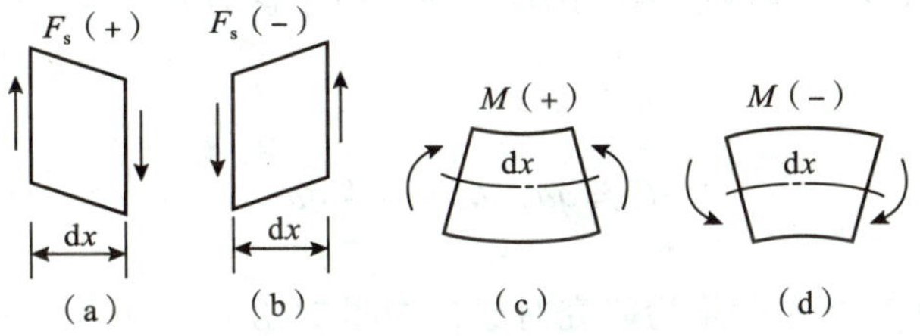

图 7-7　剪力与弯矩

下面举例说明用截面法求梁指定横截面上的内力。

【例题分析】

计算图 7-8（a）所示外伸梁中 2-2 截面及无限接近于支座 A 与支座 B 的 1-1、3-3 截面上的剪力和弯矩。

解：（1）计算支座约束力。选梁整体为研究对象，由平衡方程

$$\Sigma M_B(F)=0,\quad qa^2-F_A\cdot 2a-\frac{1}{2}qa^2=0$$

得

$$F_A=\frac{qa^2-\frac{1}{2}qa^2}{2a}=\frac{1}{4}qa$$

$\Sigma F_y=0$，$F_A+F_B-qa=0$，得

$$F_B=qa-F_A=qa-\frac{1}{4}qa=\frac{3}{4}qa$$

为了计算方便，在以下的计算中均假设截面上的剪力和弯矩为正，此称为“正设法”。

（2）计算 1-1 截面上的剪力 F_{s1} 和弯矩 M_1，用截面 1-1 把梁截开，取梁的左段为研究对象，如图 7-8（b）所示。

由平衡方程　　$\Sigma F_y=0$

得

$$F_{s1}=0$$

由$\sum M_{O1}(F)=0$，$qa^2+M_1=0$，得$M_1=-qa^2$（负号表示所设方向与实际方向相反，实际应为负弯矩。）

（3）用同样方法计算2-2截面上的剪力F_{s2}与弯矩M_2，如图7-8（c）所示。

由

$$\sum F_y=0,\ F_A-F_{s2}=0$$

得

$$F_{s2}=F_A=\frac{1}{4}qa$$

由

$$\sum M_{O2}(F)=0,\ qa^2+M_2-F_Aa=0,$$

得

$$M_2=-\frac{3}{4}qa^2\ （负弯矩）$$

（4）计算3-3截面上的剪力F_{s3}和弯矩M_3，取3-3截面右段梁为研究对象，如图7-8（d）所示，显然这样截取梁段比较简便。由平衡方程$\sum F_y=0$和$\sum M_{O3}(F)=0$，可分别得到

$$F_{s3}=qa,\ M_3=-\frac{1}{2}qa^2$$

如果仍利用截面3-3左段梁为研究对象，如图7-8（e）所示，也可得到F_{s3}和M_3的同样结果。但应注意，此时F_{s3}中包含有F_A和F_B两项，而M_3中不包含F_B。这是由于3-3截面无限接近支座B，因而F_B对3-3截面形心O_3之矩为零。

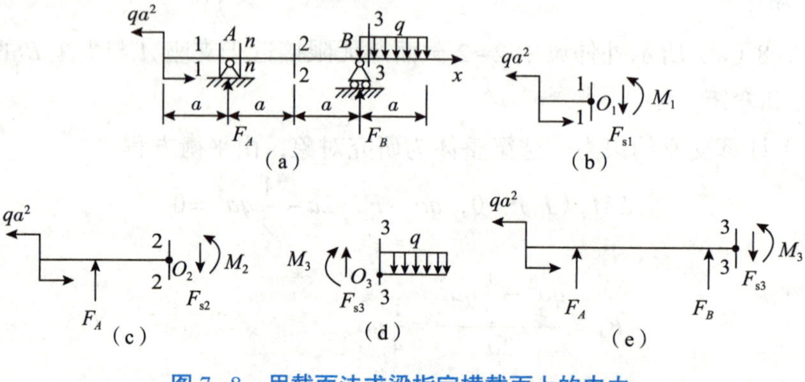

图7-8　用截面法求梁指定横截面上的内力

由上述剪力和弯矩的求解过程，可以总结出由外力直接计算梁任一截面上内力的规则。

（1）某截面左侧梁段上所有向上的外力，或某截面右侧梁段上所有向下的外力，使该截面上产生正剪力，即“左上右下，剪力为正”，否则产生负剪力。

（2）某截面左侧梁段上外力（力和力偶）对截面形心之矩为顺时针转向，或某截面右段梁上外力（力和力偶）对截面形心之矩为逆时针转向，使该截面上产生正弯矩，即“左

顺右逆，弯矩为正”，否则产生负弯矩。也可以叙述为：“所有向上的外力产生正弯矩，向下的外力产生负弯矩”，而力偶引起的弯矩可直接观察梁段变形而判断正负，即“下凸为正，上凸为负”。

（3）某截面上剪力 F_s 的数值，等于该截面左侧（或右侧）梁段上所有横向外力的代数和。

（4）某截面上的弯矩 M 的数值，等于该截面左侧（或右侧）梁段上所有外力对该截面形心之矩的代数和。

利用这些规则求梁弯曲内力时，可不再列出平衡方程，直接根据截面左侧或右侧梁上的外力来确定梁横截面上的剪力和弯矩。

7.3　剪力方程与弯矩方程

承受外力的梁，通常情况下，在轴线方向上不同截面或不同梁段内，其剪力和弯矩沿着梁的轴线发生变化。为分析剪力与弯矩沿着梁轴线方向的变化，在梁轴方向选取坐标 x 表示横截面的位置，建立剪力、弯矩沿坐标 x 方向变化的解析关系式，即

剪力方程与弯矩方程

$$F_s = F_s(x),\quad M = M(x)$$

上述关系式分别称为剪力方程和弯矩方程。

【例题分析】

如图 7–9（a）所示，简支梁 AB 承受均布载荷作用，梁上的均布载荷为 q。求剪力方程和弯矩方程。

解：

（1）计算支反力

在计算支反力时，均布载荷 q 可以视为作用在 AB 中点的集中载荷 F_R。可算得 A 端与 B 端的支反力为

$$F_{Ay} = F_{By} = \frac{ql}{2}$$

（2）建立剪力方程和弯矩方程

以横截面 A 的形心为坐标轴 x 的原点，以距离 A 端为 x 处截取左端梁为研究对象，如图 7–9（b）所示，可列平衡方程

$$\begin{cases} \sum F_y = 0,\ qx - F_{Ay} + F_s = 0 \\ \sum M_C = 0,\ M + \frac{1}{2}qx^2 - F_{Ay}\cdot x = 0 \end{cases}$$

得剪力方程和弯矩方程

$$\begin{cases} F_s=\dfrac{1}{2}ql-qx\left(0<x<l\right) \\ M=\dfrac{1}{2}qlx-\dfrac{1}{2}qx^2\left(0\leqslant x\leqslant l\right) \end{cases}$$

要注意的是，剪力方程中 x 不能取到两端点值。

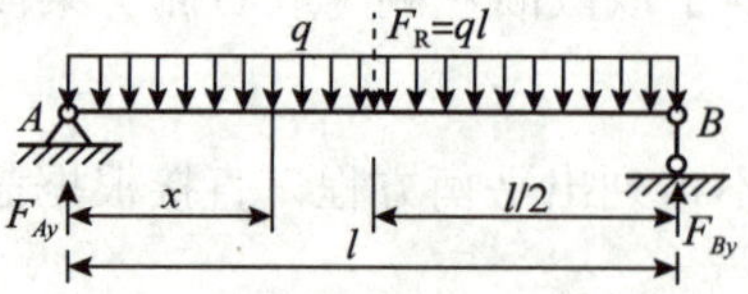

（a）

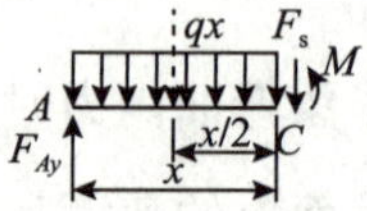

（b）

图 7-9　简支梁 AB 承受均布载荷作用

7.4　剪力图与弯矩图

剪力与弯矩沿着梁轴方向变化的情况，还可用图示法表示。作图时，以 x 为横坐标轴，剪力 F_s 或弯矩 M 为纵坐标轴，分别绘制剪力与弯矩沿梁轴变化的图线，即剪力图与弯矩图。

进一步分析上述例题，当得出剪力方程和弯矩方程后，即可画出剪力图与弯矩图，步骤如下。

（1）由剪力方程知剪力图为直线，且

$$F_s(0)=\frac{1}{2}ql\text{，}\quad F_s(l)=-\frac{1}{2}ql$$

（2）由弯矩方程知弯矩图为二次抛物线，且

$$M(0)=0\text{，}\quad M(l)=0\text{，}\quad |M|_{\max}=\left|M\left(\frac{l}{2}\right)\right|=\frac{1}{8}ql^2$$

则剪力图和弯矩图如图 7-10 所示。

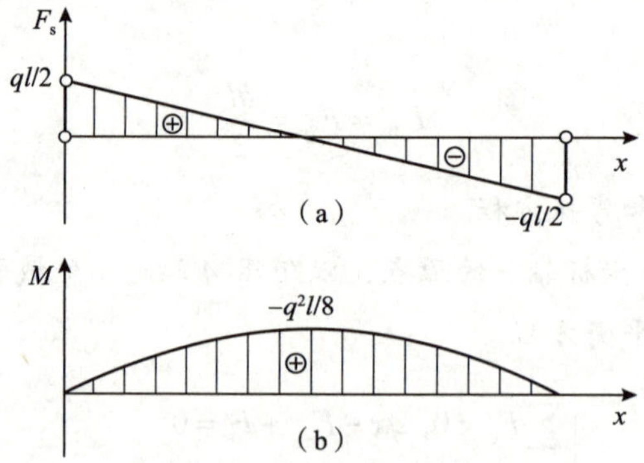

图 7-10　剪力图和弯矩图

【例题分析】

如图 7-11（a）所示桁车结构，载荷可沿桁车梁左右移动，在桁车梁 AB 的截面 C 处承受集中载荷 F 的作用。建立剪力方程与弯矩方程，画剪力图与弯矩图。

解：

（1）列平衡方程，计算支反力

$$\begin{cases}\sum M_A=0,Fa-F_{By}\cdot l=0\\ \sum M_B=0,Fb-F_{Ay}\cdot l=0\end{cases}$$

$$F_{Ay}=\frac{bF}{l}，\ F_{By}=\frac{aF}{l}$$

（2）建立剪力方程与弯矩方程

将梁 AB 在集中力 F 作用的横截面 C 处截断，分别取 AC 段距离 A 端 x_1 处截面、CB 段距离 B 端 x_2 处截面，如图 7-11（b）所示，分别建立剪力方程与弯矩方程。

AC 段：

$$\begin{cases}F_{s1}=F_{Ay}=\dfrac{bF}{l}(0<x_1<a)\\ M_1=F_{Ay}x_1=\dfrac{bF}{l}x_1(0\leqslant x_1\leqslant a)\end{cases}$$

CB 段：

$$\begin{cases}F_{s2}=-F_{Ay}=-\dfrac{aF}{l}(0<x_2<b)\\ M_2=F_{By}x_2=\dfrac{aF}{l}x_2(0\leqslant x_1\leqslant b)\end{cases}$$

（3）画剪力图与弯矩图

根据剪力方程和弯矩方程，可画剪力图和弯矩图，分别如图 7-11（c）、图 7-11（d）所示。从图 7-11（d）可看出，最大弯矩为 $M_{\max}=\dfrac{abF}{l}$。最大剪力取决于 a 和 b 的值，若 $b>a$，则最大剪力为 $F_{s\max}=\dfrac{bF}{l}$。

（4）讨论

由剪力图和弯矩图可知，在 F 作用处，左右横截面上的弯矩相同，但剪力值突变，突变值为 $\left|F_{s左}-F_{s右}\right|=F$。

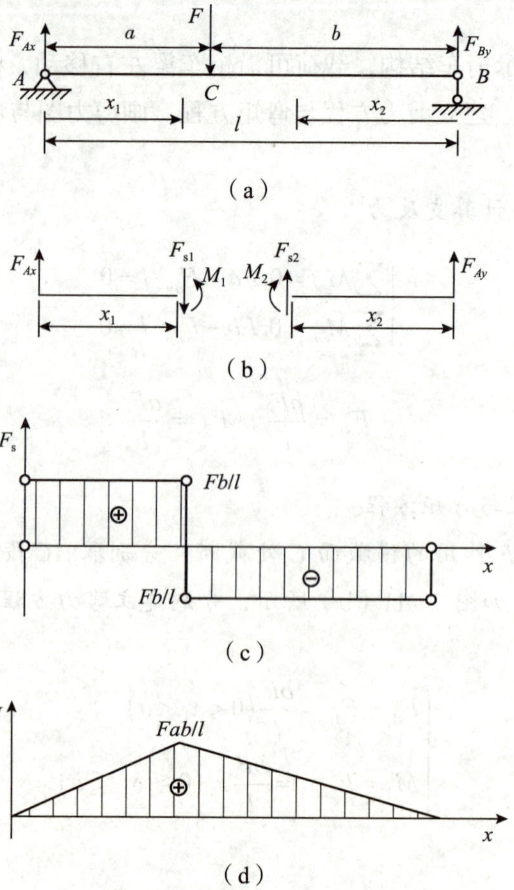

图 7-11　桁车结构及剪力图与弯矩图

想一想

例题中列剪力方程和弯矩方程时，如果起点均为 A 端，所得的剪力方程与弯矩方程、剪力图与弯矩图和例题有何异同？

【例题分析】

如图 7-12（a）所示，悬臂梁 AC 在 AB 段承受分布载荷 q 的作用，并在截面 B 处承受矩为 M_e 的集中力偶作用。建立剪力方程与弯矩方程，画剪力图与弯矩图。

解：

（1）列平衡方程，计算支反力

$$\begin{cases} \sum F_y = 0, \ F_{Cy} - qa = 0 \\ \sum M_C = 0, \ qa \cdot \dfrac{3a}{2} - qa^2 - M_C = 0 \end{cases}$$

$$F_{Cy} = qa \text{，} \ M_C = \frac{1}{2}qa^2$$

（2）建立剪力方程与弯矩方程

将梁 AC 在集中力偶 M_e 作用的横截面 B 处截断，分别取 AB 段距离 A 端 x_1 处截面、BC 段距离 C 端 x_2 处截面，如图 7-12（b）所示，分别建立剪力方程与弯矩方程。

AB 段：

$$\begin{cases} F_{s1} = -qx_1 \left(0 < x_1 \leqslant a\right) \\ M_1 = -\dfrac{1}{2}qx_1^2 \left(0 \leqslant x_1 < a\right) \end{cases}$$

BC 段：

$$\begin{cases} F_{s2} = -qa \left(0 < x_2 \leqslant a\right) \\ M_2 = qax_2 - \dfrac{1}{2}qa^2 \left(0 \leqslant x_2 < a\right) \end{cases}$$

（3）画剪力图与弯矩图

根据剪力方程和弯矩方程，可画剪力图和弯矩图，分别如图 7-12（c）、图 7-12（d）所示。分别从图 7-12（c）、图 7-12（d）可看出，$F_{s\max} = qa$，$M_{\max} = \dfrac{1}{2}qa^2$。

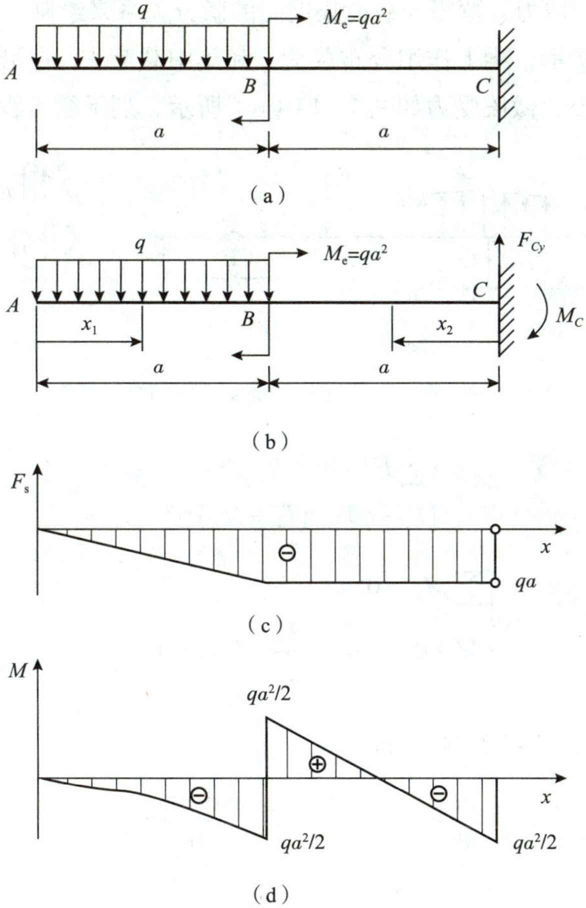

图 7-12　悬臂梁及剪力图与弯矩图

（4）讨论

由剪力图和弯矩图可知，在 M_e 作用处，左右横截面上的剪力相同，弯矩值突变，突变值为 $|M_{左}-M_{右}|=M_e$。

花卉的对称结构可以用弯矩来解释。花蕊和花托比花瓣重得多，置于中心，可使其重力作用通过花柄，从而重力对花柄的弯矩为零，较轻的花瓣置于四周且对称分布，可使各花瓣的重力对花柄产生的弯矩相互抵消，总和趋于零，花柄就不会因为弯折而受损了。

想一想

从弯矩的角度分析，举重运动员在举重时，双手抓握距离大小多少合适？

7.5 剪力、弯矩与载荷集度间的微分关系

上一节介绍了利用剪力方程和弯矩方程绘制剪力图和弯矩图。本节介绍另一种更加简洁的绘制方法，即利用剪力、弯矩与载荷集度间的微分关系来绘制。

如图 7－13（a）所示，梁上作用分布载荷 q 和集中载荷 F。在沿梁轴方向取 x 轴，在坐标为 x 处，取微段 dx，微段受力如图 7－13（b）所示，列平衡方程为

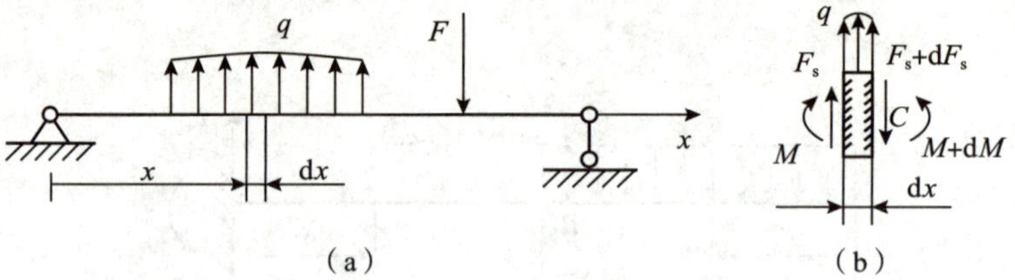

图 7－13　剪力、弯矩与载荷集度间的微分关系

$$\begin{cases}\sum F_y=0\\ F_s+q\mathrm{d}x-(F_s+\mathrm{d}F_s)=0\end{cases}\tag{7-1}$$

$$\begin{cases}\sum M_C=0\\ M+\mathrm{d}M-q\mathrm{d}x\cdot\dfrac{\mathrm{d}x}{2}-F_s\mathrm{d}x-M=0\end{cases}\tag{7-2}$$

由式（7－1）和式（7－2）两式可得

$$\frac{\mathrm{d}F_s}{\mathrm{d}x}=q\,,\quad \frac{\mathrm{d}M}{\mathrm{d}x}=F_s\,,\quad \frac{\mathrm{d}^2M}{\mathrm{d}x^2}=q$$

上述式子表明：剪力图某点处的切线斜率 $\dfrac{\mathrm{d}F_s}{\mathrm{d}x}$，等于相应截面处的载荷集度 q；弯矩

图某点处的切线斜率 $\frac{\mathrm{d}M}{\mathrm{d}x}$，等于相应截面处的剪力 F_s；弯矩图某点处的二阶导数 $\frac{\mathrm{d}^2M}{\mathrm{d}x^2}$，则等于相应截面处的载荷集度 q。因此，可以根据上述微分关系直接画出剪力图与弯矩图，不再需要列出剪力方程与弯矩方程。

需要注意的是在画剪力图与弯矩图时 q 向上为正，x 向右为正。总结出画剪力图与弯矩图时的规律如表 7－1 所示。

表 7－1　画剪力图与弯矩图时的规律

q	$q(x)=0$	$q(x)=c<0$ 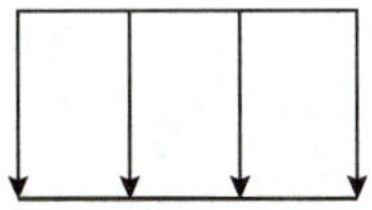	$q(x)=c>0$ 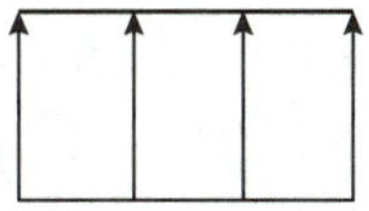
F_s 图			
M 图	直线（斜率正负取决于剪力图水平线的正负）	二次凸曲线 	二次凹曲线 

【例题分析】

如图 7－14（a）所示，简支梁 AB 在截面 A 处承受力矩为 M_e 的集中力偶作用，试利用剪力、弯矩与载荷集度间的微分关系画出剪力图与弯矩图。

解：

（1）列平衡方程，计算支反力

分析梁受力，如图 7－14（b）所示，列平衡方程

$$\begin{cases}\sum F_y=0, F_{Ay}-F_{By}=0\\ \sum M_A=0, F_{By}\cdot l-M_e=0\end{cases}$$

解得：$F_{Ay}=\frac{M_e}{l}$，$F_{By}=\frac{M_e}{l}$

（2）画剪力图与弯矩图

根据已知条件，梁上没有分布载荷 q，根据表 7－1，剪力图是一条水平线，可算得 $F_{sA+}=-\frac{M_e}{l}$，因此剪力图是初值为 $-\frac{M_e}{l}$ 的水平线，如图 7－14（c）所示。同时可算得，$M_{A+}=M_e$，因此弯矩图是初值 M_e、斜率是 $-\frac{M_e}{l}$ 的直线，如图 7－14（d）所示。

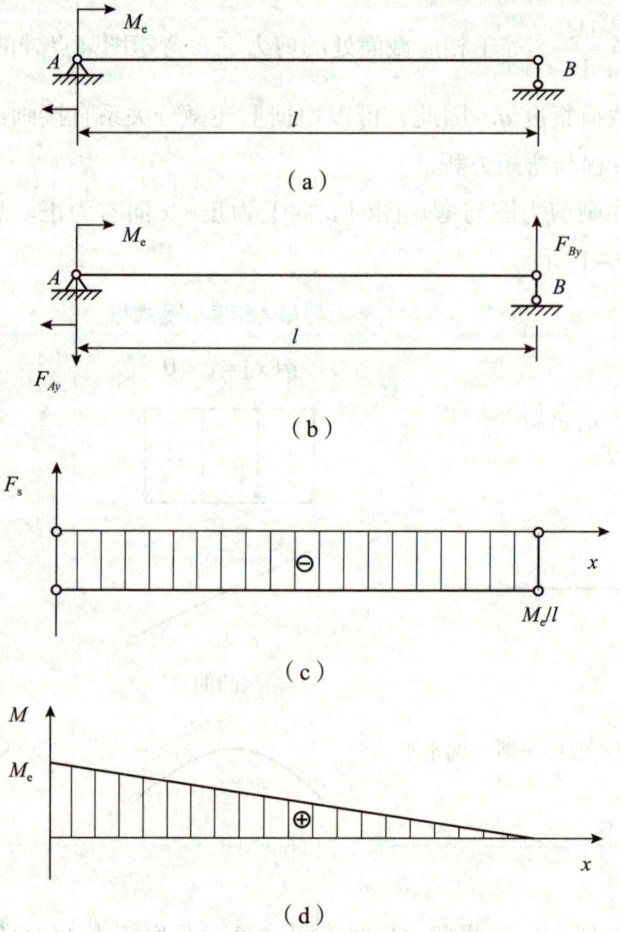

图 7-14　利用剪力、弯矩与载荷集度间的微分关系画出剪力图与弯矩图

【例题分析】

如图 7-15（a）所示，简支梁 AB 的 BC 段承受均布载荷 q，在 C 处承受矩为 $M_e=\dfrac{5}{8}ql^2$ 的集中力偶作用。利用剪力、弯矩与载荷集度间的微分关系画出剪力图与弯矩图。

解：

（1）列平衡方程，计算支反力

分析梁受力，如图 7-15（b）所示，列出平衡方程

$$\begin{cases}\sum F_y=0,-F_{Ay}+F_{By}-\dfrac{ql}{2}=0\\ \sum M_A=0,F_{By}\cdot l-\dfrac{ql}{2}\cdot\dfrac{3l}{4}-M_e=0\end{cases}$$

解得 $F_{Ay}=\dfrac{ql}{2}$，$F_{By}=ql$

（2）画剪力图与弯矩图

剪力图：AB 段，无分布载荷，剪力图为一水平直线，可算得 $F_{sA+}=-\frac{ql}{2}$，因此剪力图是初值为 $-\frac{ql}{2}$ 的水平线；BC 段，有向下的均布载荷 q，剪力图为斜率为 $-q$ 的斜直线，剪力在 C 截面连续。整体剪力图如图 7-15（c）所示。

弯矩图：AB 段，弯矩图为起点为 0、斜率为 $-\frac{ql}{2}$ 的直线。弯矩在 C 截面发生突变，突变的值为 M_e；BC 段，弯矩图是二次凸曲线。整体弯矩图如图 7-15（d）所示。

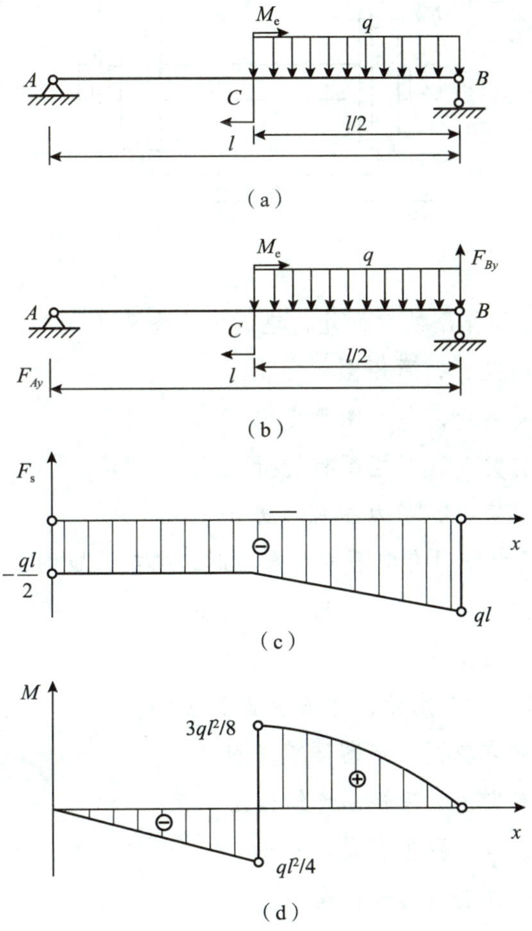

图 7-15　利用剪力、弯矩与载荷集度间的微分关系画出剪力图与弯矩图

课后习题

一、判断题

1. 根据剪力图和弯矩图，可以初步判断梁的危险截面位置。　　（　）

2. 梁的内力图通常与横截面面积有关。 （ ）

3. 将梁上的集中力平移，不会改变梁的内力分布。 （ ）

4. 剪力图上斜直线部分一定有分布载荷作用。 （ ）

5. 梁在集中力偶作用截面处，弯矩图有突变，剪力图无变化。 （ ）

二、选择题

1. 如图 7-16 所示，火车轮轴产生的是（ ）。

A. 拉伸或压缩变形　　B. 剪切变形

C. 扭转变形　　D. 弯曲变形

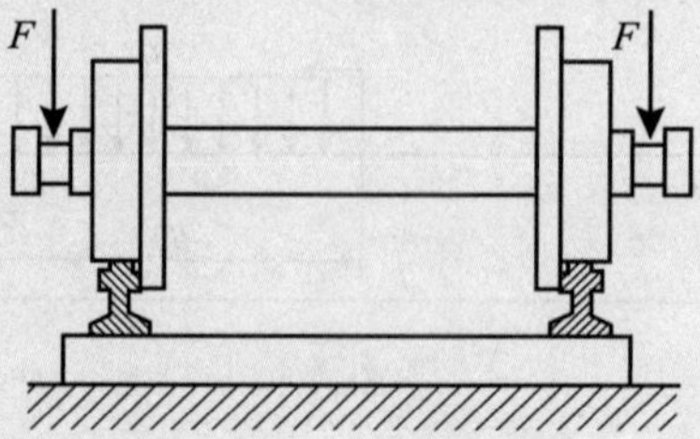

图 7-16 火车轮轴

2. 梁在集中力偶作用的截面处，它的内力图为（ ）。

A. 剪力图有突变，弯矩图无变化

B. 弯矩图有突变，剪力图无变化

C. 剪力图有突变，弯矩图有转折

D. 弯矩图有突变，剪力图有转折

3. 梁在某一段内作用有向下的分布力时，则在该段内，弯矩图是一条（ ）。

A. 上凸曲线　　B. 下凸曲线

C. 带有拐点的曲线　　D. 斜直线

4. 梁受力如图 7-17 所示，在 B 截面处（ ）。

A. 剪力图有突变，弯矩图连续光滑

B. 剪力图有尖角，弯矩图连续光滑

C. 剪力图、弯矩图都有尖角

D. 剪力图有突变，弯矩图有尖角

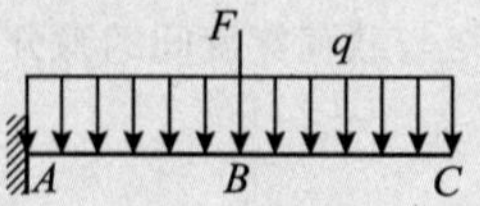

图 7-17 梁受力图

第 8 章　弯曲强度计算

章前导读

本章主要介绍了梁结构设计中弯曲强度计算的重要性和应用。此外，本章还介绍了对称弯曲条件下的切应力、梁的强度要求以及提高梁承载能力的措施。通过本章的学习，帮助读者应用这些知识解决实际工程中的梁结构设计问题，提高结构的稳定性和安全性。

学习目标

◎知识目标

1. 理解梁在弯曲时的基本概念和原理。
2. 掌握梁纯弯曲时的正应力和横力弯曲时梁截面上的正应力的计算方法。
3. 理解梁的正应力强度计算和对称弯曲切应力的概念。
4. 了解梁的强度条件以及变截面梁和等强度梁的特点。
5. 理解非对称弯曲正应力的产生原因和计算方法。
6. 了解提高梁承载能力的方法和措施。

◎能力目标

1. 能够根据给定的梁弯曲情况和几何参数，计算梁上的正应力。
2. 能够分析和评估梁的正应力强度，判断梁是否符合强度条件。
3. 能够理解和应用变截面梁和等强度梁的设计原理。

4. 能够识别和分析非对称弯曲对梁正应力的影响。

5. 能够提出合理的梁承载能力提升措施，并评估其效果。

◎素质目标

1. 培养学生对工程结构强度和稳定性的理解和关注。

2. 培养学生解决实际工程问题的能力和创新思维。

3. 培养学生对工程安全和质量的重视意识。

4. 培养学生团队合作和沟通能力，以进行工程方案的设计和评估。

思政之窗

对梁弯曲强度计算的研究，旨在深入掌握工程设计的核心知识和技能，同时引导学生在学习过程中关注思政教育。通过深入剖析梁在弯曲状态下的基本概念、正应力计算以及强度条件等内容，学生能够更好地理解工程设计在确保结构安全与可靠性方面所承担的社会责任。探讨提升梁承载能力的方法，不仅引导学生关注环境可持续发展，还让他们认识到优化设计在节约资源、降低能耗方面的重要性。

在此期间，强调工程伦理和专业精神，使学生在学习梁弯曲强度计算的过程中，树立良好的工程伦理观念和职业道德意识，以确保工程质量和安全。将梁弯曲强度计算与思政教育相结合，有助于培养学生全面发展的能力、素质和道德观念，进一步提升他们在工程实践中的综合素养和社会责任感。

8.1 梁弯曲的基本概念

根据上一章的分析结果，梁在弯曲时存在剪力和弯矩。同时，梁的横截面上还存在切应力和正应力。梁弯曲时，横截面上的切应力 τ 称为弯曲切应力，正应力 σ 称为弯曲正应力。工程中的梁往往至少具有一个纵向对称面，所有外力都作用在该对称面内。外力作用在对称截面梁的对称面内，梁的变形对称于纵向对称面，这种弯曲称为对称弯曲，如图 8-1（a）所示。对称弯曲是最基本和常见的弯曲类型。在分析计算时，通常用轴线代表梁，如图 8-1（a）所示的梁在分析计算时，可表示为图 8-1（b）。

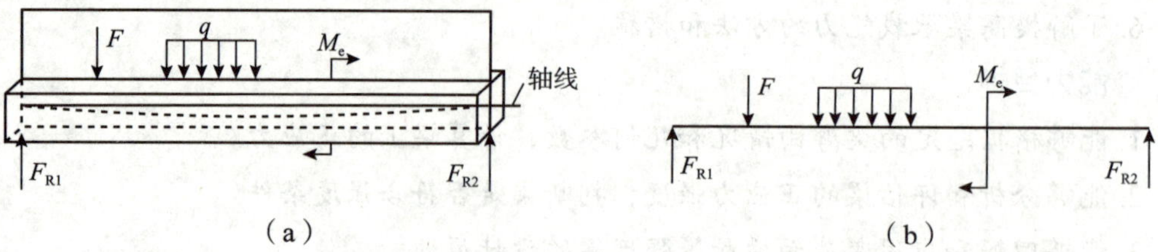

图 8-1　对称弯曲

8.2　梁纯弯曲时的正应力

8.2.1　纯弯曲梁横截面上的正应力

若梁或一段梁内各横截面上的剪力为零，弯矩为常量，则该梁或该梁段的弯曲称为**纯弯曲**。如图 8-2 所示的简支梁在 CD 二处受集中载荷 F 作用，其剪力图和弯矩图如图 8-2（b）、图 8-2（c）所示。由上述定义可知，CD 段的弯曲称为纯弯曲。在梁两端的梁段中，各个截面上既有剪力又有弯矩，通常把这种情况称为横力弯曲或剪切弯曲。

梁的弯曲正应力

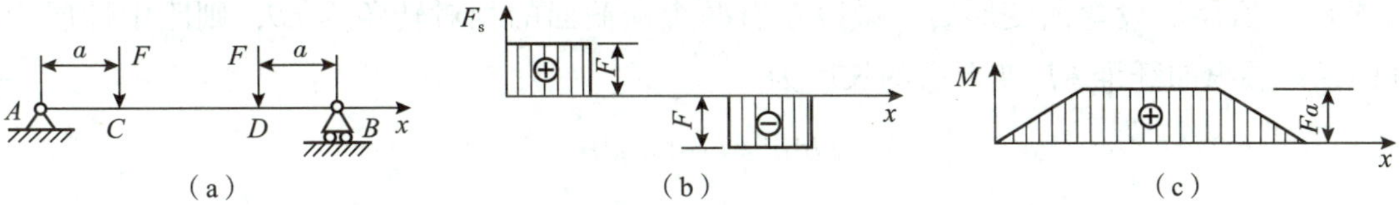

图 8-2　简支梁在 C，D 二处受集中载荷 F 作用及其剪力图和弯矩图

因为正应力只与弯矩有关，所以可以由纯弯曲情况分析梁横截面上的正应力。与杆受轴向拉压和圆轴扭转时分析横截面上应力的方法相同，分析纯弯曲梁横截面上的正应力也需要从变形的几何关系、物理关系和静力学关系三个方面综合考虑。

1．实验观察与平面假设

首先观察纯弯曲梁的变形现象。取一具有纵向对称面的等直梁，如图 8-3（a）所示矩形截面梁。在梁的侧面画出垂直于轴线的横向线 mm，nn 和平行于轴线的纵向线 aa，bb。横向线表示横截面，纵向线表示纵向纤维。然后在梁两端的纵向对称面内加上一对大小相等、方向相反的力偶，使梁处于纯弯曲状态，如图 8-3（b）所示，此时可观察到如下的变形现象。

（1）各横截面仍为与纵向线正交的直线，只是相对旋转了一个角度。

（2）各纵向线被弯曲成弧线，但仍相互平行且上部纵向线缩短，下部纵向线伸长。

根据上述变形现象可得出如下推断。

（1）梁在受力纯弯曲后，横截面仍保持为平面，且仍与弯曲后的轴线保持正交，它只是绕自身某一个轴旋转了一个角度。这就是纯弯曲的平面假设。

（2）根据平面假设，横截面上没有切应变，所以纯弯曲时横截面上无切应力，而且，各纵向纤维之间无牵挂或挤压作用，只受单向拉伸或压缩作用，称为单向受力假设。

（3）由于弯曲后上部各层纵向纤维缩短，下部各层纵向纤维伸长，中间必有一层即不伸长也不缩短。此层称为中性层，中性层与横截面的交线称为中性轴，如图 8-3（c）所示。

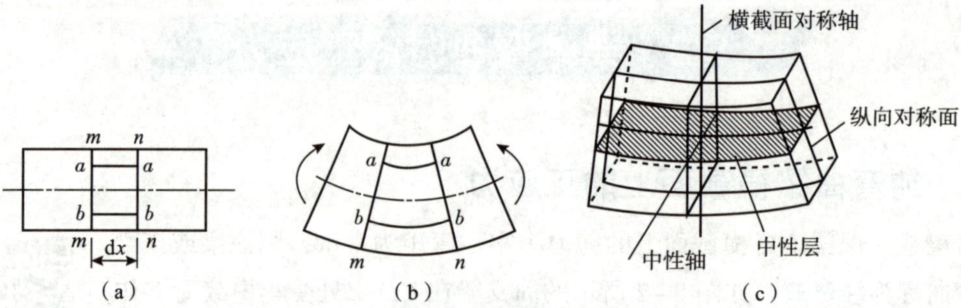

图 8-3　矩形截面梁的纯弯曲状态及中性层

2. 几何关系

为了研究与正应力有关的纵向纤维的变形规律，可以从梁中截取长度为 dx 的微段，如图 8-4 所示。设弯曲变形后，微段左右两个横截面的相对转角为 $\mathrm{d}\theta$，则距中性层为 y 处的任一层纵向纤维 $b'b'$ 变形后的长度为

$$b'b'=(\rho+y)\mathrm{d}\theta$$

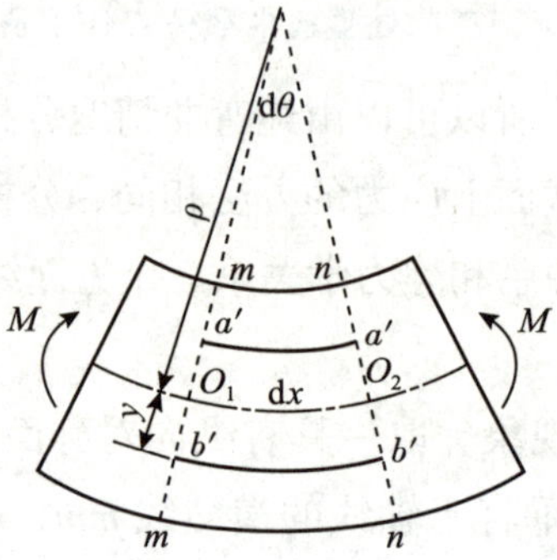

图 8-4　从梁中截取长度为 dx 的微段

式中，ρ 为中性层的曲率半径。变形前后中性层纤维的长度不变，故有

$$bb=\mathrm{d}x=O_1O_2=\rho\mathrm{d}\theta$$

由此得距中性层为 y 处的任一层纵向纤维的线应变

$$\varepsilon=\frac{(\rho+y)\mathrm{d}\theta-\rho\mathrm{d}\theta}{\rho\mathrm{d}\theta}=\frac{y}{\rho} \tag{8-1}$$

式（8-1）表明：纯弯曲时，某纵向纤维的应变 ε 与其到中性层的距离 y 成正比。

3. 物理关系

由拉压胡克定律可知

$$\sigma=E\varepsilon=E\frac{\gamma}{\rho} \tag{8-2}$$

式（8-2）表明：梁横截面上各点的正应力与其到中性轴的距离，成正比，中性轴处的应力为零。

横截面上正应力分布如图 8－5（a）、图 8－5（b）所示。由图可知，中性轴以下是拉应力，中性轴以上是压应力，与中性轴距离相等的各点正应力在数值上相等。

4. 静力学关系

虽然已经求得横截面上的正应力分布规律．但因曲率半径 ρ 以及中性轴的位置尚未确定，所以仍然不能由式（8－2）计算正应力，这就要用应力和内力间的静力关系来解决。

从纯弯曲梁中用两个截面截出一梁段，如图 8－5（c）所示，在横截面上的微内力元素 $\sigma \mathrm{d}A$ 构成了一个与截面垂直的空间平行力系，考虑到梁段的平衡，应有

$$\Sigma F_x=0,\quad \int_A \sigma \mathrm{d}A=0$$

即

$$\int_A E\frac{y}{\rho}\mathrm{d}A=\frac{E}{\rho}\int_A y\mathrm{d}A=0 \tag{8-3}$$

由于 $\frac{E}{\rho}\neq 0$，为满足式（8－3），只有 $\int_A y\mathrm{d}A=0$ 即横截面对 z 轴的静矩必须等于零，由此可知，中性轴（z 轴）必通过横截面的形心。

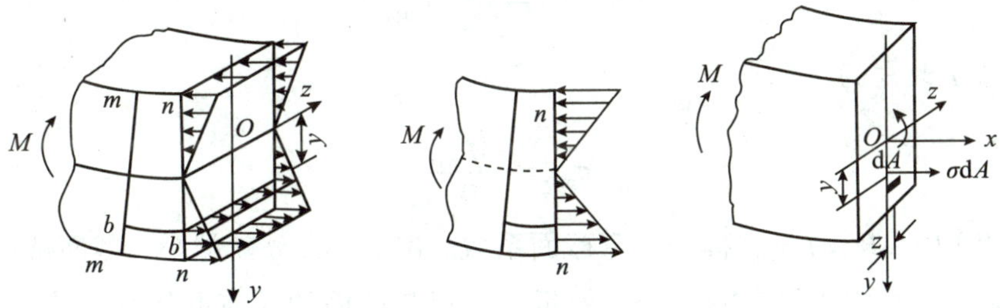

（a）　（b）　（c）

图 8－5　横截面上正应力分布

截面上微内力 $\sigma \mathrm{d}A$ 组成的力矩，由于对于 y 轴来说是对称的，故使平衡方程 $\Sigma M_y=0$ 自然满足。

由平衡方程 $\Sigma M_z=0$ 得

$$M=\int_A \sigma y\mathrm{d}A=\int_A E\frac{y}{\rho}\cdot y\mathrm{d}A=\frac{E}{\rho}\int_A y^2\mathrm{d}A \tag{8-4}$$

令 $\int_A y^2\mathrm{d}A=I$，称为截面对 z 轴（中性轴）的**惯性矩**。于是式（8－4）可写为

$$\frac{1}{\rho}=\frac{M}{EI_z} \tag{8-5}$$

式中 $\frac{1}{\rho}$ 为梁变形后中性层的曲率，反映了梁的弯曲程度；EI_z 称为梁的**抗弯刚度**，EI_z 愈大，曲率愈小，梁愈不易弯曲，因此 EI_z 反映了梁抵抗弯曲变形的能力。

将式（8－5）代入式（8－2）得

$$\sigma = \frac{M}{I_z} y \tag{8-6}$$

式（8-6）是梁纯弯曲时任一横截面上任一点的正应力计算公式。在实际的计算中，分子上的两项可以代入绝对值，再根据梁的变形情况，即纵向纤维的伸缩来直接判断 σ 是拉应力还是压应力。

8.2.2 横力弯曲时梁截面上的正应力

式（8-6）是在梁纯弯曲的情况下推导出来的。但工程上最常见的弯曲是横力弯曲，这时梁横截面上不仅有与弯矩对应的正应力，而且还有与剪力对应的切应力。由于切应力的存在，横截面不能再保持为平面。同时，在横力弯曲时，也不能保证纵向纤维之间没有挤压。但精确分析指出，对于跨度与横截面高度之比 l/h 大于 5 的梁，仍可按式（8-6）计算正应力，误差不大，已能满足工程上的要求。

等直梁横力弯曲时，弯矩随截面的位置而变化。一般情况下，最大正应力 $\sigma_{\max}$ 发生在弯矩最大的截面上，且在离中性轴最远的地方。于是由式（8-6）得

$$\sigma_{\max} = \frac{M_{\max}}{I_z} \cdot y_{\max} \tag{8-7}$$

式（8-7）改写为

$$\sigma_{\max} = \frac{M_{\max}}{W_z} \tag{8-8}$$

式（8-8）中，$W_z = I_z/y_{\max}$ 称为抗弯截面系数。W_z 越大，σ 就越小，截面抗弯强度就高，因此 W_z 是衡量截面抗弯强度的一个几何量，它仅与截面的几何形状及尺寸有关，量纲为长度的三次方。

若梁的横截面为矩形，高为 h，宽为 b，则

$$W_z = \frac{I_z}{y_{\max}} = \frac{bh^3/12}{h/2} = \frac{bh^2}{6} \tag{8-9}$$

若梁的横截面为圆形，直径为 D，则

$$W_z = \frac{I_z}{y_{\max}} = \frac{\pi D^4/64}{D/2} = \frac{\pi D^3}{32} \tag{8-10}$$

若截面是外径为 D、内径为 d 的环形截面，则

$$W_z = \frac{I_z}{y_{\max}} = \frac{\pi(D^4 - d^4)/64}{D/2} = \frac{\pi D^3(1-\alpha^4)}{32} \tag{8-11}$$

式中，$\sigma = d/D$。

对于型钢截面，其抗弯截面系数可从型钢表查得。对于不对称于中性轴的截面，例如对 T 形截面，它应有两个抗弯截面系数（因有 $y_{\max 1}$ 和 $y_{\max 2}$）。在此情况下，截面上的最大拉应力与最大压应力值是不相等的。

【例题分析】

一简支梁及其受的载荷如图 8-6 所示。若分别采用截面面积相同的矩形截面、圆形截面和工字形截面，试求以上三种截面梁的最大拉应力。设矩形截面高为 140 mm，宽为 100 mm，面积为 14×10^3 mm^2，梁的跨度 l=6 m。

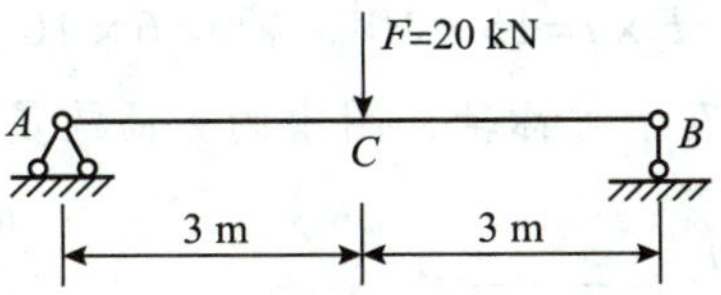

图 8-6　一简支梁及其受的载荷

解：该梁 C 截面的弯矩最大，$M_C=\dfrac{F}{2}\times\dfrac{L}{2}=3\times10^7$ N·mm，故全梁的最大拉应力发生在该截面的最下边缘处，现计算最大拉应力的数值。

（1）矩形截面

由式（8-9）得

$$W_z=\frac{bh^2}{6}\times\frac{1}{6}\times100\times140^2=32.67\times10^4\ \text{mm}^3$$

由式（8-8）求得最大应力为

$$\sigma_{\max}=\frac{M_C}{W_z}=\frac{3\times10^7}{32.67\times10^4}=91.8\ \text{MPa}$$

（2）圆形截面

当圆形截面的面积和矩形截面的面积相同时，圆形截面的直径为 d=133.5 mm

由式（8-10）得

$$W_z=\frac{I_z}{y_{\max}}=\frac{\pi d^3}{32}=2.33\times10^5\ \text{mm}^3$$

由式（8-8）得

$$\sigma_{\max}=\frac{M_{\max}}{W_z}=\frac{3\times10^7}{2.33\times10^5}=128.8\ \text{MPa}$$

（3）工字形截面

采用截面面积相同的工字形截面时，可由附录 B 的型钢表选用 50c 号工字钢，其截面面积为 13.9×10^3 mm^2，$W_z=2.08\times10^6$ mm^3，由式（8-8），得

$$\sigma_{\max}=\frac{M_{\max}}{W_z}=\frac{3\times10^7}{2.08\times10^6}=14.4\ \text{MPa}$$

以上计算结果表明，梁在承受相同载荷和截面面积相同（材料相同）的条件下，工字形截面所产生的 $\sigma_{\max}$ 最小；或者反过来说，如果使三种截面的梁所产生的最大拉应力 $\sigma_{\max}$ 相同，工字形截面所能承受的外载荷最大。

【例题分析】

如图 8-7 所示悬臂梁的受力分析，自由端承受集中载荷 $F=15$ kN，形心坐标 $y_c=45$ mm，横截面对 z 轴的惯性矩 $I_z=8.84\times10^6$ mm^4，$l=400$ mm，$b=120$ mm，$\delta=20$ mm。试求此梁 B 截面上的最大拉应力和最大压应力。

解： 截面 B 的弯矩为 $|M_B|=F\times l=15\times10^3\times400=6\times10^6$ N·mm

中性轴通过截面形心并垂直于对称轴，图中的 z 轴就是中性轴。

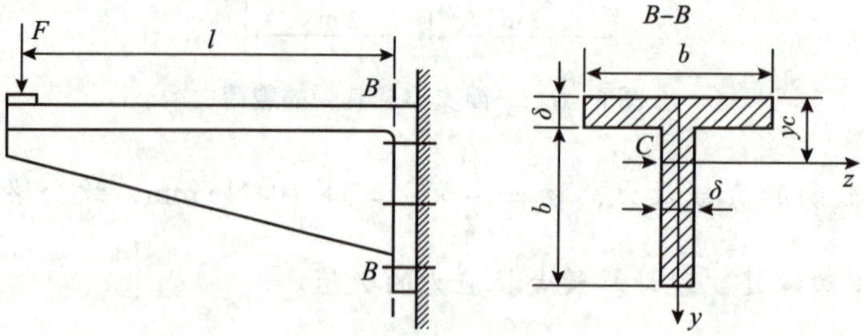

图 8-7　悬臂梁的受力分析

由变形情况可知，中性轴以上部分承受拉应力，中性轴以下部分承受压应力，最大拉应力和最大压应力作用点分别为到中性轴最远的上边缘和下边缘各点。根据式（8-7），其值分别为

最大拉应力 $$\sigma_{\mathrm{t\,max}}=\frac{M_B}{I_z}\cdot y_c=\frac{6\times10^6\times45}{8.84\times10^6}=30.5\ \text{MPa}$$

最大压应力 $$\sigma_{\mathrm{c\,max}}=\frac{M_B}{I_z}\cdot(\delta+b-y_c)=\frac{6\times10^6\times(120+20-45)}{8.84\times10^6}=64.5\ \text{MPa}$$

8.3　梁的正应力强度计算

最大正应力 $\sigma_{\max}$ 所在的截面为危险截面，危险截面上的最大应力点为危险点。对于等截面梁，$\sigma_{\max}$ 发生在弯矩为最大的横截面（危险截面）上且离中性轴最远的各点处。而横力弯曲时，梁的上下边缘处各点的切应力为零，处于只受简单拉伸或压缩的状态。所以可以效仿单向拉伸（压缩）时强度条件的形式，即限制 $\sigma_{\max}$ 不超过材料的许用弯曲正应力 $[\sigma]$，由此得到梁弯曲时的正应力强度条件为

$$\sigma_{\max}\leqslant[\sigma]$$

梁截面对称于中性轴的塑性材料

$$\sigma_{\max}=\frac{M_{\max}}{W_z}\leqslant[\sigma]\tag{8-12}$$

梁截面不对称于中性轴的脆性材料

$$\sigma_{tmax}=\frac{M_{max}}{I_z}\cdot y_1 \leqslant [\sigma_t] \tag{8-13}$$

$$\sigma_{cmax}=\frac{M_{max}}{I_z}\cdot y_2 \leqslant [\sigma_c] \tag{8-14}$$

式中 σ_{tmax} 为最大工作拉应力；σ_{cmax} 为最大工作压应力；y_1 为梁受拉侧边缘点到中性轴的距离；y_2 为梁受压侧边缘点到中性轴的距离；$[\sigma_t]$ 为材料的许用拉应力；$[\sigma_c]$ 为材料的许用压应力。

与前几章情况相同，根据强度条件可对梁进行弯曲强度校核、截面选择和确定梁能承受的最大载荷。

【例题分析】

图 8－8(a)为一T形截面铸铁梁，其许用拉应力 $[\sigma_t]=30$ MPa，许用压应力 $[\sigma_c]=60$ MPa。T 形横截面尺寸如图 8－8（b）所示。已知截面形心轴 z 的惯性矩 $I_z=763\times10^4$ cm，且 $y_1=52$ mm，$F_1=9$ kN，$F_2=4$ kN。试校核梁的强度。

解：由平衡方程可求出梁的支座约束力为

$$F_A=2.5\ \text{kN},\ F_B=10.5\ \text{kN}$$

作弯矩图如图 8－8（c）所示。最大正弯矩在截面 C 处，$M_C=2.5$ kN·m，最大负弯矩在截面 B 处，$M_B=4$ kN·m。

由弯矩图可以看出，B 截面处梁段的变形为上凸，故最大拉应力发生于截面的上边缘各点处，最大压应力发生于截面下边缘的各点处。由于截面对中性轴不对称，故应分别计算 σ_{tmax} 和 σ_{cmax}，则有

$$\sigma_{tmax}=\frac{M_B}{I_z}\cdot y_1=\frac{4\times10^6\times52}{763\times10^4}=27.3\ (\text{MPa})$$

$$\sigma_{cmax}=\frac{M_B}{I_z}\cdot y_2=\frac{4\times10^6\times(120+20-52)}{763\times10^4}=46.1\ (\text{MPa})$$

截面 C 处的弯矩 M_C 虽然小于 M_B 绝对值，但由于 M_C 是正弯矩，此段梁的变形为下凸，因此最大拉应力发生于下边缘各点，又由 $y_2>y_1$，这些点到中性轴的距离比较远，因而可能发生更大的拉应力。截面 C 的最大拉应力为

$$\sigma_{tmax}=\frac{M_C}{I_z}\cdot y_2=\frac{2.5\times10^6\times(120+20-52)}{763\times10^4}=28.8\ \text{MPa}$$

截面 C 的最大压应力是否还要计算，请读者自己思考。

B，C 截面上的应力分布情况如图 8－8（d）所示。

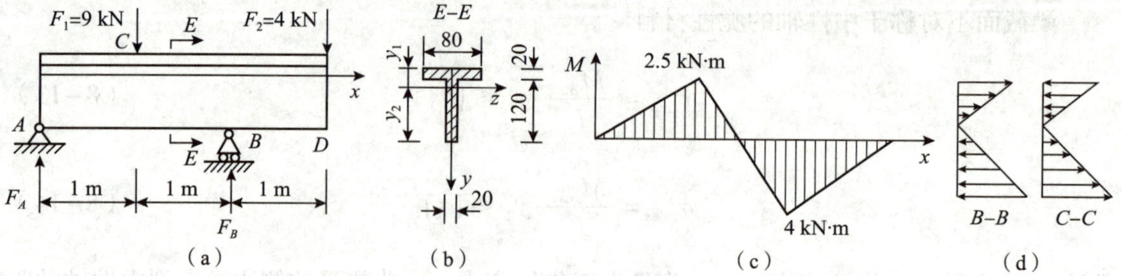

图 8–8　校核梁的强度

从上述计算结果可知，$\sigma_{tmax}<[\sigma_t]$，$\sigma_{cmax}<[\sigma_c]$，此梁安全。

【例题分析】

图 8–9 所示悬臂梁受力分析图是工字形截面。已知 $F=40$ kN，$l=6$ m，$[\sigma]=150$ MPa，试选择工字钢型号。

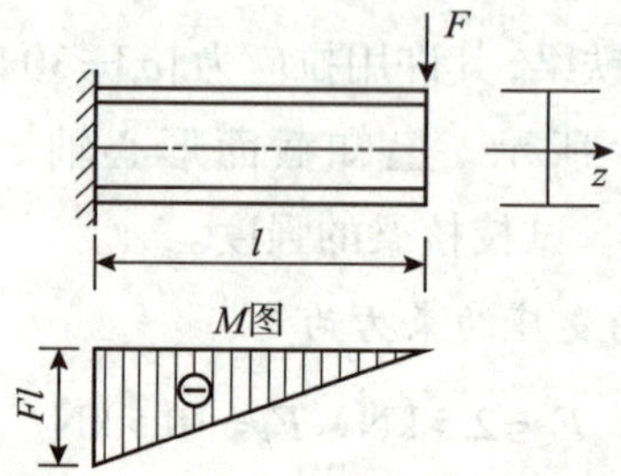

图 8–9　悬臂梁受力分析图

解：作悬臂梁的弯矩图。由弯矩图可见，最大弯矩发生在固定端处（即危险截面），其值为

$$|M|_{max}=Fl=40\times6=240 \text{ kN}\cdot\text{m}$$

由式（8–12）得

$$W_z\geqslant\frac{M_{max}}{[\sigma]}=\frac{240\times10^6}{150}=1.6\times10^6 \text{ mm}^3=1\ 600 \text{ cm}^3$$

选用 45c 工字钢，其 $W_z=1\ 570$ cm³，与梁所必需的 1 600 cm³ 相差不到 5%。当采用此工字钢时

$$\sigma_{max}=\frac{M_{max}}{W_z}=\frac{240\times10^6}{1.57\times10^6}=152.87 \text{ MPa}>[\sigma]$$

$$\frac{\sigma_{max}-[\sigma]}{[\sigma]}=\frac{158.28-150}{150}\approx2\%<5\%$$

故可用 45c 号工字钢，既经济也安全。

【例题分析】

一槽形截面铸铁梁如图 8–10（a）所示。已知 b=2 m，$I_z=5\ 493\times10^4$ mm⁴，铸铁的许用拉应力 $[\sigma]=30$ MPa，试求梁的许可载荷 [F]。

解：（1）列平衡方程，求梁支座的约束力，得

$$F_A=\frac{F}{4},\ F_B=\frac{7}{4}F$$

（2）作梁的弯矩图如图 8-10（c）所示，最大负弯矩在截面 B 处，最大正弯矩在截面 C 处，其值分别为

$$M_B=\frac{Fb}{2},\ M_C=\frac{Fb}{4}$$

由横截面的尺寸可见，中性轴到下、上边缘的距离分别为 $y_1=134$ mm，$y_2=86$ mm。

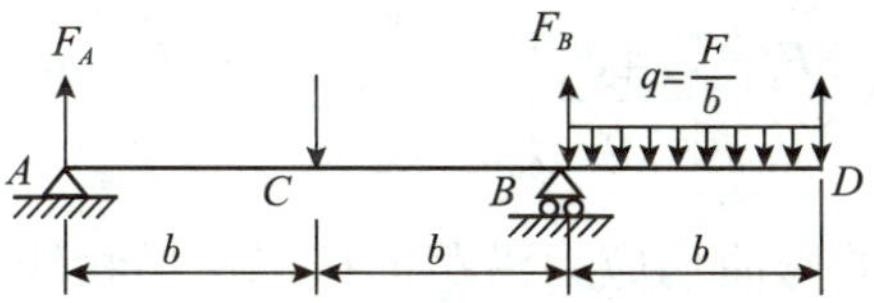

（a）

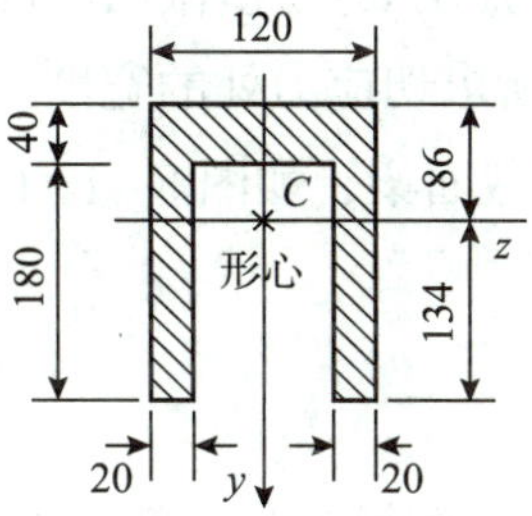

（b）

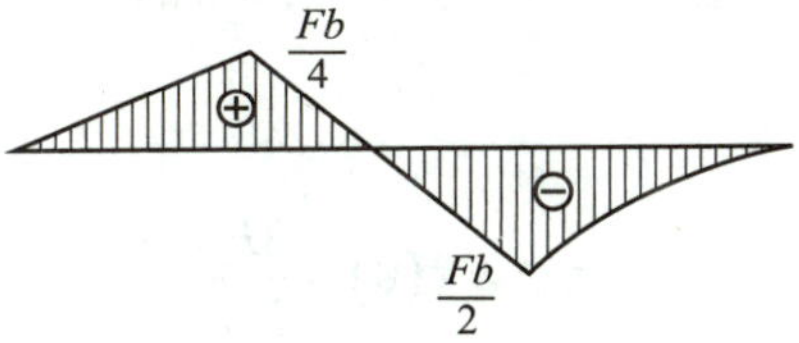

（c）

图 8-10　求梁的许可载荷 [F]

（3）确定许可载荷

根据梁的弯矩图和梁的实际变形，结合铸铁的力学性能可知，该梁的强度分别由 B，C 两个截面的最大拉应力控制。因此分别计算这两个截面的最大拉应力即可求出许可载荷 F。

截面 C：$\sigma_{\text{tmax}}=\dfrac{M_C}{I_z}\cdot y_1=\dfrac{\frac{F}{4}\times2\times10^6\times134}{5\,493\times10^4}\leqslant30$，得 $F\leqslant24\,597\text{N}=24.6\text{ kN}$

截面 B：$\sigma_{\text{tmax}}=\dfrac{M_B}{I_z}\cdot y_2=\dfrac{\frac{F}{2}\times2\times10^6\times86}{5\,493\times10^4}\leqslant30$，得 $F\leqslant19\,162\text{N}=19.2\text{ kN}$

取两者中较小的作为梁的许可载荷，$[F]=19.2$ kN。

想一想

在梁弯曲强度计算中，为什么需要考虑梁的正应力和横力弯曲时梁截面上的正应力？

8.4 对称弯曲切应力

当梁的弯曲属于非纯弯曲时，横截面上除了正应力外，还有切应力，即弯曲切应力。由于篇幅问题，忽略弯曲切应力推导过程。各种截面的切应力表达式为

$$\tau(y)=\frac{F_s S_z(\omega)}{I_z b} \tag{8-15}$$

式中，F_s 为剪力；$S_Z(\omega)$ 为横截面的部分面积 ω 对 z 轴的静矩；I_z 为截面对中性轴 z 的惯性矩；b 为横截面上所求切应力处的宽度。

对于矩形截面梁，如图 8－11（a）所示，切应力表达式为

$$\tau(y)=\frac{3F_s}{2bh}\left(1-\frac{4y^2}{h^2}\right) \tag{8-16}$$

从式（8－16）可看出，矩形截面梁的弯曲切应力沿截面按二次抛物线规律变化，当 $y=\pm\frac{h}{2}$ 时，即在横截面上、下边缘处，$\tau=0$；当 $y=0$ 时，即中性轴上，切应力最大，如图 8－11（b）所示。

$$\tau_{max}=\tau(0)=\frac{3F_s}{2bh} \tag{8-17}$$

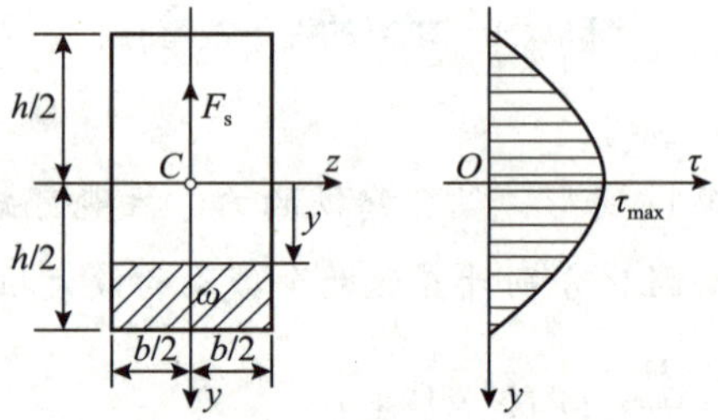

（a）　（b）

图 8－11　矩形截面梁

梁非纯弯曲时，横截面上同时存在正应力与切应力，现以矩形截面梁为例将二者的大小作一比较。

如图 8－12 所示的细长梁，弯曲正应力最大值为

$$\sigma_{max}=\frac{M_{max}}{W_z}=\frac{Fl}{\frac{bh^2}{6}}=\frac{6Fl}{bh^2}$$

弯曲切应力最大值为

$$\tau_{\max}=\frac{3F_s}{2bh}=\frac{3F}{2bh}$$

比较弯曲正应力与弯曲切应力

$$\frac{\sigma_{\max}}{\tau_{\max}}=\frac{6Fl2bh}{bh^2}\frac{2bF}{3F}=4\left(\frac{l}{h}\right)$$

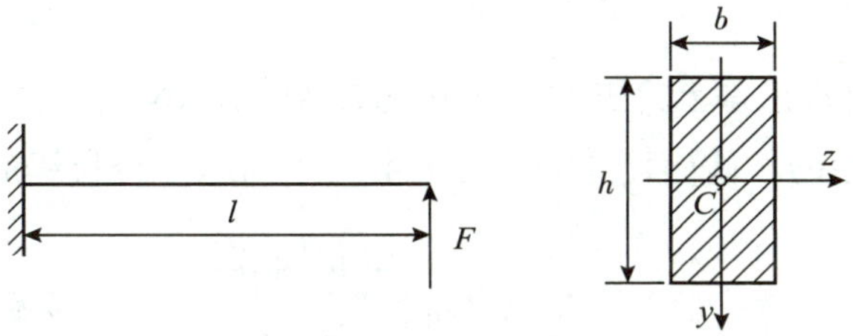

（a）　（b）

图 8－12　细长梁

对于细长梁，当梁的跨度 l 远大于其截面高度 h 时，则梁的最大弯曲正应力 $\sigma_{\max}$ 远大于最大弯曲切应力 $\tau_{\max}$，因此往往可忽略弯曲切应力。

8.5　梁的强度条件

8.5.1　梁的强度条件

由上节分析已知，在梁内最大弯矩所在截面的上、下边缘处，切应力为零而正应力为最大值。在截面的中性轴上，正应力为零而切应力为最大值。因此应分别建立正应力和切应力强度条件。

1. 弯曲正应力强度条件

弯曲正应力的强度条件为

$$\sigma_{\max}=\left(\frac{M}{W_z}\right)_{\max}\leqslant[\sigma] \qquad (8-18)$$

对于等截面直梁，W_z 为常数，上式变为

$$\sigma_{\max}=\frac{M_{\max}}{W_z}\leqslant[\sigma] \qquad (8-19)$$

式（8－18）和式（8－19）仅适用于许用拉应力 $[\sigma_t]$ 和许用压应力 $[\sigma_c]$ 相等的情况。如果二者不相等，则需按照拉伸与压缩分别进行强度计算。

2. 弯曲切应力强度条件

弯曲切应力的强度条件为

$$\tau_{\max}=\left(\frac{F_s S_{z\max}}{I_z b}\right)_{\max}\leqslant[\tau] \qquad (8-20)$$

对于等截面直梁，I_z 为常数，上式变为

$$\tau_{\max}=\frac{F_{s\max} S_{z\max}}{I_z b}\leqslant[\tau] \qquad (8-21)$$

【例题分析】

图 8－13（a）所示 U 形截面悬臂梁，F=10 kN，M_e=70 kN·m，许用拉应力 $[\sigma_t]$=35 MPa，许用压应力 $[\sigma_C]$=120 MPa，截面尺寸如图 8－13（b）所示。校核梁的强度。

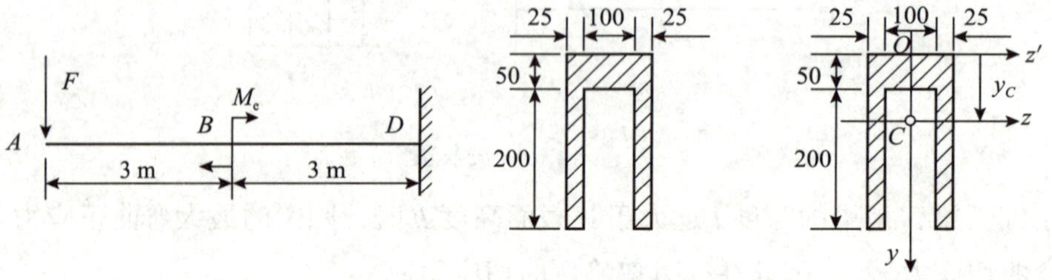

图 8－13　U 形截面悬臂梁

解：

（1）截面形心位置及惯性矩

求截面形心位置时，可采用大矩形（$A_1=150\times250$）挖去小矩形（$A_2=100\times200$）的方法进行求解，如图 8－13（c）所示。

$$y_c=\frac{A_1\cdot y_1+A_2\cdot y_2}{A_1+A_2}=\frac{(150\times250)\times125+(-100\times200)\times150}{(150\times250)+(-100\times200)}=96\ \text{mm}$$

$$I_{z_c}=\frac{150\times50^3}{12}+(150\times50)\times(y_c-25)^2+2\left[\frac{25\times200^3}{12}+(25\times200)\times(150-y_c)^2\right]=1.02\times10^8\ \text{mm}^4$$

（2）画出梁的弯矩图（图 8－14）

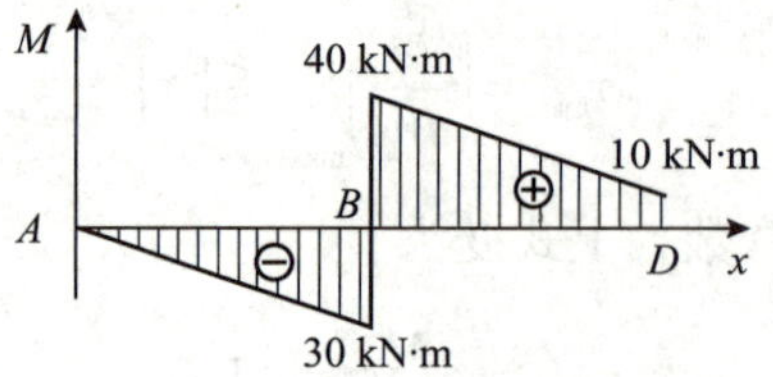

图 8－14　梁的弯矩图

（3）计算应力

从弯矩图可以看出，B+ 和 B− 截面分别出现正弯矩的极值和负弯矩的极值。B+ 截

面上端承受压应力 σ_{B+c}，下端承受拉应力 σ_{B+t}；B－ 截面上端承受拉应力 σ_{B-t}，下端承受压应力 σ_{B-c}。

$$\sigma_{B+t}=\frac{M_{B+}\times(250-y_c)}{I_{z_c}}=\frac{40\times10^6\times(250-96)}{1.02\times10^8}=60.4\ \text{MPa}$$

$$\sigma_{B+c}=\frac{M_{B+}\times y_c}{I_{z_c}}=\frac{40\times10^6\times96}{1.02\times10^8}=37.6\ \text{MPa}$$

$B-$ 截面下边缘点处的压应力为

$$\sigma_{B-c}=\frac{M_{B-}\times(250-y_c)}{I_{z_c}}=\frac{30\times10^6\times(250-96)}{1.02\times10^8}=45.3\ \text{MPa}$$

由于 $|M_{B-}|<|M_{B+}|$，$y_c<250-y_c$，$\sigma_{B-t}<\sigma_{B+t}$，由此可得

$$\sigma_{t,\max}=60.4>[\sigma_t]\qquad \sigma_{c,\max}=45.3<[\sigma_c]$$

可见梁内最大拉应力超过许用拉应力，梁不安全。

【例题分析】

如图 8－15 所示简支梁 AD 受力分析图，当载荷 F 直接作用在简支梁跨度中点时，梁内最大弯曲正应力超过许用应力 30%。为了消除过载，在梁 AD 增加一辅助梁 BC。确定辅助梁的最小长度 a。

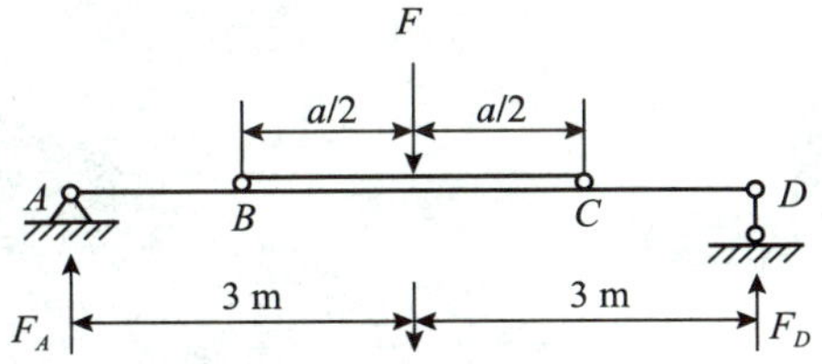

图 8－15　简支梁 AD 受力分析图

解：

当 F 直接作用在梁上时，弯矩图如图 8－16 所示。

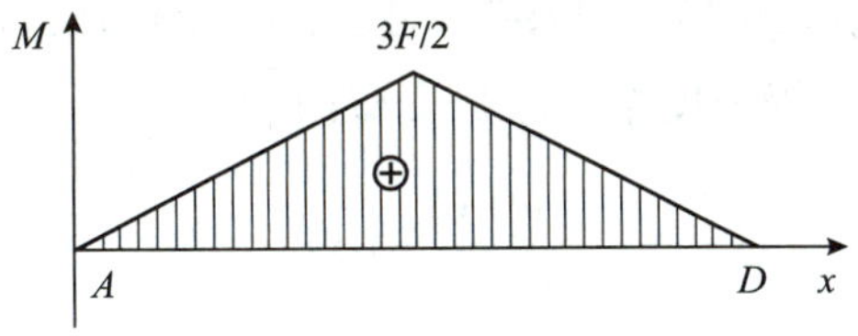

图 8－16　当 F 直接作用在梁上时的弯矩图

此时梁内最大弯曲正应力为

$$\sigma_{\max1}=\frac{M_{\max1}}{W}=\frac{3F/2}{W}=1.3[\sigma]$$

解得

$$\frac{F}{W}=0.867[\sigma]$$

配置辅助梁后，弯矩图如图 8－17 所示。

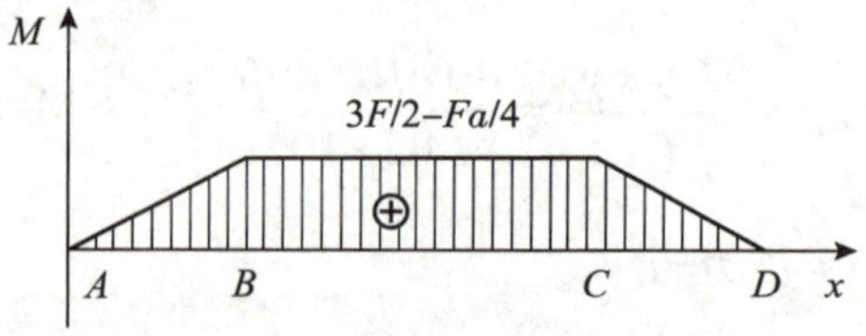

图 8－17　配置辅助梁后的弯矩图

依据弯曲正应力强度条件

$$\sigma_{\max 2}=\frac{M_{\max 2}}{W}=\frac{3F/2-Fa/4}{W}=[\sigma]$$

联立式（8－1）和式（8－2），解得

$$a=1.386\ \text{m}$$

8.5.2　变截面梁和等强度梁

横截面变化的梁称为变截面梁，比如摇臂钻床的摇臂（图 8－18（a））、大桥的鱼腹梁（图 8－18（b））。

（a）　　（b）

图 8－18　摇臂钻床的摇臂与大桥的鱼腹梁

若使梁各横截面上的最大正应力都相等，且均达到材料的许用应力，则该梁称为等强度梁，如（8－22）式所示。等强度梁一般是变截面梁。

$$\frac{M(x)}{W(x)}=[\sigma] \tag{8-22}$$

用扁担挑重物时，取扁担的一半作为研究对象，可近似为肩膀作为固定端的悬臂梁结构，如图 8－19（a）所示，F 为其中一端重物的重量。肩膀处的弯矩最大，其值为 Fl，而悬挂重物处的弯矩为 0，如图 8－19（b）所示。因此将扁担设计成中间最粗，向两端逐渐变细，即设计成等强度梁，从而减轻扁担的自重。

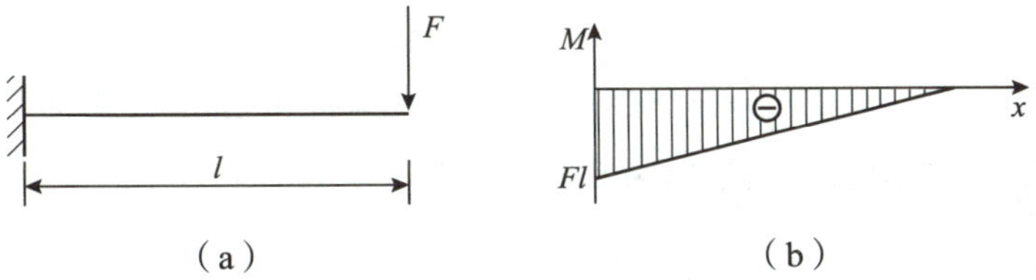

图 8-19　悬臂梁结构示意图

郑板桥（清）曾写过一首诗——《竹石》，“咬定青山不放松，立根原在破岩中。千磨万击还坚劲，任尔东西南北风。”此诗歌颂了竹子坚韧不拔的精神。竹子相当于阶梯状变截面梁，是一种近似的“等强度梁”。在风载作用下，沿竹子自下而上各截面的弯矩越来越小，而竹子根部最粗，自下而上越来越细。因此，在风载作用下，竹子各段弯曲强度基本相同。

世界著名建筑大师贝聿铭设计的 70 层 315 m 高的香港中银大厦（图 8-20），主要得益于竹子的启示，从而完成“仿竹杰作”。

图 8-20　香港中银大厦

8.5.3　非对称弯曲正应力

前面章节所描述的弯曲均属于对称弯曲，但工程中有诸多场合的弯曲属于非对称弯曲。如图 8-21 所示，矩形梁 *AB* 上作用有集中载荷 F_y、F_z。尽管 F_y、F_z 分别处于纵向对称面和水平对称面，单独作用时，梁 *AB* 均发生对称弯曲，但两者联合作用时，将发生非对称弯曲。

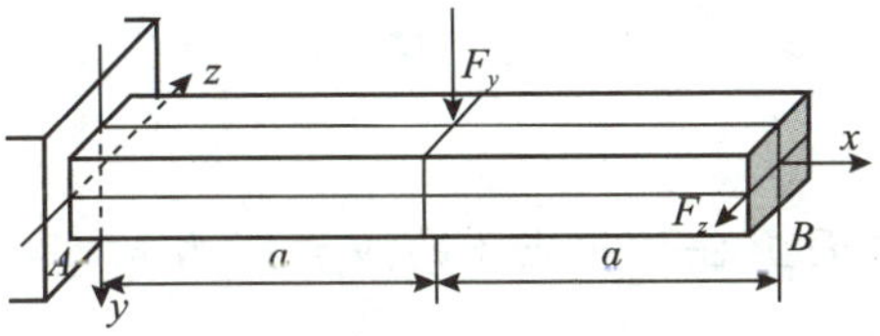

图 8-21　非对称弯曲

【例题分析】

如图 8-22 所示，已知 $F_y = F_z = F = 500\ \mathrm{N}$，$a = 1000\ \mathrm{mm}$，截面高 $h = 40\ \mathrm{mm}$，宽 $b = 60\ \mathrm{mm}$，$[\sigma] = 120\ \mathrm{MPa}$，校核梁强度。

解：

（1）内力分析

F_y 作用下，梁将在 xy 平面内弯曲；F_z 作用下，梁将在 xz 平面内弯曲。弯矩图分别如图 8-22（a）和图 8-22（b）图所示。截面 A 为危险截面，该截面上的两个弯矩分别为 $M_y = 2Fa$，$M_z = Fa$。

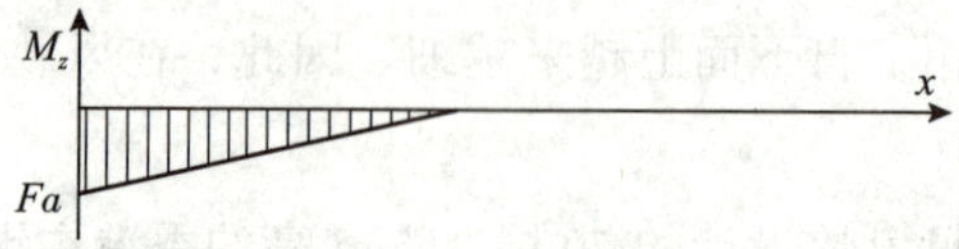

（a）

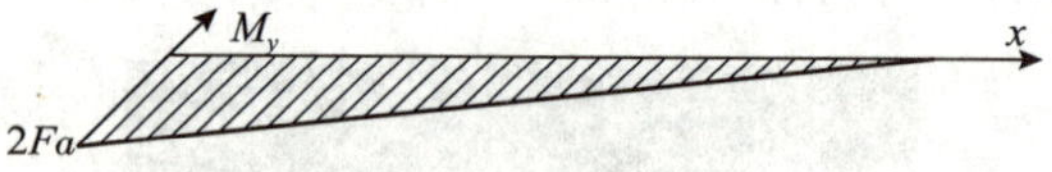

（b）

图 8-22　内力分析

（2）应力分析

如图 8-23 所示，在 M_y 作用下，截面右侧拉应力，截面左侧压应力；在 M_z 作用下，截面上侧拉应力，截面下侧压应力。因此，危险截面 A 的危险点为 e（拉应力叠加）和 a（压应力叠加），两点应力绝对值相等。

$$\sigma_{\max} = \frac{|M_{yA}|}{W_y} + \frac{|M_{zA}|}{W_z} = \frac{2Fa}{\frac{hb^2}{6}} + \frac{Fa}{\frac{bh^2}{6}} = 72.92\ \mathrm{MPa} < [\sigma]$$

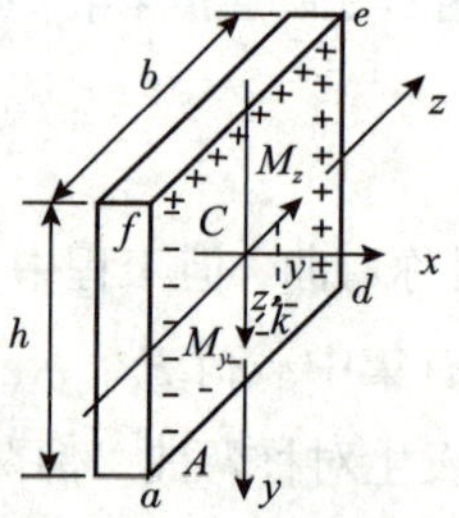

图 8-23　应力分析

讨论：

如图 8-23 所示，在截面上任意一点 k 的应力则为 M_y 和 M_z 联合作用下应力的代数和，即

$$\sigma=\frac{M_y z}{I_y}-\frac{M_z y}{I_z} \tag{8-23}$$

对于矩形、工字形与箱形等具有外棱角的截面，有

$$\sigma_{\rm tmax}=\sigma_{\rm cmax}=\frac{|M_y|}{W_y}+\frac{|M_z|}{W_z} \tag{8-24}$$

想一想

对于圆形梁，最大拉应力和最大压应力能否用式（8–24）？

8.6　提高梁承载能力的措施

构件的强度计算，除了必须满足强度要求外，还应考虑如何充分利用材料，使设计更为合理。即在一定的外力作用下，怎样能使杆件的用料最少（几何尺寸最小），或在一定的用料情况下，如何提高杆件的承载能力。对于梁，可以采用多种措施提高其承载能力。现介绍一些从强度方面考虑的主要措施。

8.6.1　选择合理的截面形状

由式（8–12），得

$$M_{\max}\leqslant W_z[\sigma]$$

可见，梁所能承受的最大弯矩与梁的抗弯截面系数成正比。所以在截面面积相同的情况下，W_z 越大的截面，形状越合理。例如，矩形截面：$W_z=\frac{1}{6}bh^2$，在面积相同的条件下，增加高度可以增加 W_z 的数值。

对各种不同形状的截面，可用 W_z/A 的值来比较它们的合理性。为了便于比较，设四种截面的高度均为 h，如表 8–1 所示。

表 8–1　四种截面的 W_z/A 值

截面形状	矩形	圆形	槽钢	T 字钢
W_z/A	0.167 h	0.125 h	（0.27 ~ 0.31）h	（0.27 ~ 0.31）h

从梁横截面上正应力沿梁高的分布看，因为离中性轴越远的各点处，正应力越大，在中性轴附近的各点处，正应力很小。所以为了充分利用材料，应尽可能将材料移置到离中性轴较远的地方。上表中的四种截面，工字钢（槽钢）截面最好，圆形截面最差，道理就在于此。

在选择截面形状时，还要考虑材料的性能。例如，由塑性材料（如碳钢等）制成的梁，因许用拉、压应力相同，宜采用中性轴为对称的截面（如工字形、矩形等）；由脆性材料（如铸铁）制成的梁，因许用的拉应力远小于许用的压应力，宜采用 T 字形等非对称于中性轴的截面，如图 8-24 所示。

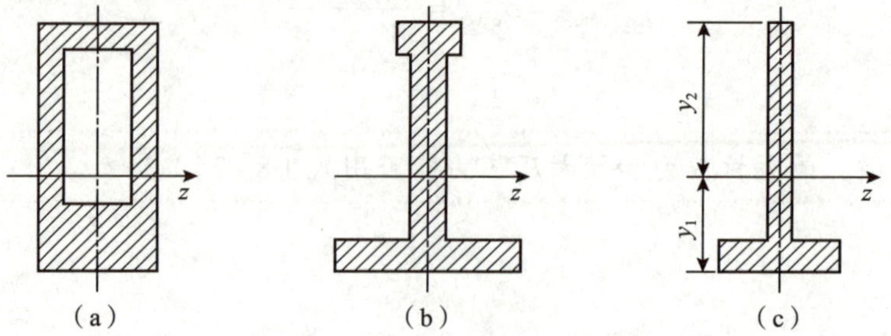

图 8-24　采用 T 字形等非对称于中性轴的截面

8.6.2　采用变截面梁

梁的截面尺寸一般按最大弯矩所在的截面进行设计，而在其他弯矩较小的各个截面处并不需要同样大的截面尺寸。因此，从梁的弯曲强度角度分析得到的结论：等截面梁并不经济。为了节约材料和减轻梁的重量，可采用变截面梁。

最合理的变截面梁是等强度梁。所谓等强度梁，即每个截面上的最大正应力都达到材料的许用应力的梁。其强度条件为

$$\sigma_{\max}=\frac{M(x)}{W(x)}\leqslant[\sigma]$$

如图 8-25 所示的吊车梁，称为鱼腹梁，是根据等强度梁的概念设计的。如图 8-26 所示的汽车叠板弹簧，如图 8-27 所示的简支梁，也是按等强度梁的概念设计的变截面梁。

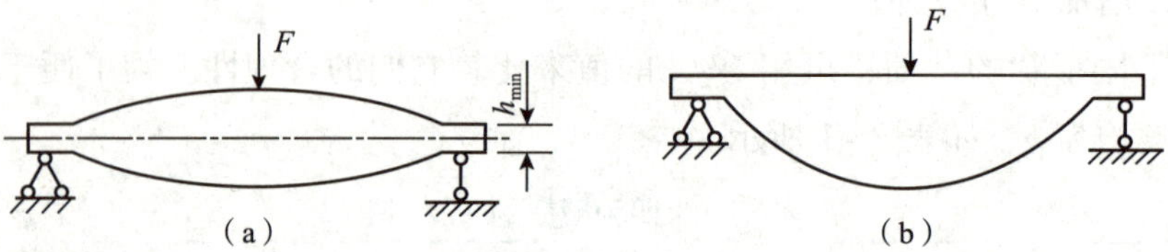

图 8-25　吊车梁

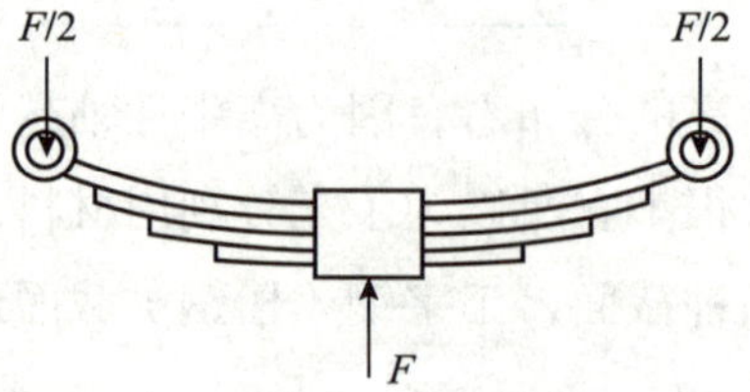

图 8-26　汽车叠板弹簧

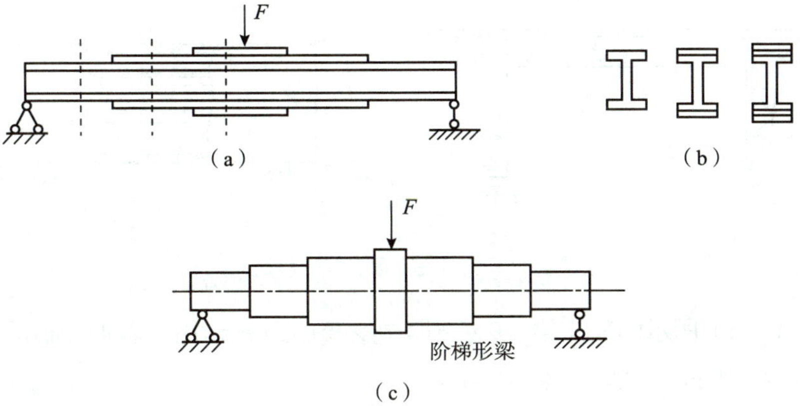

图 8-27　简支梁

想一想

在实际工程中，常常需要设计和构造各种形式的变截面梁。请列举一些常见的变截面梁设计场景，并解释变截面梁在提高梁承载能力方面的优势和应用。

8.6.3　改善梁的受力状况

如图 8-28（a）所示的简支梁，受均布载荷作用时，各截面均产生正弯矩，最大弯矩为 $M_{max}=\dfrac{1}{8}ql^2$。如将两端支座分别向内移动 $0.2l$，如图 8-28（b），则最大弯矩为 $M_{max}=\dfrac{1}{40}ql^2$，仅是原来最大弯矩的 1/5，故截面尺寸可以减小很多。如图 8-29（a）所示门式起重机的大梁，如图 8-29（b）所示锅炉筒体，其支座均设置为外伸梁形式，就是应用了以上分析的道理。最合理的情况是调整支座位置，使最大正弯矩和最大负弯矩的数值相等。

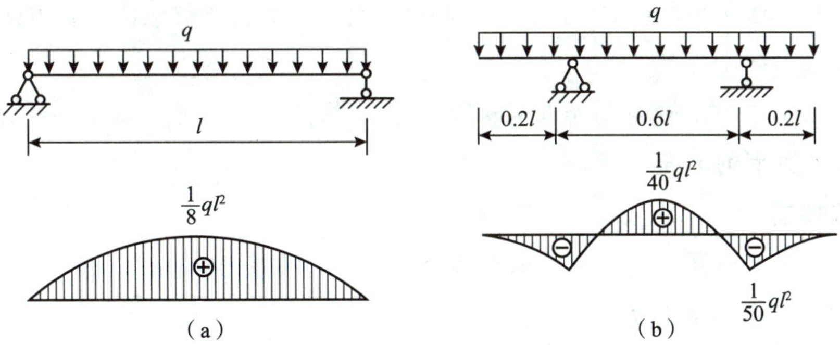

图 8-28　简支梁

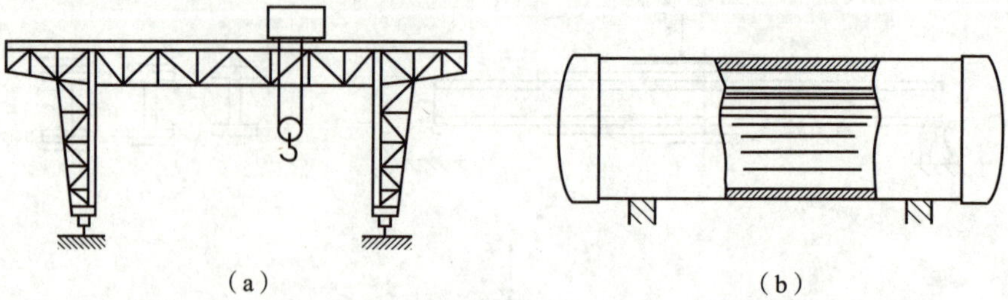

图 8-29　门式起重机的大梁与锅炉筒体

如图 8-30（a）所示的简支梁 *AB*，在跨中受集中力 *F* 作用。若加一辅助梁 *CD*，如图 8-30（b）所示，则最大弯矩可减小一半。

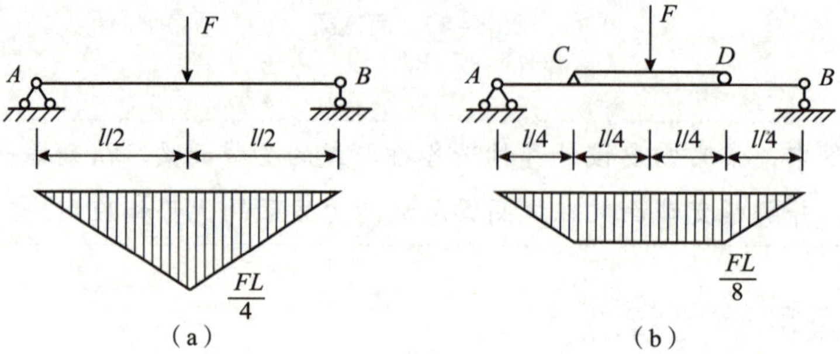

图 8-30　简支梁 *AB*

课后习题

一、判断题

1. 弯曲强度计算是工程设计中可有可无的一环。（　）
2. 弯曲强度计算中的正应力是指梁在弯曲过程中横截面上的切应力。（　）
3. 变截面梁在工程设计中应用广泛，它能有效提高梁的承载能力和材料利用率。（　）
4. 非对称弯曲导致梁的正应力不再呈对称分布，需要特殊的计算方法进行处理。（　）
5. 工程伦理和专业精神与梁弯曲强度计算无关，只涉及到工程管理和职业道德方面的问题。（　）

二、选择题

1. 在梁弯曲强度计算中，以下哪个因素是不需要考虑的？（　）

A. 横向弯曲应力

B. 纵向正应力

C. 横向剪切应力

D. 弯矩大小

2. 变截面梁设计的主要目的是（　　）。

A. 减少梁的截面尺寸

B. 提高梁的刚度

C. 增加梁的挠度

D. 提高梁的承载能力

3. 当合同约定或设计要求对接板隔墙工程进行见证检测时，应进行隔墙的（　　）性能检测。

A. 软化系数

B. 抗弯强度

C. 抗压强度

D. 抗冲击

4. 抗剪强度是沿岩石裂隙或软弱面等发生剪切滑动时的指标，其强度远远低于（　　）。

A. 抗拉强度

B. 抗弯强度

C. 抗剪断强度

D. 抗扭强度

第9章　弯曲变形与弯曲强度

章前导读

通过本章学习，帮助读者掌握梁的弯曲变形和弯曲强度的基本理论，了解计算方法和设计原则，为实际工程与结构设计提供理论支持和计算基础。本章内容对于工程领域的学习和实践具有重要指导作用。

学习目标

◎知识目标

1. 理解弯曲变形与弯曲强度的基本概念，包括定义、影响因素和重要性。
2. 掌握梁变形的基本方程，包括梁的挠曲线近似微分方程和用积分法求解梁变形的方法。
3. 理解叠加法和广义叠加法在计算梁变形中的应用。
4. 理解梁的刚度条件，并掌握合理的刚度设计原则。
5. 理解简单静不定梁的特点和基本计算方法。

◎能力目标

1. 能够分析和解决梁的弯曲变形和弯曲强度的问题。
2. 能够应用梁的基本方程和积分法求解梁的变形。
3. 能够使用叠加法和广义叠加法计算梁的变形。
4. 能够考虑梁的刚度条件，进行合理的刚度设计。
5. 能够解决简单静不定梁的问题，进行相关计算和分析。

◎素质目标

1. 培养学生对工程结构中弯曲变形和弯曲强度的敏感性和意识。
2. 培养学生分析和解决梁问题的能力和方法论。
3. 培养学生综合运用知识和技能解决实际工程问题的能力。
4. 培养学生工程设计中考虑刚度条件和合理刚度设计的意识。
5. 培养学生具备解决简单静不定梁问题的能力和逻辑思维能力。

思政之窗

学生应通过系统学习、实践应用、案例分析等多途径，全面提高自身专业素养及能力水平，为未来职业发展奠定坚实基础。同时，将弯曲变形与弯曲强度等理论知识与实际工程实践相结合，以更好地应用于实际工作中并取得优异成效。

9.1　弯曲变形与弯曲强度的概念

在外部载荷作用下，梁的轴线由直线变为曲线，即发生弯曲变形。工程和生活中有很多利用梁弯曲变形的场合。如车辆上的板弹簧，要求有足够大的变形，以缓解车辆受到的冲击和振动作用。又如体育项目的跳板跳水、蹦床、撑竿跳分别是利用了跳板、钢丝床、撑杆弯曲变形积蓄的势能将运动员抬高从而完成在空中的动作。也有诸多场合下，梁变形量需严格控制在一定范围内。如摇臂钻床的摇臂或车床的主轴变形过大，就会影响零件的加工精度；桥式起重机的横梁变形过大，则会使小车行走困难，出现爬坡现象；齿轮轴变形过大，会影响齿轮的传动。

弯曲刚度与弯曲变形有着直接联系。在外力作用下发生变形后的梁轴称为挠曲轴，弯曲刚度与弯曲变形的关系图如图 9-1 所示。本章主要讨论细长梁，可忽略剪力对变形的影响，平面假设仍然成立，即变形后各横截面仍保持平面。梁的弯曲变形可用挠度和转角这两个基本量来度量。挠度是横截面的形心在垂直于梁轴方向的位移，用 w 表示。横截面的角位移，称为转角，用 θ 表示。根据平面假设，转角 θ 等于挠曲轴切线与 x 轴的夹角 θ'。由于工程实际中通常转角很小，故有

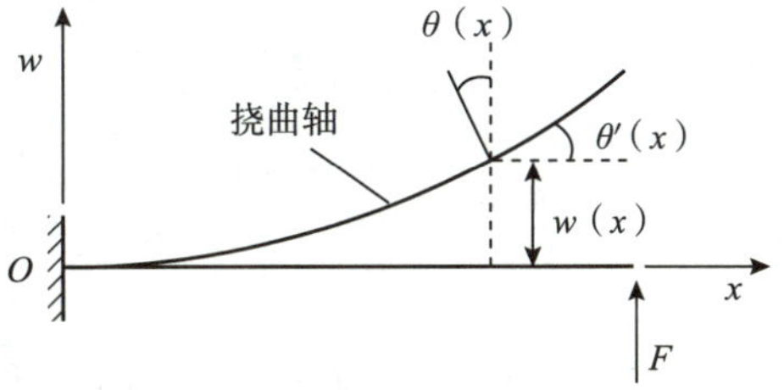

图 9-1　弯曲刚度与弯曲变形的关系图

$$\theta' \approx \tan\theta' = \frac{dw}{dx} \qquad (9-1)$$

因此挠度和转角的关系为

$$\theta = \frac{dw}{dx} \tag{9-2}$$

按照图 9-1 建立坐标系，则挠度方程和转角方程为

$$\left.\begin{aligned} w &= w(x) \\ \theta &= \theta(x) \end{aligned}\right\} \tag{9-3}$$

挠度和转角的方向作如下规定：向上的挠度为正，逆时针的转角为正。

想一想

为什么在工程设计中，对于梁的弯曲变形和弯曲强度的计算如此重要？请举例说明在不同工程领域中，这些计算对工程设计和结构稳定性有何影响。

9.2 梁变形的基本方程

9.2.1 梁的挠曲线近似微分方程

在建立纯弯曲正应力公式时曾得到用梁中性层曲率表示的梁弯曲变形公式

$$\frac{1}{\rho} = \frac{M}{EI_z}$$

如果忽略剪力对弯曲变形的影响，则上式可用于一般非纯弯曲情况。考虑到 M，ρ 均为 x 的函数，并将 I_z 简写成 I，上式变为

$$\frac{1}{\rho(x)} = \frac{M(x)}{EI} \tag{9-4}$$

由高等数学知，平面曲线 $w=f(x)$ 上任一点的曲率为

$$\frac{1}{\rho(x)} = \pm \frac{\dfrac{d^2w}{dx^2}}{\left[1+\left(\dfrac{dw}{dx}\right)^2\right]^{3/2}} \tag{9-5}$$

综合式（9-4）和式（9-5），得

$$\frac{\pm\dfrac{d^2w}{dx^2}}{\left[1+\left(\dfrac{dw}{dx}\right)^2\right]^{3/2}} = \frac{M(x)}{EI} \tag{9-6}$$

因为梁的变形很小，挠曲线是一条极其平坦的曲线，$\theta = \dfrac{dw}{dx} \leqslant 1°$，式（9-6）分母中

$\left(\dfrac{dw}{dx}\right)^2$的与 1 相比可忽略不计，故式（9-6）可简化为

$$\pm\frac{d^2w}{dx^2}=\frac{M(x)}{EI} \tag{9-7}$$

按照弯矩的正负符号规定（图 9-2），可知 M 的符号和 $\dfrac{d^2w}{dx^2}$ 的符号是一致的，故式（9-7）可写为

$$\frac{d^2w}{dx^2}=\frac{M(x)}{EI} \tag{9-8}$$

式（9-8）称为梁的挠曲线近似微分方程，即梁变形的基本方程。它是一个二阶线性常微分方程，不仅求解容易，更重要的是此式对工程应用已经足够准确。

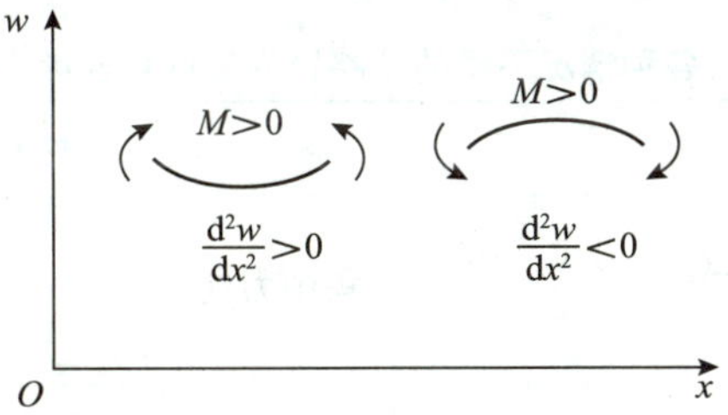

图 9-2　弯矩的正负符号规定

9.2.2　用积分法求梁的变形

将式（9-8）连续积分，分别得

$$\begin{aligned}\theta&=\frac{dw}{dx}=\int\frac{M(x)}{EI}dx+C\\ w&=\int\left[\int\frac{M(x)}{EI}dx\right]dx+Cx+D\end{aligned} \tag{9-9}$$

对于同一种材料制成的等截面直梁，EI 为常数。式（9-9）可改写为

$$\begin{aligned}EI\theta&=\int M(x)dx+C\\ EIw&=\iint M(x)dx\,dx+Cx+D\end{aligned} \tag{9-10}$$

式中 C 和 D 为积分常数。它可由梁上某些截面处的已知位移（挠度和转角）来确定，称为位移边界条件。

进行积分时应注意，当梁上的弯矩方程式需要分段建立，或梁各段刚度不同时，挠曲线近似微分方程也要分段建立。显然，每一段的挠曲线近似微分方程积分后都会出现两个积分常数，确定这些常数除了上述的位移边界条件外，还要用挠曲线在分段处的连续光滑条件。

各种情况下梁的位移边界条件和连续光滑条件，如表 9-1 所示。

用位移边界条件和连续光滑条件确定积分常数后，就可以得到梁的转角方程和挠度方程，从而可确定任一横截面的挠度和转角。

【例题分析】

图 9-3 为汽轮机叶片的受力简图，叶片受集度为 q 的均布蒸汽压力作用。试求叶片的最大转角和最大挠度。设叶片的抗弯刚度 EI 为常数。

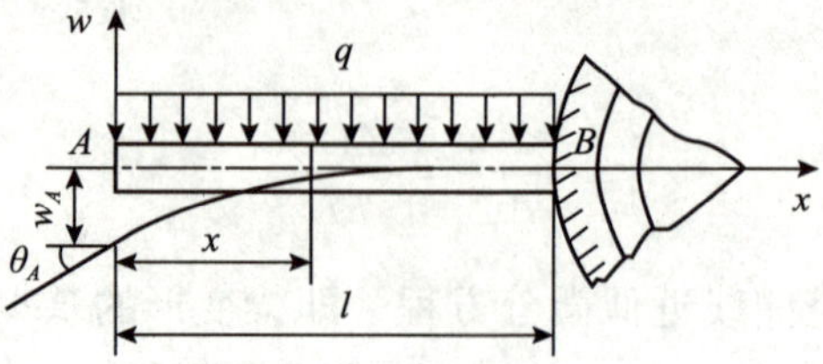

图 9-3　汽轮机叶片的受力简图

表 9-1　各种情况下梁的位移边界条件和连续光滑条件

位移边界条件		分段处 C 点的连续光滑条件	
固定端处	 $w_A=0$ $\theta_A=0$	集中力处	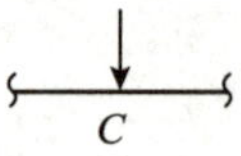 $w_1=w_2$ $\theta_1=\theta_2$
固定铰支处	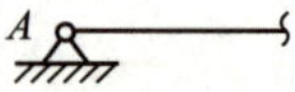 $w_A=0$	集中力偶处	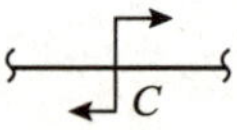 $w_1=w_2$ $\theta_1=\theta_2$
活动铰支处	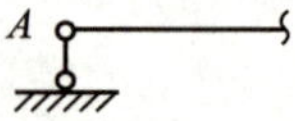 $w_A=0$	分布载荷不连续处	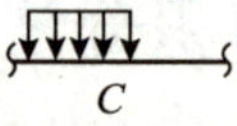 $w_1=w_2$ $\theta_1=\theta_2$
弹簧支座处	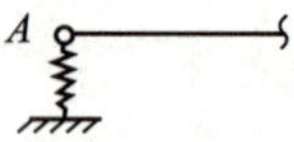 $w_A=\Delta$ Δ为弹簧变形	中间支座处	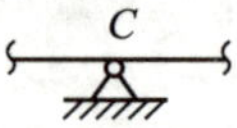 $w_1=w_2$ $\theta_1=\theta_2$
滑块支座处	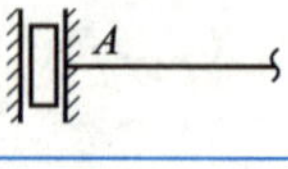 $\theta_A=0$	中间铰链处	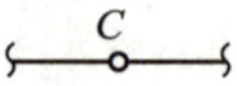 $w_1=w_2$

解：（1）列出挠曲线近似微分方程并积分

建立如图 9-3 所示坐标系，其弯矩方程为

$$M(x)=-\frac{q}{2}x^2$$

将 $M(x)$ 代入式（9-8）连续积分，分别得

$$EI\theta=\int -\frac{q}{2}x^2\mathrm{d}x+C=-\frac{q}{6}x^3+C \tag{9-11}$$

$$EIw=\int -\frac{q}{6}x^3\mathrm{d}x+Cx+D=-\frac{q}{24}x^4+Cx+D \tag{9-12}$$

（2）确定积分常数

由于 B 截面可看做固定端截面，故其边界条件为：$x=l$ 时，$\theta_B=0$，$w_B=0$ 代入式（9-11）、式（9-12）得

$$C=\frac{ql^3}{6},\quad D=-\frac{ql^4}{8}$$

（3）建立转角方程和挠度方程

将积分常数 C 和 D 代入式（9-11）、式（9-12）便得转角方程和挠度方程分别为

$$\theta=\frac{1}{EI}\left(-\frac{qx^3}{6}+\frac{ql^3}{6}\right) \tag{9-13}$$

$$w=\frac{1}{EI}\left(-\frac{qx^4}{24}+\frac{ql^3}{6}x-\frac{ql^4}{8}\right) \tag{9-14}$$

（4）求 $\theta_{\max}$ 和 $w_{\max}$

根据叶片的受力情况可知，自由端 A 处的转角和挠度均为最大值。

将 $x=0$ 代入式（9-13）和式（9-14）得

$$\theta_{\max}=\theta_A=\frac{ql^3}{6EI}$$

$$w_{\max}=w_A=-\frac{ql^4}{8EI}$$

想一想

弯曲变形与弯曲强度在日常生活中是否有类比的应用？请描述一种日常生活中的情景或现象。

9.3　用叠加法计算梁的变形

9.3.1　叠加法

积分法是求梁变形的基本方法，但运算较复杂。工程实际有时不需要求出梁在若干载荷下的挠度和转角的方程，而是要确定某一特定截面的挠度和转角。为方便起见，常根据叠加原理应用叠加法来求梁的挠度和转角。

由上节已知，在小变形条件下，当梁内的应力不超过比例极限时，挠曲线近似微分方程是一个线性微分方程，由它积分而得的挠度方程和转角方程均与外载荷成线性关系，因

而可以使用叠加法计算梁的变形。即梁上同时作用若干载荷时产生的挠度和转角，等于单个载荷作用时产生的挠度和转角的叠加。

显然，叠加法可将一个复杂受力下的变形分解为若干个简单受力下变形的叠加。这些简单受力下的变形是工程实际中经常遇到的典型受力问题，它们的变形公式已通过积分法求出，并列成表格供查用，如表 9-2 所示。

表 9-2　梁的挠度与转角

序号	梁的简图	挠曲轴方程	挠度和转角
1	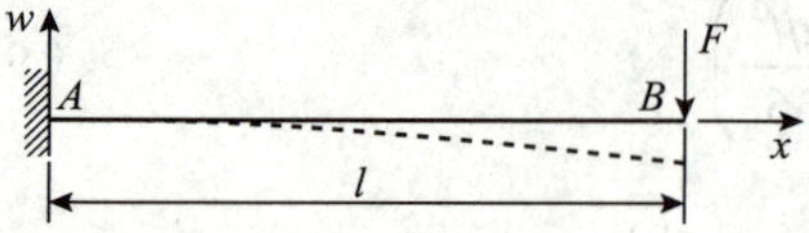	$w=\frac{Fx^2}{6EI}(x-3l)$	$w_B=\frac{Fl^3}{3EI}$ $\theta_B=-\frac{Fl^2}{2EI}$
2	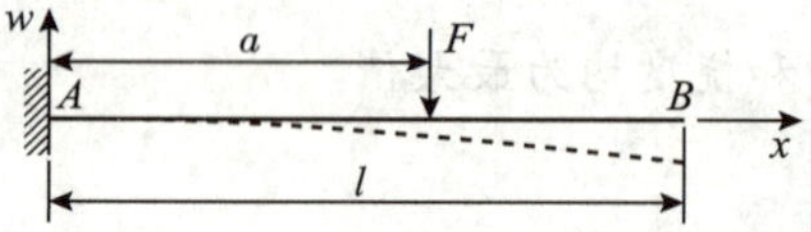	$w=\frac{Fx^2}{6EI}(x-3a)$， $(0\leqslant x\leqslant a)$ $w=\frac{Fa^2}{6EI}(a-3x)$， $(a\leqslant x\leqslant l)$	$w_B=-\frac{Fa^2}{6EI}(3l-a)$ $\theta_B=-\frac{Fa^2}{2EI}$
3	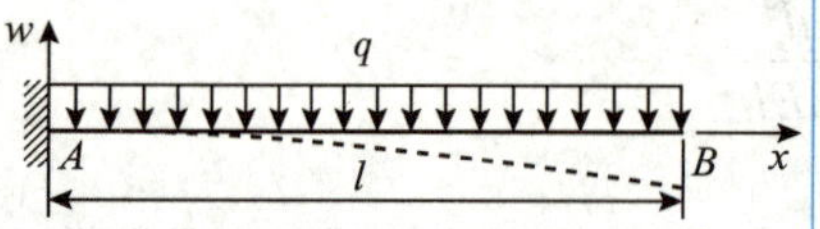	$w=\frac{qx^2}{24EI}(4lx-6l^2-x^2)$	$w_B=-\frac{ql^4}{8EI}$ $\theta_B=-\frac{ql^3}{6EI}$
4	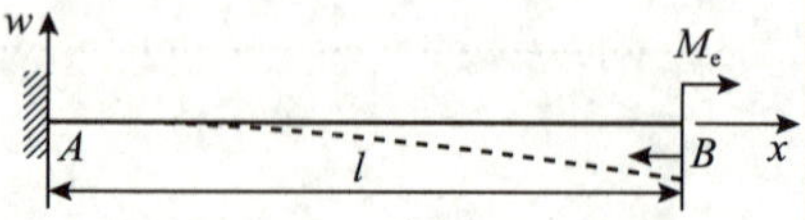	$w=\frac{M_e x^2}{2EI}$	$w_B=-\frac{M_e l^2}{2EI}$ $\theta_B=-\frac{M_e l}{EI}$
5	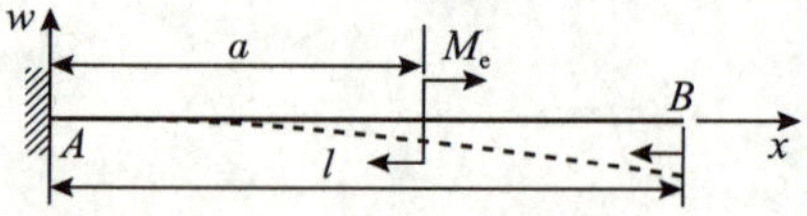	$w=-\frac{M_e x^2}{2EI}$　$(0\leqslant x\leqslant a)$ $w=-\frac{M_e a}{EI}\left(\frac{a}{2}-x\right)$ $(a\leqslant x\leqslant l)$	$w_B=-\frac{M_e a}{EI}\left(l-\frac{a}{2}\right)$ $\theta_B=-\frac{M_e a}{EI}$
6	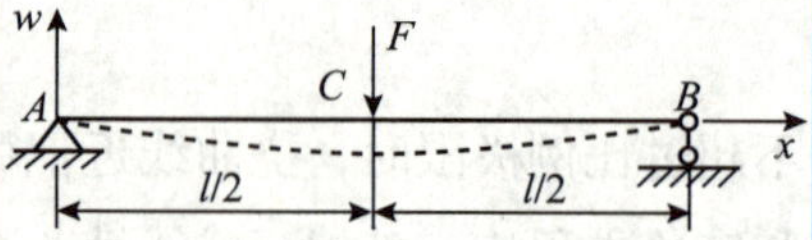	$w=\frac{Fx}{12EI}\left(x^2-\frac{3l^2}{4}\right)$ $\left(0\leqslant x\leqslant\frac{l}{2}\right)$	$w_C=-\frac{Fl^3}{48EI}$ $\theta_A=-\theta_B=-\frac{Fl^2}{16EI}$

（续表）

序号	梁的简图	挠曲轴方程	挠度和转角
7	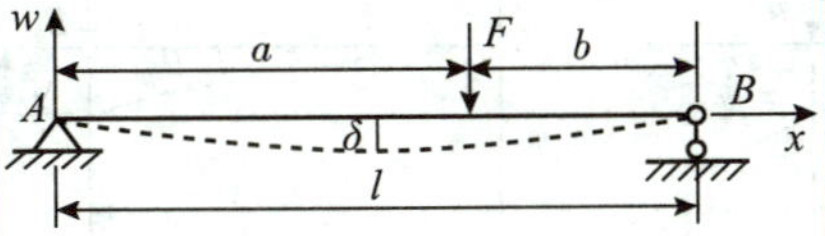	$w=\frac{Fbx}{6lEI}(x^2-l^2+b^2)$ （$0\leqslant x\leqslant a$） $w=\frac{Fa(l-x)}{6lEI}(x^2+a^2-2lx)$ （$0\leqslant x\leqslant 1$）	$\delta=-\frac{Fb(l^2-a^2)^{3/2}}{9\sqrt{3}lEI}$ （位于 $x=\sqrt{\frac{l^2-b^2}{3}}$ 处） $\theta_A=-\frac{Fb(l^2-b^2)}{6lEI}$ $\theta_B=-\frac{Fa(l^2-a^2)}{6lEI}$
8	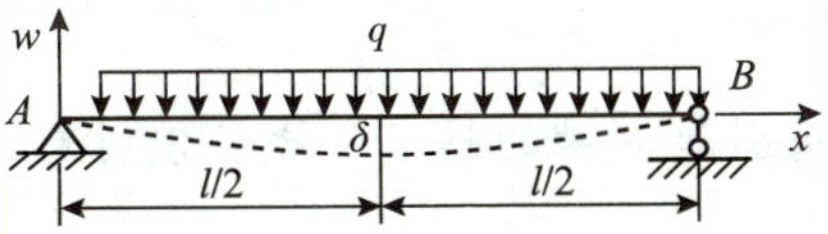	$w=\frac{qx}{24EI}(2lx^2-x^3-l^3)$	$\delta=-\frac{5ql^4}{384EI}$ $\theta_A=-\theta_B=-\frac{ql^3}{24EI}$
9	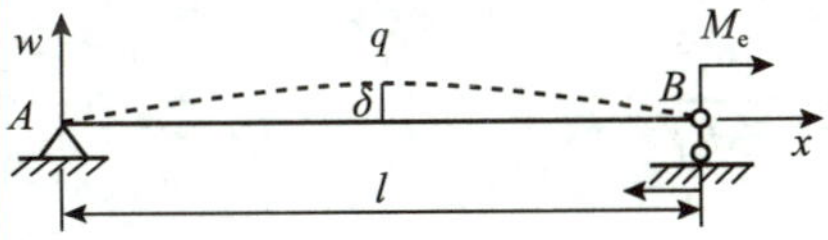	$w=\frac{M_e x}{6lEI}(l^2-x^2)$	$\delta=\frac{M_e l^2}{9\sqrt{3}EI}$ （位于 $x=l/\sqrt{3}$ 处） $\theta_A=\frac{M_e l}{6EI}$ $\theta_B=-\frac{M_e l}{3EI}$
10	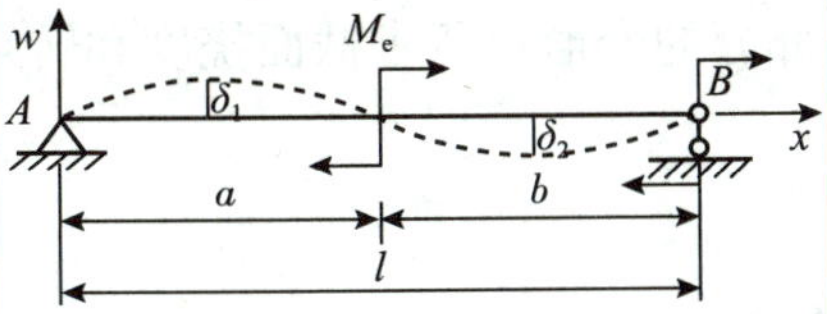	$w=\frac{M_e x}{6lEI}(l^2-3b^2-x^2)$ （$0\leqslant x\leqslant a$） $w=\frac{M_e(l-x)}{6lEI}(3a^2-2lx+x^2)$ （$a\leqslant x\leqslant l$）	$\delta_1=\frac{M_e(l^2-3b^2)^{3/2}}{9\sqrt{3}lEI}$ （位于 $x=\sqrt{l^2-3b^2}/\sqrt{3}$ 处） $\delta_2=\frac{M_e(l^2-3a^2)^{3/2}}{9\sqrt{3}lEI}$ （位于距 B 端 $x=\sqrt{l^2-3a^2}/\sqrt{3}$ 处） $\theta_A=\frac{M_e(l^2-3b^2)}{6lEI}$ $\theta_B=\frac{M_e(l^2-3a^2)}{6lEI}$ $\theta_C=\frac{M_e(l^2-3a^2-3b^2)}{6lEI}$

下面举例说明用叠加法求梁变形的方法与步骤。

【例题分析】

如图 9-4（a）所示悬臂梁 AB 同时承受集中力 F 和均布载荷 q 的作用。试用叠加法求梁自由端 B 处的挠度 w_B 和转角 θ_B。设梁截面的抗弯刚度 EI 为常数。

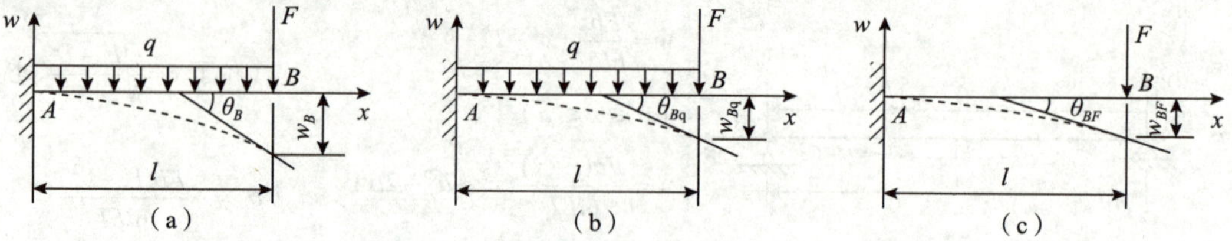

图 9-4　悬臂梁 AB 同时承受集中力 F 和均布载荷 q 的作用

解：（1）载荷分解

将悬臂梁上的载荷分解为图 9-4（b）、9-4（c）所示单一载荷的情况。

（2）查变形表

如图 9-4（b）所示，由表 9-2 查得：均布载荷引起 B 端的转角和挠度分别为

$$\theta_{Bq}=-\frac{ql^3}{6EI}\,;\quad w_{Bq}=-\frac{ql^4}{8EI}$$

如图 9-4（c）所示，由表 9-2 查得：集中力引起 B 端的转角和挠度分别为

$$\theta_{BF}=-\frac{Fl^2}{2EI}\,;\quad w_{BF}=-\frac{Fl^3}{3EI}$$

（3）变形叠加

上述两种载荷同时作用时，在 B 端引起的总转角和总挠度分别为

$$\theta_B=\theta_{BF}+\theta_{Bq}=-\frac{Fl^2}{2EI}-\frac{ql^3}{6EI}$$

$$w_B=w_{BF}+w_{Bq}=-\frac{Fl^3}{3EI}-\frac{ql^4}{8EI}$$

9.3.2　广义叠加法

广义叠加法是将梁分为若干部分，先计算出各部分的变形对所求截面挠度和转角的贡献值（或影响值），然后再叠加。

【例题分析】

求图 9-5（a）所示外伸梁在自由端的挠度和转角。

解：参照图 9-5，先求由均布载荷作用所产生的自由端的挠度和转角图 9-5（b）。由表 9-2 查得

$$\theta_{Bq}=\frac{ql^3}{24EI}$$

于是

$$\theta_{Cq}=\theta_{Bq}=\frac{ql^3}{24EI}$$

$$w_{Cq}=\theta_{Cq}\cdot a=\frac{ql^3a}{24EI}$$

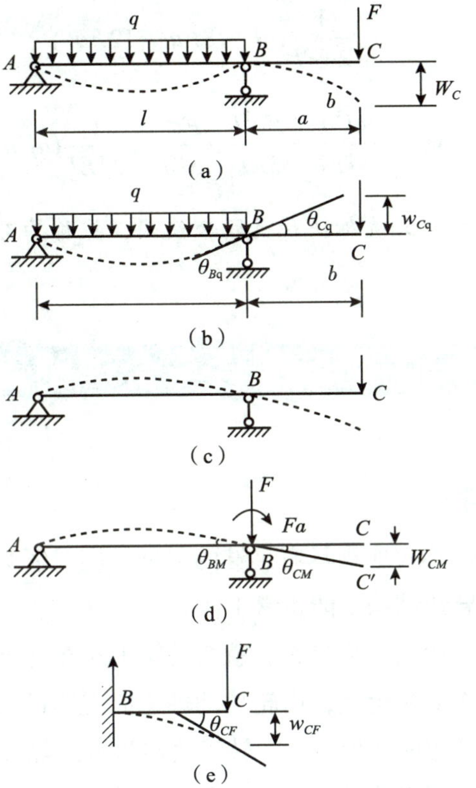

图 9–5　外伸梁在自由端的挠度和转角

再求由集中力 F 所产生的自由端的挠度和转角图 9–5（c）。这个挠度和转角可以看成图 9–5（d）及图 9–5（e）两部分的叠加结果：一部分是由于力偶 $M=Fa$ 的作用而引起支座 B 截面的转角时，使 BC 段转到 BC' 所造成的，另一部分是将支座 B 的截面固定，仅由载荷 F 引起的。由表 9–2 查得

$$\theta_{BM}=-\frac{Fal}{3EI}$$

$$w_{CM}=\theta_{CM}\cdot a=\theta_{BM}\cdot a=-\frac{Fa^2l}{3EI}$$

及
$$\theta_{CF}=-\frac{Fa^2}{2EI}$$

$$w_{CF}=-\frac{Fa^3}{3EI}$$

最后将两步的结果叠加，可得

$$\begin{aligned}\theta_C&=\theta_{Cq}+\theta_{CM}+\theta_{CF}=\\&\frac{ql^3}{24EI}-\frac{Fal}{3EI}-\frac{Fa^2}{2EI}=\\&\frac{1}{24EI}(ql^3-8Fal-12Fa^2)\end{aligned}$$

$$w_C=w_{Cq}+w_{CM}+w_{CF}=\frac{ql^3a}{24EI}-\frac{Fa^2l}{3EI}-\frac{Fa^3}{3EI}=\frac{1}{24EI}(ql^3a-8Fa^2l-8Fa^2)$$

实际解题时，叠加法和广义叠加法往往联合使用，统称为叠加法。

9.4 梁的刚度条件与合理刚度设计

9.4.1 梁的刚度条件

工程实际中，受弯构件不仅应当具有足够的强度，同时还必须具有足够的刚度。即弯曲变形不能过大，否则将导致结构不能正常工作。

例如，桥式起重机主梁弯曲变形过大，就会使梁上小车行走困难，出现爬坡现象，甚至引起梁的振动，破坏工作的稳定性；齿轮传动轴弯曲变形过大，就会使齿轮不能正确啮合甚至卡死；汽轮机的主轴弯曲变形过大，转子将与汽缸或隔板碰撞，引起严重事故。

因此，在结构设计时，规定梁的最大挠度和最大转角（或特定截面的挠度和转角）不得超过某个允许值，即

$$\begin{cases}w_{max}\leqslant[w]\\\theta_{max}\leqslant[\theta]\end{cases}\tag{9-15}$$

式（9-15）即为梁的刚度条件。式中 $[w]$、$[\theta]$ 为梁的许可挠度和许可转角。它们取决于梁的工作条件，与材料的性质无关。对于一般机械零部件，其许可挠度和许可转角可查阅有关的机械设计手册。

如一般用途的传动轴 $[w]=(0.0003\sim0.0005)l$；桥式起重机的横梁 $[w]=\left(\frac{1}{700}\sim\frac{1}{400}\right)l$；架空管道 $[w]=\frac{1}{500}l$（式中，l 为梁的跨度）；安装齿轮的轴 $[\theta]=0.001$ rad；滚动轴承（在轴颈处）$[\theta]=(0.0016\sim0.005)$ rad。

【例题分析】

图 9-6（a）为桥式吊车结构。吊车梁采用 28b 工字钢，跨度 l=7.5 m，材料的弹性模量 E=200 GPa。若最大起吊重量和电动葫芦重量一共为 23 kN，吊车梁的许可挠度 $[w]=\dfrac{l}{500}$，试校核该吊车梁的刚度。（考虑梁的自重）

解：（1）查型钢表

已知 28b 工字钢 $I=7\,480\times10^4\ \text{mm}^4$，$q$=479 N/m。

（2）确定吊车梁承受的载荷

吊车梁的计算简图如图 9-6（b）所示。承受载荷为集中力 F=23 kN，吊车梁自重 q=479 N/m。

（3）变形计算

吊车梁的总挠度等于集中力 F 和均布载荷 q 分别作用下，所产生挠度的代数和。如图 9-6（c）、图 9-6（d）所示。当电葫芦行至梁的跨度中点 C 时，产生的挠度最大

$$w_{\max}=w_C=w_{CF}+w_{Cq}$$

查表 9-2 得

$$w_{CF}=-\frac{Fl^3}{48EI}=-\frac{23\times10^3\times7\,500^3}{48\times200\times10^3\times7\,480\times10^4}=-13.5\ \text{mm}$$

$$w_{Cq}=-\frac{5ql^3}{384EI}=-\frac{5\times0.479\times7\,500^4}{384\times200\times10^3\times7\,480\times10^4}=-1.32\ \text{mm}$$

$$w_{\max}=w_{CF}+w_{Cq}=-13.5-1.32=-14.82\ \text{mm}$$

（4）刚度校核

$$|w_{\max}|<[w]=\frac{l}{500}=\frac{7\,500}{500}=15\ \text{mm}$$

故吊车梁刚度足够。

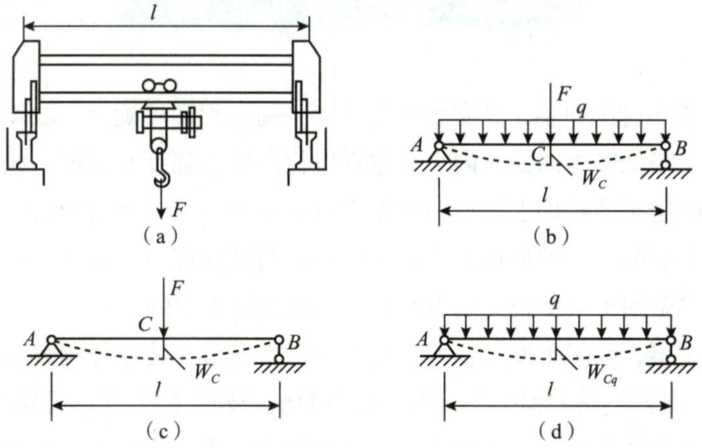

图 9-6　桥式吊车结构

9.4.2　梁的合理刚度设计

由前述可知：梁的弯曲变形与其受力、跨度、材料及截面有关。因此，梁的合理刚度设计从以下方面考虑。

平面内梁的弯曲刚度问题

1. 合理选择材料

从提高梁刚度方面考虑，应选 E 值较大的材料。但要注意，各种类型的钢材强度差异很大，而 E 值却十分接近，只为提高刚度而用优质钢替代普通钢是不划算的。

2. 合理选择截面形状

从提高梁刚度方面考虑，合理的截面形状，是使用较小的截面面积 A，却能获得较大惯性矩 I 的截面。通常有效的办法是采用型钢或空心薄壁截面。

3. 合理确定加载方式与梁的约束

将载荷分布作用可减小梁的变形。例如，将简支梁中点承受的集中力改为均布载荷，其最大挠度将减小为原来的 62.5%。

将约束合理安排也可以减小梁的变形。如图 9－7 所示的梁，两端支座同时向内移动后，最大挠度将减小为原来的 8.75%。

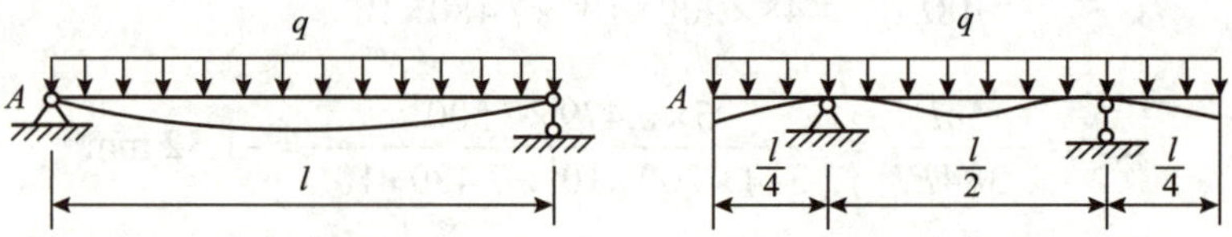

（a）　　（b）

图 9－7　减小梁的变形

另外，增加梁的约束使其成为静不定梁，对提高梁的刚度也是非常有效的。

9.5　简单静不定梁

根据前面几节所讨论的梁，其支反力用静力平衡方程即可确定，故均为静定梁。但在工程实际中，为了降低梁内的最大内力与位移以提高梁的强度与刚度，或满足特定功能需要，往往需要在静定梁的基础上增加约束使之成为静不定梁，而增加的约束并非维持结构的几何不变性所必需的，故习惯称之为多余约束，与其相应的支反力（或支反力偶矩）称为多余支反力。多余约束或多余支反力的数目，称为静不定的次数。

为求解静不定梁，除了平衡方程外，还需要考虑变形，建立方程数与静不定次数相等的变形协调方程。变形协调方程描述了由于约束而使结构各部分变形需要满足的几何关系，将体现变形与力之间关系的物理方程代入，可得补充方程，将补充方程与平衡方程联立可求得全部未知力。

多余约束对梁的作用是通过施加多余支反力，从而对梁的变形产生约束。因此，只要能求解出未知的多余支反力，就能以之作为约束力等价地替代多余约束，从而将静不定梁在形式上转变成受约束力作用的静定梁，进而计算梁的内力、应力和位移等。可见，分析静不定梁的关键在于多余支反力的求解，现以图 9-8（a）所示梁为例加以说明。

（1）根据支反力与独立静平衡方程的数目，判断梁的静不定次数。该梁左端为固定端，右端为可动铰支座，共有 F_{Ax}、F_{Ay}、M_A 和 F_{By} 4 个支反力。然而平面任意力系只能列 3 个独立的静力平衡方程，多余支反力的数目是 1。因此，此系统属于一次静不定梁。

（2）解除多余约束，并以相应多余约束力代替其作用。常采用两种解除多余约束的办法：一是将右端的铰支座视为多余约束加以解除，代之以多余约束力 F_{By}，成为在外力 F 和未知力 F_{By} 共同作用下的静定的悬臂梁，如图 9-8（b）所示；二是将固定端对截面的转动约束视为多余约束加以解除，代之以约束力偶矩 M_A，成为在外力 F 和未知力偶 M_A 共同作用下的静定简支梁，如图 9-8（c）所示。解除多余约束并代之未知约束力，得到的受力与原静不定梁相同的静定梁，称为原静不定梁的相当系统。这里图 9-8（b）、图 9-8（c）都是图 9-8（a）的相当系统。

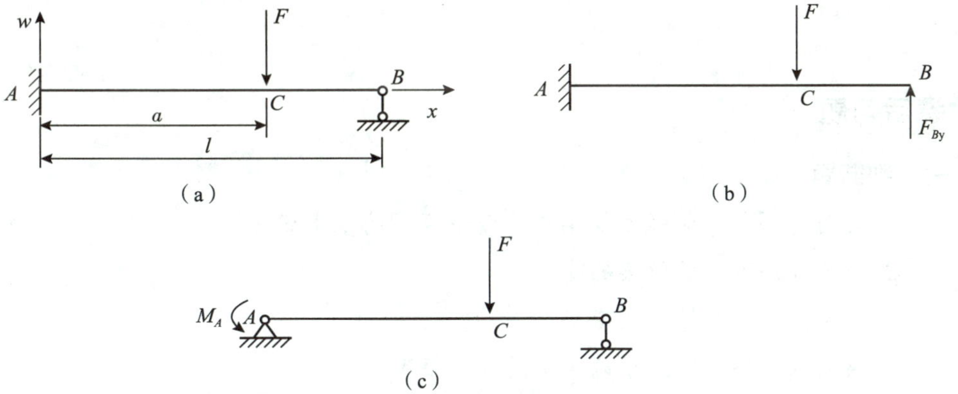

图 9-8　分析静不定梁

（3）计算相当系统在多余约束处的位移，并根据相应的变形协调条件建立补充方程，求出多余约束力。

以图 9-8（b）所示相当系统为例，在外力 F 和未知约束力 F_{By} 共同作用下发生变形，以 w_{B1} 和 w_{B2} 分别表示 F 和 F_{By} 各自单独作用时 B 端的挠度

$$w_{B1}=-\frac{Fa^2}{6EI}\cdot(3l-a)\,,\quad w_{B2}=\frac{F_{By}l^3}{3EI}$$

由叠加法得总挠度为

$$w_B=w_{B1}+w_{B2}=-\frac{Fa^2}{6EI}(3l-a)+\frac{F_{By}l^3}{3EI}$$

变形协调条件是对原梁在多余约束处的变形情况的描述。由于多余简支座的约束，B 端挠度为零，故变形协调条件为

$$w_B = 0$$

由此可得未知约束力

$$F_{By} = \frac{F}{2}\left(\frac{3a^2}{l^2} - \frac{a^3}{l^3}\right)$$

解出未知约束力后，原来的静不定梁就相当于在已知外力 F 和 F_{By} 共同作用下的悬臂梁，可用静定梁的处理办法求解梁的 A 端支反力 F_{Ax}，F_{Ay} 和支反力偶矩 M_A，作出剪力图和弯矩图，并进行强度计算。

想一想

长为 l 的梁，在距离左端为 a 处作用集中力 F 的作用，分别采用图 9-8（a）所示左端固定、右端简支的静不定结构，图 9-8（b）所示静定的悬臂梁，或者图 9-8（c）所示静定的简支梁。画出三者的剪力图和弯矩图，并讨论多余约束对强度的影响。

课后习题

一、判断题

1. 弯曲变形与弯曲强度是梁在受载情况下的基本概念。（　）
2. 用积分法可以求解梁的变形。（　）
3. 广义叠加法是计算梁变形的一种方法。（　）
4. 梁的刚度条件有助于确定梁的变形情况。（　）
5. 简单静不定梁是一个不稳定的梁结构。（　）

二、选择题

1. 在等直梁的最大所在截面附近，局部加大横截面的尺寸。（　）

A. 仅对提高梁的强度是有效的

B. 仅对提高梁的刚度是有效的

C. 对提高梁的强度和刚度都有效

D. 对提高梁的强度和刚度都无效

2. 弯曲变形与弯曲强度主要涉及梁的哪些方面？（　）

A. 受载情况　　B. 变形和强度

C. 刚度条件　　D. 叠加法

3. 用积分法可以解析求解哪种类型的梁变形？（　）

A. 简支梁　　B. 连续梁

C. 静不定梁　　D. 斜拉梁

4. 梁的刚度条件的目的是。（　）

A. 确定梁的变形情况

B. 确定梁的挠曲线

C. 确定梁的弯曲强度

D. 确定梁的应力分布

第 10 章　应力状态和强度理论

章前导读

本章将介绍应力状态和强度理论的基本概念及其应用。应力状态是用于描述固体材料内部力学行为的状态，而强度理论则是用于预测物体在受力情况下的破坏或失效的能力。通过本章的学习，帮助读者更好地理解和应用应力状态和强度理论。

学习目标

◎知识目标

1. 掌握应力状态的基本概念，包括应力的定义、应力矢量表示和应力分布分类。

2. 掌握平面应力状态分析的解析法和图解法，能够理解物体在平面应力下的应力分布情况。

3. 掌握广义胡克定律的原理和应用，了解材料应力及应变关系的描述方式。

◎能力目标

1. 能够准确描述固体材料内部力学行为的应力状态。

2. 能够应用解析法和图解法进行平面应力状态分析，得出物体在平面应力下的应力分布情况。

3. 能够运用广义胡克定律分析材料的强度和变形特性，为工程实践提供基础支持。

◎素质目标

1. 培养学生具备分析和解决复杂问题的能力，能够在实际工程中应用所学知识进行应力状态和强度理论分析。

2. 培养学生具备批判性思维和判断能力，能够独立思考和评估材料在受力情况下的行为。

3. 培养学生具备团队合作和沟通能力，能够与他人协作解决工程问题，并有效传达和展示分析结果。

思政之窗

在培育学生力学思维的过程中，教师还需教导学生具备未来工程师所需的社会责任感和职业荣誉感，使学生尊崇科学精神和工匠精神，进而促使学生形成自主学习和团队协作的能力，将国家发展需求与个人专业领域相结合，以实现人生价值。

10.1　应力状态的基本概念

前面章节介绍了构件在轴向拉伸（压缩）、扭转和弯曲时的强度问题。这些构件危险点或处于单向受力状态（拉（压）、弯曲），如图 10-1（a）所示，或处于只受剪切状态（扭转），如图 10-1（b）所示。相应的强度条件为

$$\begin{cases} \sigma_{max}=\dfrac{F_{N,max}}{A}\leqslant[\sigma] & \text{拉（压）} \\ \sigma_{max}=\dfrac{M_{max}}{W}\leqslant[\sigma] & \text{弯曲} \\ \tau_{max}=\dfrac{T_{max}}{W_p}[\tau] & \text{扭转} \end{cases}$$

但在实际工程中，构件往往处于更加复杂的受力状态。例如，齿轮传动轴受到弯曲和扭转的联合作用，其受力状态如图 10-1（c）所示。单独用弯曲正应力和扭转切应力强度条件去校核就会存在问题，需要研究正应力和切应力联合作用时的情况。

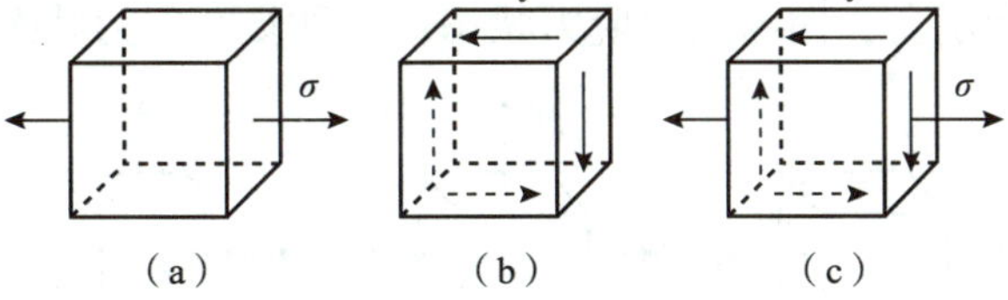

图 10-1　应力状态分析

过一点有无数个截面，这一点的各个截面上应力情况的集合，称为这个点的应力状态。研究应力状态的目的是找出某一点沿不同方向应力的变化规律，确定该点最大正应力，从而

全面考虑构件破坏的原因，建立强度条件。研究某一点的应力状态，可对一个包围该点的微小正六面体——单元体进行分析，如图 10-2 所示。图中只画出三个面的应力情况，另外三个面的应力可根据平衡方程和切应力互等定理确定方向。本章为了表述简单起见，都采用这种简化画法。同时，在表述切应力时，通常将坐标的第二个字母略去，如将 τ_{xy} 用 τ_x 表示。

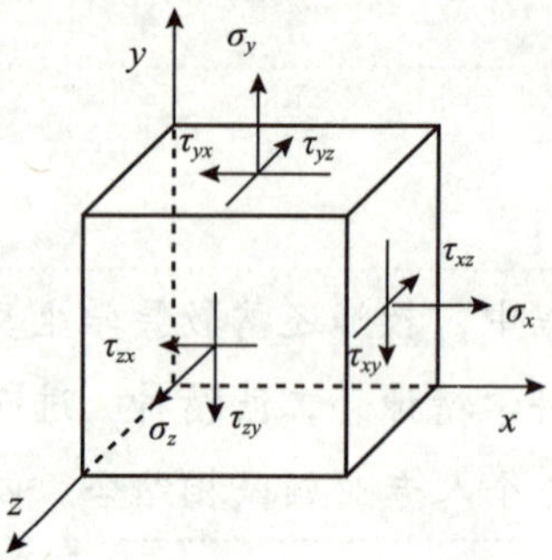

图 10-2　对单元体进行分析

切应力为零的平面称为主平面，作用于主平面上的正应力称为主应力，如图 10-3 所示。主应力符号规定：拉应力为正，压应力为负。三个主应力按照代数值大小排序，即 $\sigma_1 \geqslant \sigma_2 \geqslant \sigma_3$。图 10-3（a）所示的三个主应力分别为：$\sigma_1 = 50\ \text{MPa}$，$\sigma_2 = 30\ \text{MPa}$，$\sigma_3 = 20\ \text{MPa}$。

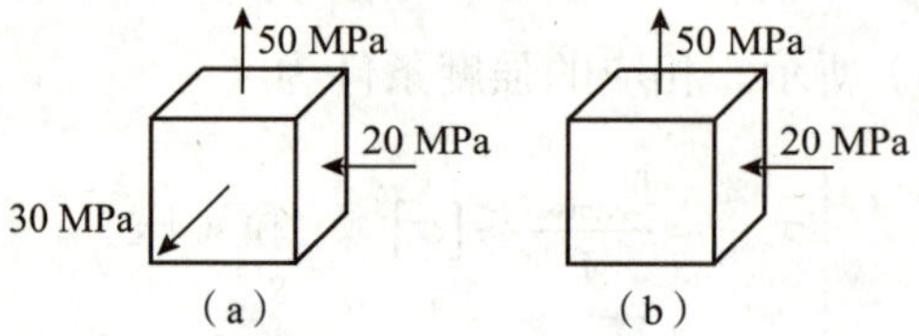

图 10-3　物体的受力情况

想一想

图 10-3（b）所示的受力情况，三个主应力分别为多少？

只有一个主应力不等于零，另两个主应力都等于零的应力状态，称为单向应力状态，如图 10-4（a）所示。有两个主应力不等于零，另一个主应力等于零的应力状态，称为二向应力状态，如图 10-4（b）所示。三个主应力都不等于零的应力状态，称为三向应力状态，如图 10-4（c）所示。二向与三向应力状态，统称复杂应力状态。

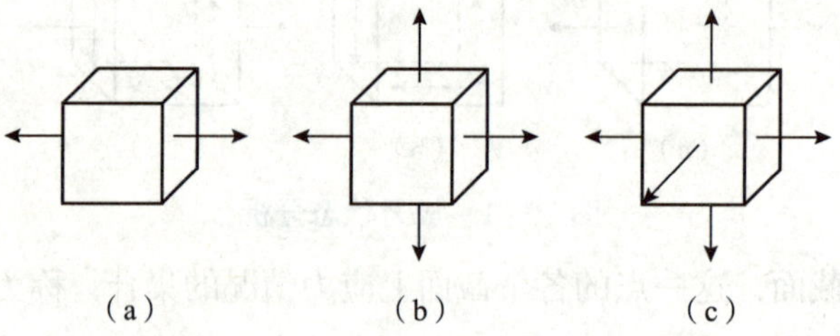

图 10-4　应力状态分析

仅在微体四个侧面上作用有应力，且其作用线均平行于微体不受力表面的应力状态，称为平面应力状态，如图 10-5 所示。微体各侧面均作用有应力，称为空间应力状态，如图 10-5（b）所示。单元体上只存在切应力而无正应力的平面应力状态，称为纯剪切应力状态，如图 10-5（b）所示。

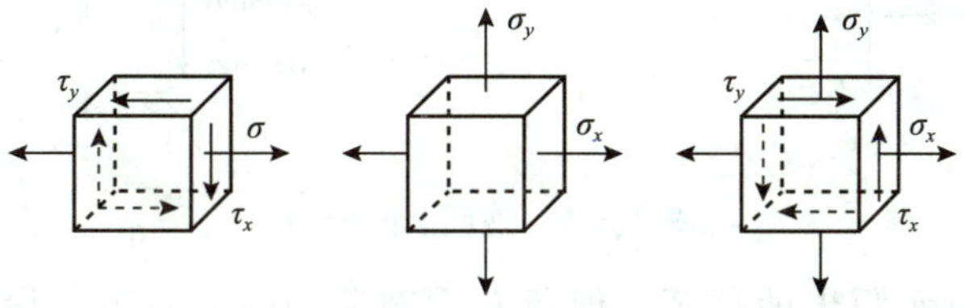

图 10-5　平面应力状态

10.2　平面应力状态分析

10.2.1　平面应力状态分析的解析法

1. 斜截面上的应力分析

平面应力状态的一般形式如图 10-6 所示。σ_x 和 τ_x 是法线平行于 x 轴的面（称 x 面）上的应力，σ_y 和 τ_y 是法线平行于 y 轴的面（称 y 面）上的应力。若 σ_x，τ_x，σ_y，τ_y 均为已知，现在研究任一斜截面 ae 上的应力。

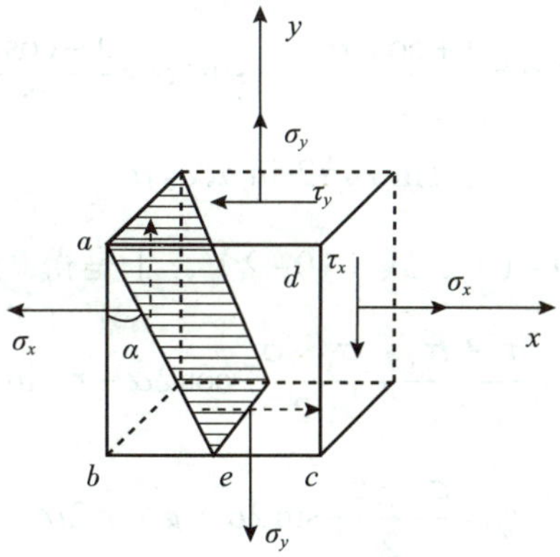

图 10-6　平面应力状态的一般形式

图 10-7（a）为单元体的正投影。斜截面的方位以其外法线 n 轴与 x 轴的夹角 α 表示，该截面上的应力用 σ_α，τ_α 表示。关于应力的符号规定为：正应力以拉应力为正；切应力以对单元内任意点的力矩为顺时针转向时为正。关于斜截面方位角 α 的符号规定为：α 由 x 轴转到 n 轴为逆时针方向时为正。

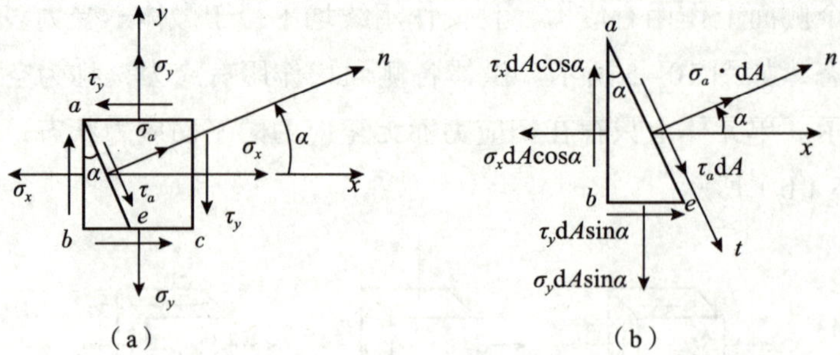

图 10－7　截面上的应力

用斜截面 ae 将单元假想地截开，保留左下部分为研究对象。设截面 ae 面积为 $\mathrm{d}A$，则 ab 与 be 面积分别为 $\mathrm{d}A\cos\alpha$ 与 $\mathrm{d}A\sin\alpha$。abe 部分受力如图 10－7（b）所示。由其平衡条件列出平衡方程

$$\sum F_{\mathrm{N}}=0,\quad \sigma_\alpha\cdot\mathrm{d}A+(\tau_x\mathrm{d}A\cos\alpha)\sin\alpha-(\sigma_x\mathrm{d}A\cos\alpha)\cos\alpha+(\tau_y\mathrm{cd}A\sin\alpha)\cos\alpha-(\sigma_y\mathrm{d}A\sin\alpha)\cdot\sin\alpha=0$$

$$\sum F_{\mathrm{T}}=0,\quad \tau_\alpha\cdot\mathrm{d}A+(\tau_x\mathrm{d}A\cos\alpha)\cos\alpha-(\sigma_x\mathrm{d}A\cos\alpha)\cdot\sin\alpha+(\tau_y\mathrm{cd}A\sin\alpha)\sin\alpha-(\sigma_y\mathrm{d}A\sin\alpha)\cos\alpha=0$$

由此可得

$$\sigma_\alpha=\sigma_x\cos^2\alpha+\sigma_y\sin^2\alpha-(\tau_x+\tau_y)\sin\alpha\cos\alpha \tag{10-1}$$

$$\tau_\alpha=(\sigma_x-\sigma_y)\sin\alpha\cos\alpha+\tau_x\cos^2\alpha-\tau_y\sin^2\alpha \tag{10-2}$$

根据切应力互等定理可知，τ_x 与 τ_y 数值相等；又由三角学可知

$$\cos^2\alpha=\frac{1+\cos^2\alpha}{2},\qquad \sin^2\alpha=\frac{1-\cos^2\alpha}{2}$$

$$\sin 2\alpha=2\sin\alpha\cos\alpha$$

将上述关系式代入式（10－1）、式（10－2），于是得

$$\sigma_\alpha=\frac{\sigma_x+\sigma_y}{2}+\frac{\sigma_x-\sigma_y}{2}\cos 2\alpha-\tau_x\sin 2\alpha \tag{10-3}$$

$$\tau_\alpha=\frac{\sigma_x-\sigma_y}{2}\sin 2\alpha+\tau_x\cos 2\alpha \tag{10-4}$$

以上二式即平面应力状态下斜截面上应力的一般公式。应用公式时要注意应力及斜面方位角的正负。

【例题分析】

已知应力状态如图 10－8 所示。试计算单元体 $m-m$ 截面上的应力。

解： 由图可知

$$\sigma_x = -120\ \text{MPa}，\quad \sigma_y = 70\ \text{MPa}$$

$$\tau_x = -80\ \text{MPa}，\alpha = -30^\circ$$

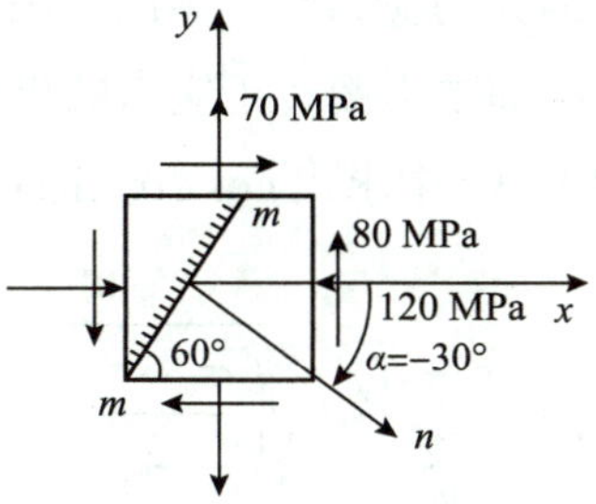

图 10-8　应力状态

将上述数据代入式（10-3）与式（10-4），得

$$\sigma_\alpha = \frac{-120+70}{2} + \frac{-120-70}{2}\cos(-60^\circ) + 80\sin(-60^\circ) = -141.8\ \text{MPa}$$

$$\tau_\alpha = \frac{-120-70}{2}\sin(-60^\circ) - 80\cos(-60^\circ) = 42.3\ \text{MPa}$$

2. 极值应力及所在平面的方位

由式（10-3）、式（10-4）表明，斜截面上的应力 σ_α 和 τ_α 随 α 角的改变而变化，它们均为 α 的函数。在分析构件强度时，最为关心的是在哪一个截面上的应力最大，以及最大应力值。由于 σ_α 和 τ_α 是 α 的连续函数，为此可利用高等数学中求极值的方法确定最大应力值及所在截面位置。

（1）正应力极值及所在平面的方位

由式（10-3），令 $\mathrm{d}\sigma_{\alpha}$、$/\mathrm{d}\alpha=0$，得

$$\frac{\mathrm{d}\sigma_\alpha}{\mathrm{d}\alpha} = \frac{\sigma_x - \sigma_y}{2}(-2\sin 2\alpha) - \tau_x(2\cos 2\alpha) = 0$$

即

$$\frac{\sigma_x - \sigma_y}{2}\sin 2\alpha + \tau_x \cos 2\alpha = 0 \tag{10-5}$$

$$\frac{\sin 2\alpha}{\cos 2\alpha} = \frac{-2\tau_x}{\sigma_x - \sigma_y}$$

令使 σ_α 达极值的平面的方位角为 α_0，则

$$\tan 2\alpha_0 - \frac{-2\tau_x}{\sigma_x - \sigma_y} \tag{10-6}$$

式（10-6）即正应力极值平面方位角的公式。

由式（10-6）可以求出相差 90° 的两个角度，它们确定相互垂直的两个平面。其中一个是最大正应力所在的平面，另一个是最小正应力所在的平面。

比较式（10-4）与式（10-5）知，满足式（10-5）的 α 角恰好使 $\tau_{\alpha}=0$，即正应力极值所处平面上的切应力等于零。因为切应力等于零的平面是主平面，主+面上的正应力是主应力，所以正应力极值所在平面即主平面，正应力的极值即主应力。

根据三角公式，可以由式（10-3）中求出 $\cos 2\alpha_0$ 和 $\sin 2\alpha_0$，并将它们代入式（10-3），便可求得正应力的两个极值

$$\sigma_{\max}=\frac{\sigma_x+\sigma_y}{2}+\sqrt{\left(\frac{\sigma_x-\sigma_y}{2}\right)^2+\tau_x^2} \qquad (10-7)$$

$$\sigma_{\min}=\frac{\sigma_x+\sigma_y}{2}+\sqrt{\left(\frac{\sigma_x-\sigma_y}{2}\right)^2+\tau_x^2} \qquad (10-8)$$

由式（10-7）还可得

$$\sigma_{\max}+\sigma_{\min}=\sigma_x+\sigma_y$$

（2）切应力极值及所在平面方位

用完全相似的方法，可以讨论切应力极值及所在平面的方位，将式（10-4）对 α 求导，令 $\mathrm{d}\tau_{\alpha、}/\mathrm{d}\alpha=0$，得

$$\frac{\mathrm{d}\tau_\alpha}{\mathrm{d}\alpha}=\frac{\sigma_x-\sigma_y}{2}(2\cos 2\alpha)-\tau_x(2\sin 2\alpha)=0$$

$$\frac{\sin 2\alpha}{\cos 2\alpha}=\frac{\sigma_x-\sigma_y}{2\tau_x}$$

令使 τ 达极值的平面方位角为 α_1，则

$$\tan 2\alpha_1=\frac{\sigma_x-\sigma_y}{2\tau_x} \qquad (10-9)$$

同理，可解得切应力的两个极值为

$$\left.\begin{aligned}\tau_{\max}&=+\sqrt{\left(\frac{\sigma_x-\sigma_y}{2}\right)^2+\tau_x^2}\\ \tau_{\min}&=-\sqrt{\left(\frac{\sigma_x-\sigma_y}{2}\right)^2+\tau_x^2}\end{aligned}\right\} \qquad (10-10)$$

比较式（10-6）和式（10-10）可见

$$\tan 2\alpha_0=-\frac{1}{\tan 2\alpha_1}$$

故有

$$2\alpha_1=2\alpha_0+\frac{\pi}{2} \qquad \alpha_1=\alpha_0+\frac{\pi}{4}$$

这表明切应力极值所处平面与主平面夹角为 45°。

3. 主应力与最大切应力之间的关系

比较式（10-7）与式（10-8），可知

$$\tau_{max}=\frac{\sigma_{max}-\sigma_{min}}{2}$$

或改写成

$$\sigma_{max}=\frac{\sigma_1-\sigma_3}{2} \qquad (10-11)$$

此式即单元体的最大切应力公式。

【例题分析】

已知应力状态如图 10-9 所示，求：（1）单元体的主应力大小及主平面的方位；（2）单元体的最大切应力。

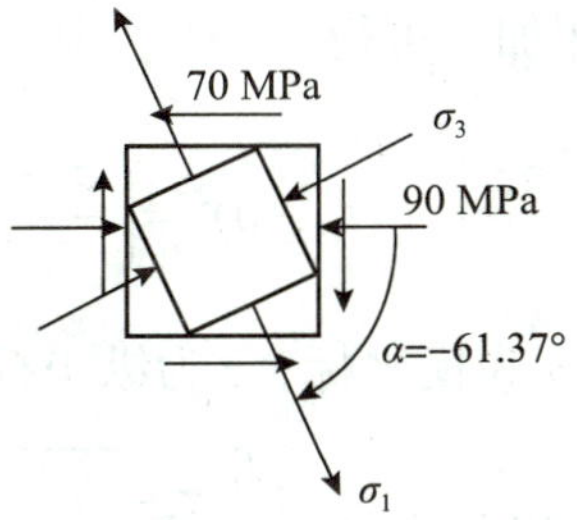

图 10-9　应力状态

解： 由图知 σ_x=-90 MPa，σ_y=0，τ_x=70 MPa，

代入式（10-7）得

$$\sigma_{max}=\frac{-90}{2}+\sqrt{\left(\frac{-90}{2}\right)^2+70^2}=38.2\text{ MPa}$$

$$\sigma_{min}=\frac{-90}{2}-\sqrt{\left(\frac{-90}{2}\right)^2+70^2}=-128.2\text{ MPa}$$

即　σ_1=38.2 MPa　σ_2=0　σ_3=-128.2 MPa

$$\tan 2\alpha_0=\frac{-2\tau_x}{\sigma_x-\sigma_y}=-\frac{2\times 70}{-90}=\frac{14}{9}$$

$$2\alpha_0=57.26°,\ \alpha_0=28.63°,\ \alpha_0-90°=-61.37°$$

由 α_0 和 $\alpha_0-90°$ 之值确定两个主平面，并画出相应单元体，再将 σ_{max} 画在 τ_x 和 τ_y 的矢量共同所指的那一侧平面上。

再由式（10-10）求得

$$\tau_{max}=\sqrt{\left(\frac{-90}{2}\right)^2+70^2}=83.2\text{ MPa}$$

由式（10-11）也可以求得同样的结果。

10.2.2 平面应力状态分析的图解法——应力圆

1. 应力圆的概念

平面应力状态下的应力分析还可用另一方法——图解法。其特点是简便直观，省去了复杂的计算。

由式（10-3）和式（10-4）可知，正应力 σ_α 与切应力 τ_α 均为 α 的函数，而上述二式则为关于 α 的参数方程，将二式联立并消去 α，可得 σ_α 与 τ_α 的关系式。首先，将二式改写为

$$\sigma_\alpha-\frac{\sigma_x+\sigma_y}{2}=\frac{\sigma_x-\sigma_y}{2}\cos 2\alpha-\tau_x\sin 2\alpha$$

$$\tau_\alpha-0=\frac{\sigma_x-\sigma_y}{2}\sin 2\alpha+\tau_x\cos 2\alpha$$

然后将以上二式各自平方后相加，可得

$$\left(\sigma_\alpha-\frac{\sigma_x+\sigma_y}{2}\right)^2+(\tau_\alpha-0)^2=\left(\frac{\sigma_x-\sigma_y}{2}\right)^2+\tau_x^2$$

从图 10-10 可以看出，在以 σ 为横坐标，τ 为纵坐标的平面内，上式的轨迹为圆。此圆圆心 C 的坐标为 $\left(\frac{\sigma_x+\sigma_y}{2},0\right)$，半径为 $R=\sqrt{\left(\frac{\sigma_x-\sigma_y}{2}\right)^2+\tau_x^2}$ 圆上任一点的纵、横坐标，分别代表了单元体相应截面上的切应力和正应力。此圆称为应力圆或莫尔圆。

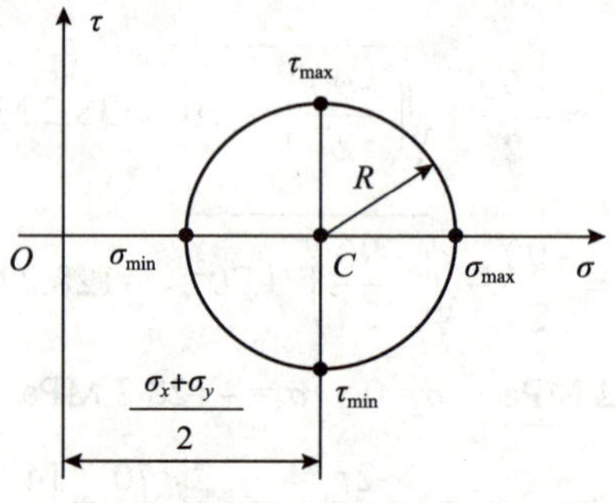

图 10-10　圆的受力分析

2. 应力圆的应用

由应力圆可以直接看出正应力的两个极值各为

$$\sigma_{\max}=\frac{\sigma_x+\sigma_y}{2}+\sqrt{\left(\frac{\sigma_x-\sigma_y}{2}\right)^2+\tau_x^2}$$

$$\sigma_{\min}=\frac{\sigma_x+\sigma_y}{2}-\sqrt{\left(\frac{\sigma_x-\sigma_y}{2}\right)^2+\tau_x^2}$$

切应力的两个极值各为

$$\tau_{max}=+\sqrt{\left(\frac{\sigma_x-\sigma_y}{2}\right)^2+\tau_x^2}$$

$$\tau_{min}=-\sqrt{\left(\frac{\sigma_x-\sigma_y}{2}\right)^2+\tau_x^2}$$

而且在 σ_{max} 和 σ_{min} 对应截面上的切应力 τ=0，在 τ_{max} 和 τ_{min} 对应截面上的正应力

$$\sigma=\frac{\sigma_x+\sigma_y}{2}$$

利用应力圆可以直接求单元体任意斜截面上的应力及应力的极值。

例如图 10-11 所示，已知单元体上应力 σ_x，σ_y 与 τ_x，τ_y 求 α 斜截面上的应力及应力的极值。

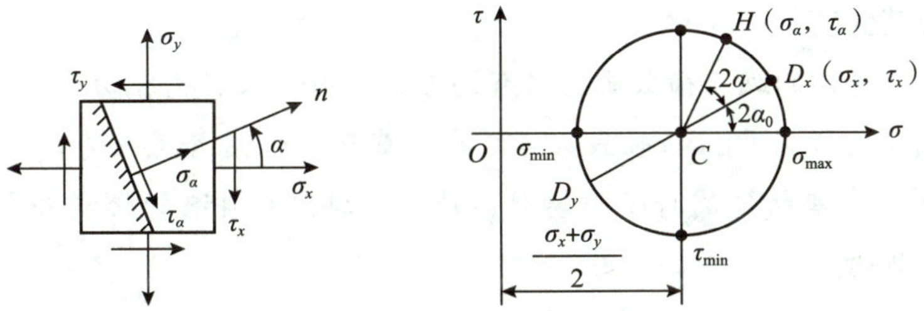

图 10-11　求 α 斜截面上的应力及应力的极值

作法如下：作 $\sigma-\tau$ 平面。在 $\sigma-\tau$ 平面内，先由 x 面上的应力 σ_x，τ_x 决定一点 D_x，再由 y 面上的应力 σ_y，τ_y 决定一点 D_y，连接 D_x，D_y 两点的直线必通过 σ 轴，其交点即为应力圆的圆心 C。以 CD_x 或 CD_y 为半径作圆，即可得求的应力圆。作出应力圆后，只需从 D_x 点出发将半径 CD_x 旋转 2α 角，得一点 H，量得 H 点的纵横坐标数，即求得了斜截面 α 上士切应力与正应力。从 D_x 点出发转至横坐标 σ 上，可得正应力的极值 σ_{max} 或 σ_{min}，相应方位角 $2\alpha_0$ 及 $2\alpha_0$+180° 亦可知。

此方法的证明极易，可自行练习，或查阅相关资料。为了便于记忆，可将应力圆与单元体的关系总结为十六个字，“圆上一点，体上一面。转向相同，转角二倍。”

【例题分析】

用图解法求解例题中单元体的主应力、主平面及最大切应力。

解：如图 10-12 所示，先按选定比例在 $\sigma-\tau$ 平面内找到 D_x（-90，70）与 D_y（0，-70）两点，然后连线。以 CD_x 为半径可画出相应的应力圆，应力圆与 σ 轴的交点 A，B 两点，由图上按比例量得

$$\sigma_A=\sigma_{max}=38.2\ \text{MPa},$$

$$\sigma_B=\sigma_{min}=-128.2\ \text{MPa},$$

$$\angle D_xCA=2\alpha_0=-123°$$

$$\alpha_0=-61.15°，\tau_E=\tau_{max}=83.2\ \text{MPa}$$

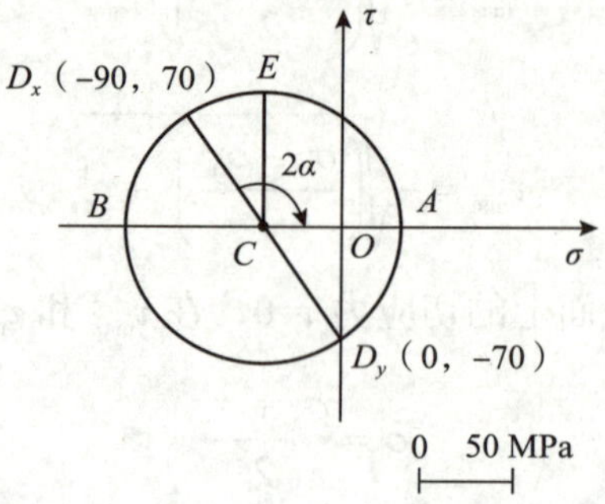

图 10-12　用图解法求解单元体的主应力、主平面及最大切应力

【例题分析】

灰铸铁圆杆扭转时，一般都在与轴线成 45° 的螺旋面破坏，试用应力圆分析该截面上点的应力状态及其数值。

解：扭转时，杆件的纵、横截面上只有切应力作用。根据纯剪切单元体作应力圆如图 10-13 示。从图中可以看出，与轴线成 45° 的斜截面上作用着主应力 σ_1 或 σ_3，其数值为 $\sigma_1=\tau$，$\sigma_3=-\tau$。所以，灰铸铁圆杆受扭转时，是在与轴线成 45° 的螺旋面上，也就是沿 σ_1 作用的面上被拉断的。

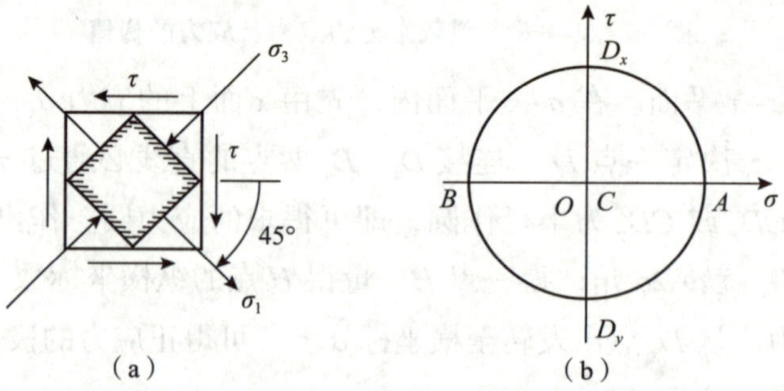

图 10-13　纯剪切单元体作应力圆

10.3　广义胡克定律

胡克定律描述了线弹性材料在小变形下应力和应变的关系。在复杂应力状态下，胡克定律依然成立。本节将介绍复杂应力状态下的应力—应变关系。

平面应力状态可看成是 σ_x 单独作用、σ_y 单独作用与纯剪切单独作用的

广义胡克定律

叠加，如图 10－14 所示。

当 σ_x 单独作用时，沿 x 与 y 方向的正应变分别为

$$\varepsilon_x' = \frac{\sigma_x}{E}，\quad \varepsilon_y' = -\mu\frac{\sigma_x}{E} \tag{10-12}$$

同理，当 σ_y 单独作用时，沿 x 与 y 方向的正应变分别为

$$\varepsilon_x'' = -\mu\frac{\sigma_y}{E}，\quad \varepsilon_y'' = \frac{\sigma_y}{E} \tag{10-13}$$

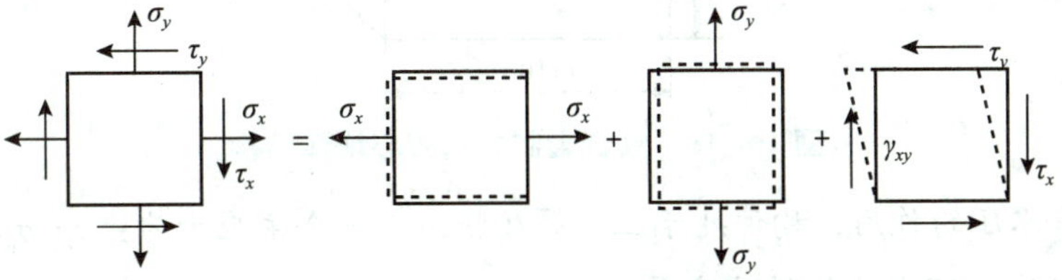

图 10－14　平面应力状态分析

当 σ_x 和 σ_y 联合作用时，则沿 x 与 y 方向的正应变分别为

$$\begin{cases} \varepsilon_x = \dfrac{1}{E}(\sigma_x - \mu\sigma_y) \\ \varepsilon_y = \dfrac{1}{E}(\sigma_y - \mu\sigma_x) \end{cases} \tag{10-14}$$

根据剪切胡克定律，微体的切应变为

$$\gamma_{xy} = \frac{\tau_x}{G} \tag{10-15}$$

同理，对于如图 10－15 所示的三向应力状态，其正应变为

$$\begin{cases} \varepsilon_x = \dfrac{1}{E}\left[\sigma_x - \mu(\sigma_y + \sigma_z)\right] \\ \varepsilon_y = \dfrac{1}{E}\left[\sigma_y - \mu(\sigma_z + \sigma_x)\right] \\ \varepsilon_z = \dfrac{1}{E}\left[\sigma_z - \mu(\sigma_x + \sigma_y)\right] \end{cases} \tag{10-16}$$

式（10－14）至式（10－16），统称为广义胡克定律。

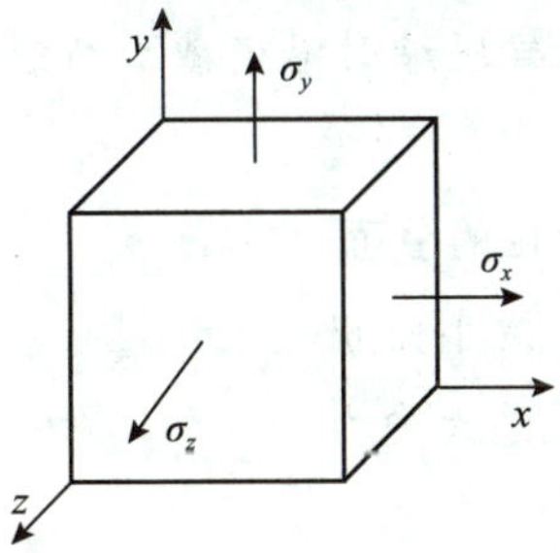

图 10－15　三向应力状态

【例题分析】

图 10－16 为钛合金制成的实心块体结构，已知三边尺寸分别为 60、80、100 mm，钛合金的弹性模量 $E = 35.4$ GPa，泊松比 $\mu = 0.33$。若将此块置于 110 MPa 的静水压力中，分析此构件三边的变形量。

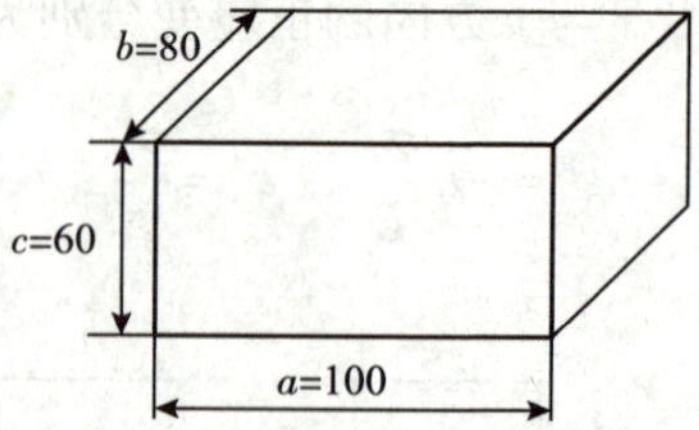

图 10－16　钛合金制成的实心块体结构

解： 由于静水压的作用，构件处于三向等压状态，三个主应力为：$\sigma_x=\sigma_y=\sigma_z=-11$ MPa。根据广义胡克定律，可得构件的应变量：

$$\varepsilon_x=\frac{1}{E}\left[\sigma_x-\mu\left(\sigma_y+\sigma_z\right)\right]=\frac{-110\times10^6}{35.4\times10^9}\left(1-0.33\times2\right)=-1.506\times10^{-3}$$

同理，可得其他两个方向上的应变量，即：$\varepsilon_y=\varepsilon_z=-1.506\times10^{-3}$。

由此可计算各边长的变形量：

$$\begin{cases}\Delta a=a\varepsilon_x=100\times10^{-3}\times\left(-1.506\times10^{-3}\right)=-0.105\,6\text{ mm}\\ \Delta b=b\varepsilon_y=80\times10^{-3}\times\left(-1.506\times10^{-3}\right)=-0.084\,5\text{ mm}\\ \Delta c=c\varepsilon_z=60\times10^{-3}\times\left(-1.506\times10^{-3}\right)=-0.063\,4\text{ mm}\end{cases}$$

课后习题

一、判断题

1. 平面应力状态即二向应力状态，空间应力状态即三向应力状态。（　）
2. 单元体中正应力为最大值的截面上，剪应力必定为零。（　）
3. 单元体中剪应力为最大值的截面上，正应力必定为零。（　）
4. 材料在静载作用下的失效形式主要有断裂和屈服两种。（　）
5. 砖、石等脆性材料式样压缩时沿横截面断裂。（　）

二、选择题

1. 危险截面是（　）所在的截面。

A. 最大面积　B. 最小面积

C. 最大应力　D. 最大内力

2. 关于用单元体表示一点处的应力状态，如下论述中正确的一种是（　）。

A. 单元体的形状可以是任意的

B. 单元体的形状不是任意的，只能是六面体微元

C. 不一定是六面体，五面体也可以，其他形状则不行

D. 单元体的形状可以是任意的，但其上已知的应力分量足以确定任意方向面上的硬力

3. 受力构件内任意一点，随着所截取截面方位不同，一般来说（　）。

A. 正应力相同，剪应力不同

B. 正应力不同，剪应力相同

C. 正应力和剪应力均相同

D. 正应力和剪应力均不同

4. 将沸水倒入玻璃杯中，如杯子破裂，问杯子的内外壁是否同时破裂？（　）

A. 同时破裂　　B. 内壁先裂

C. 外壁先裂　　D. 无法判定

第 11 章　压杆稳定

章前导读

本章将深入探讨压杆稳定性理论，包括压杆稳定的基本概念、欧拉公式确定临界力，细长压杆的临界载荷和临界应力，三类压杆的临界应力，以及提高压杆稳定性的措施。通过本章的学习，帮助读者更好地理解压杆稳定性理论，为工程实践中的压杆设计和分析提供支持。

学习目标

◎知识目标

1. 理解压杆稳定的基本概念和重要性。
2. 掌握欧拉公式确定压杆临界力的方法。
3. 理解细长压杆的临界载荷和临界应力计算方法。
4. 了解三类压杆的临界应力概念和计算方法。
5. 掌握提高压杆稳定性的措施，合理选用材料和减小压杆的柔度等。

◎能力目标

1. 能够运用欧拉公式计算两端铰支细长压杆和其他支座条件下压杆的临界压力。
2. 能够分析并计算两端铰支细长压杆和两端非铰支细长压杆的临界载荷。
3. 能够评估不同类型压杆的临界应力，并进行合理选材和设计。
4. 能够制定提高压杆稳定性的措施，并在实际工程中应用。

◎素质目标

1. 培养学生工程设计和分析的系统思维能力。
2. 提高学生解决工程问题的实践能力和创新意识。
3. 培养学生严谨的工作态度和精确的计算能力。
4. 增强学生团队协作和沟通能力，能够与他人有效合作解决问题。

思政之窗

在工程技术领域，安全永远是第一位的。学习压杆稳定的知识，首先要树立安全意识，认识到在工程设计和实践中，必须严格遵守安全规范和标准，确保结构的安全可靠。学生要将安全意识内化于心、外化于行，成为自己行动的准则。

11.1 压杆稳定的基本概念

构件失效形式除了强度失效、刚度失效外，还有稳定性失效。轴向受压细长杆，当所受压力达到一定数值时，杆件将突然变弯，即产生失稳现象，这就是压杆稳定。

杆件失稳往往产生显著弯曲变形，甚至导致系统局部或整体破坏。1907 年 8 月 29 日下午，即将建成的加拿大魁北克大桥突然坍塌，如图 11－1 所示。事故当场造成了 75 人死亡，多人受伤。这是一起忽略压杆失稳造成的桥梁坍塌事故。魁北克大桥坍塌事件促使工程师对压杆的稳定性进行研究。

图 11－1 加拿大魁北克大桥坍塌

想一想

杆在轴向压缩载荷作用下的屈曲与在横向载荷作用下的弯曲有什么区别？

解决压杆稳定问题的关键是确定压杆所能承受的最大载荷。为此，建立如图 11－2 所示的稳定性力学模型。刚性杆 AB 在 A 端铰支，B 端用弹性系数为 k 的弹簧连接。在载荷 F 的作用下，系统保持平衡。在小扰动下，AB 杆向左发生位移为 δ 的偏移，由此弹簧产生向右稳定的回复力 $k\delta$。在 F 的作用下产生偏转力矩 $F\delta$，在 $k\delta$ 的作用下产生回复力矩 $k\delta l$。当 $F\delta < k\delta l$，即 $F < kl$ 时，若扰动消失，AB 杆会回复到初始平衡状态。当 $F\delta > k\delta l$，即 $F > kl$ 时，扰动消失，AB 杆也无法回复到初始平衡状态。当 $F\delta = k\delta l$，即 $F = kl$ 时，AB 杆处于临界平衡状态，即既可以在竖直位置保持平衡，也可以在微偏状态下保持平衡。

两端铰支的细长压杆情况与此类似。若给压杆一个侧向干扰使其稍微弯曲，如图 11－3（a）所示。去掉干扰后，会出现两种不同的情况：当轴向压力较小时，压杆最终将恢复其原有直线形状，如图 11－3（b）所示；当轴向压力较大时，压杆还会继续弯曲，产生显著的变形，如图 11－3（c）所示，甚至破坏。

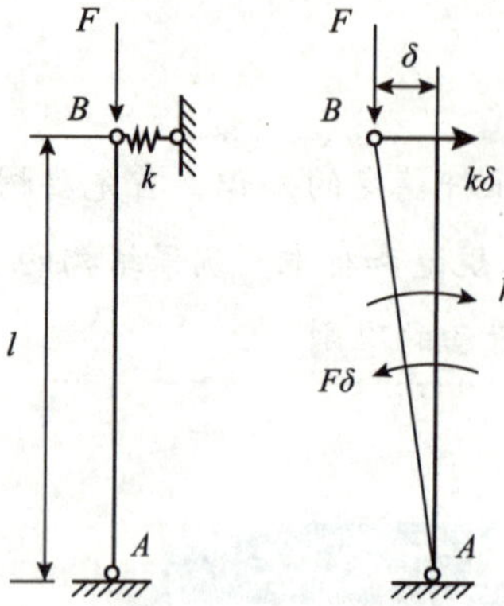

图 11－2　稳定性的力学模型

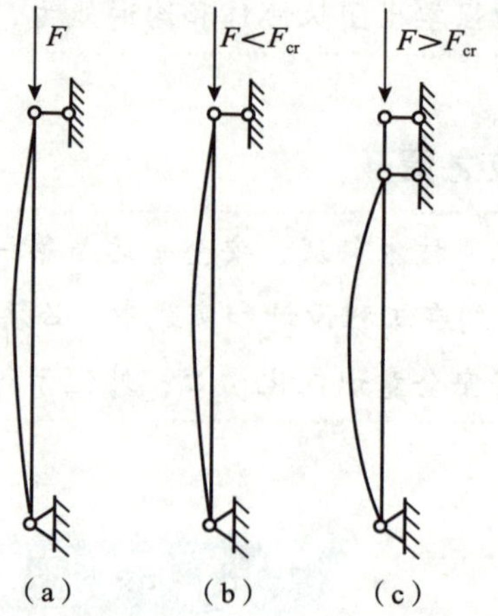

图 11－3　两端铰支细长杆的临界载荷

这种细长杆失稳破坏，就其性质而言，与强度问题、刚度问题完全不同，导致杆件稳定破坏的压力比导致强度不足破坏的压力要小得多。同时，失稳破坏是突然性的，必须防范在先。

使压杆由稳定转变为不稳定的轴向压力值，称为压杆的临界载荷，用 F_{cr} 表示。

想一想

受拉直杆是否有稳定问题？

11.2　确定临界力的欧拉公式

11.2.1　两端铰支细长压杆的临界压力

理想压杆的临界力欧拉公式

以两端铰支的理想中心受压细长直杆为例，如图 11－4 所示。当其压力达到临界值 F_{cr} 时，在横向因素的干扰下压杆可在微弯状态下保持平衡。可见，临界压力 F_{cr} 就是使压杆保持微弯平衡的最小压力。现在确定此临界压力 F_{cr} 的计算公式。

建立如图 11－4 所示坐标系，将变弯后的杆放在第一象限。假想从距坐标原点 O 为 x 处将杆件截开，取其一部分为研究对象如图 11－4（b）所示，则在截面上除了有轴向压力 F_{cr} 外，还作用有弯矩 $M(x)$，弯矩值为

$$M(x)=-F_{cr}\cdot w \tag{11-1}$$

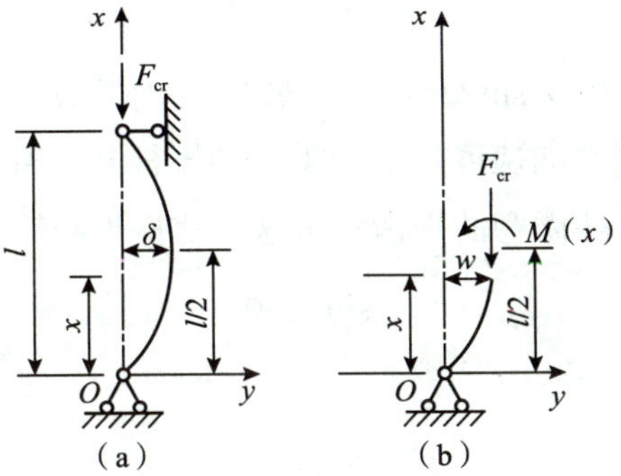

图 11-4　建立坐标系

当压杆的应力在比例极限范围以内，即在线弹性工作条件下，可利用公式（11-2），即梁在小变形条件下挠曲线近似微分方程

$$\frac{d^2w}{dx^2}=\frac{M(x)}{EI} \tag{11-2}$$

即

$$\frac{d^2x}{dx^2}=\frac{M(x)}{EI} \tag{11-3}$$

将式（11-1）代入式（11-2）可得杆轴微弯成曲线的近似微分方程为

$$\frac{d^2w}{dx^2}=-\frac{F_{cr}w}{EI} \tag{11-4}$$

令

$$k^2=-\frac{F_{cr}}{EI} \tag{11-5}$$

可得一常系数线性二阶齐次微分方程

$$\frac{d^2w}{dx^2}+k^2w=0 \tag{11-6}$$

此微分方程的通解为

$$w=a\sin kx+b\cos kx \tag{11-7}$$

式中 a，b 为积分常数，可由杆端的边界条件来确定。由图 11-4 可知，当 $x=0$ 时，$w=0$；将其代入式（11-7）可得

$$b=0$$

则式（11-7）可写为

$$w=a\sin kx \tag{11-8}$$

当 $x=l$ 时，$w=0$，代入式（11-8）可得

$$a\sin kl=0 \tag{11-9}$$

式（11-9）只有在 $a=0$ 或 $\sin kl=0$ 时才成立。而当 $a=0$ 时，则式（11-8）就变为 $w=0$，其表示压杆任一横截面的挠度均等于零，即压杆并无弯曲而处于直线平衡状态，这与在临界压力作用下压杆保持微弯的平衡状态这一前提不相符，因此，必然是

$$\sin kl=0$$

使上式成立的 kl 值为

$$kl=n\pi$$

式中，n 为任意整数（$n=0$，1，2，3，…）。

由此可得

$$k=\frac{n\pi}{l}$$

将上式代回到式（11-5）中，则

$$k^2=\frac{F_{cr}}{EI}=\frac{n^2\pi^2}{l^2}$$

可得

$$F_{cr}=\frac{n^2\pi^2EI}{l^2}$$

式（11-10）可知：由于 n 为任意整数，所以使压杆保持微弯平衡状态的临界压力 F_{cr}，在理论上可以有无穷多个，但实际上，当压杆在最小临界压力作用下，就已处于临界平衡状态并将丧失稳定性了。$n=0$ 时，不合要求。故当 $n=1$ 时，F_{cr} 为最小值，即

$$F_{cr}=\frac{\pi^2EI}{l^2} \tag{11-10}$$

上式为两端铰支理想细长压杆的临界压力计算公式，由于此式最早由欧拉导出，故又称为欧拉公式。

11.2.2 其他支座条件下压杆的临界压力

杆件受到轴向压力作用而发生微小弯曲时，其挠曲线的形式将与杆端的约束情况有直接的关系，这说明在其他条件相同的情况下，压杆两端的约束不同，其临界压力也不同。在推导不同杆端约束条件下细长压杆的临界压力计算公式时，可以采用上述类似的方法进行推导。另外，也可以利用对比的方法，即将杆端为某种约束的细长受压杆在临界状态时的挠曲线形状与两端铰支受压杆的挠曲线形状进行对比分析，来得到该约束条件下的临界

压力计算公式。

由上节可知，两端铰支细长压杆的挠曲轴线的形状为半个正弦波。对于杆端为其他约束条件的细长压杆，若能够找到挠曲轴线上的两个拐点，即两个弯矩为零的截面，则可认为在该截面处为铰链支承。所以，两拐点间的一段杆可视为两端铰支的细长压杆，而其临界压力应与相同长度的两端铰支细长压杆相同。例如对于一端固定、一端铰支的细长压杆，在其挠曲轴线上距固定端 $0.3l$ 处有一个拐点，这样上下两个铰链间杆的长度为 $0.7l$，因此其临界压力应与长度为 $0.7l$ 且两端铰支细长压杆的临界压力公式相同；对于两端固定的细长压杆，两拐点间的长度为 $0.5l$，所以，只需将式（11－10）中的长度 l 替换为 $0.5l$ 即可；而对于一端固定另一端自由而在自由端受到轴向压力的细长压杆，相当于两端铰支、长为 $2l$ 的压杆挠曲线的上半部分。表 11－1 给出了几种工程实际中常见的理想约束条件下细长压杆的挠曲线形状及其相应的欧拉公式表达式。

表 11－1　各种支承理想约束条件下细长压杆的挠曲线形状及欧拉公式

支端情况	两端铰支	一端固定另端铰支	两端固定	一端固定另端自由	两端固定但一端可沿横向移动
临界状态时挠曲线形状	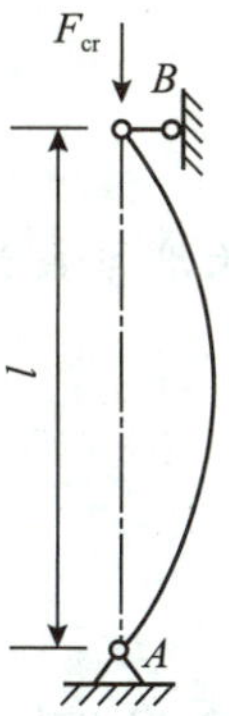	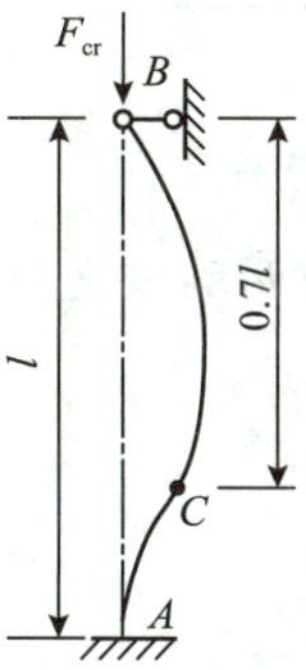 C–挠曲线拐点	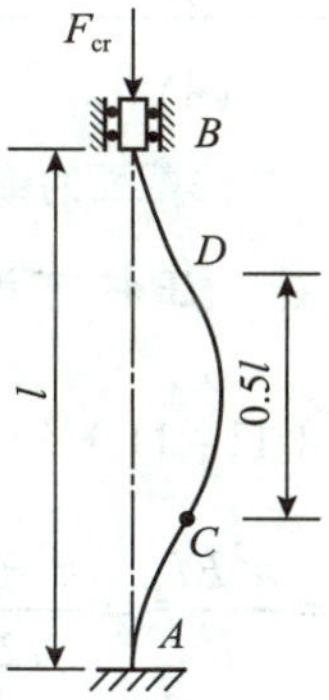 C，D–挠曲线拐点	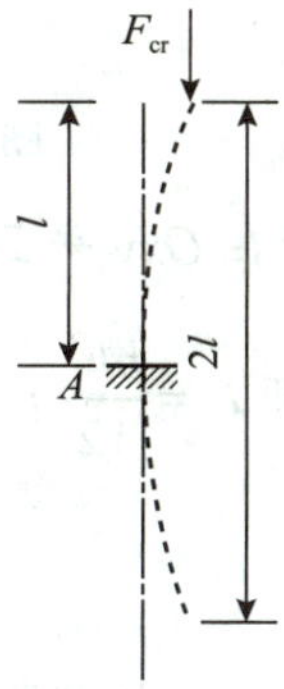	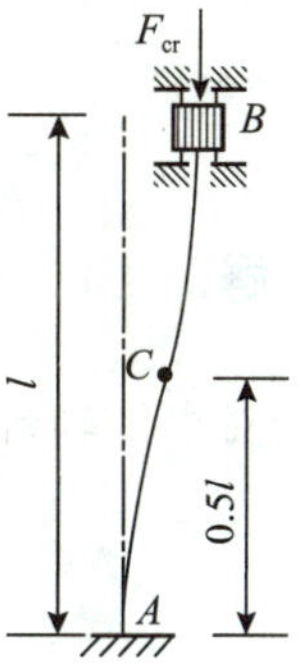 C–挠曲线拐点
临界力公式	$F_{cr}=\dfrac{\pi^2EI}{l^2}$	$F_{cr}\approx\dfrac{\pi^2EI}{(0.7l)^2}$	$F_{cr}=\dfrac{\pi^2EI}{(0.5l)^2}$	$F_{cr}=\dfrac{\pi^2EI}{(2l)^2}$	$F_{cr}=\dfrac{\pi^2EI}{l^2}$
长度系数 μ	$\mu=1$	$\mu\approx0.7$	$\mu=0.5$	$\mu=2$	$\mu=1$

由表 11－1 可知，对于各种不同约束条件下理想细长压杆临界压力的欧拉公式可写成统一的形式

$$F_{cr}=\frac{\pi^2EI}{(\mu l)^2} \tag{11-11}$$

式中，系数 μ 称为压杆的长度系数，与压杆的杆端约束情况有关；μl 称为原压杆的计算长度，又称相当长度。其物理意义就是在各种不同支承情况下挠曲线上两拐点之间的长度，即挠曲线上相当于半波正弦曲线的一段长度。

应当指出，当杆端在各个方向的约束情况相同时（如球形铰约束），欧拉公式中的惯性矩 I 应取最小值，即应取最小形心主惯性矩；而若在不同方向杆端约束情况不同（如柱形铰约束），则惯性矩 I 应取挠曲时横截面对其中性轴的惯性矩。

【例题分析】

如图 11－5 所示矩形截面的细长压杆，其两端为柱形铰约束，即在 Oxy 面内可视为两端铰支，在 Oxz 面内可视为两端固定。若压杆是在弹性范围内工作，试确定压杆截面尺寸 b 和 h 之间应有的合理关系。

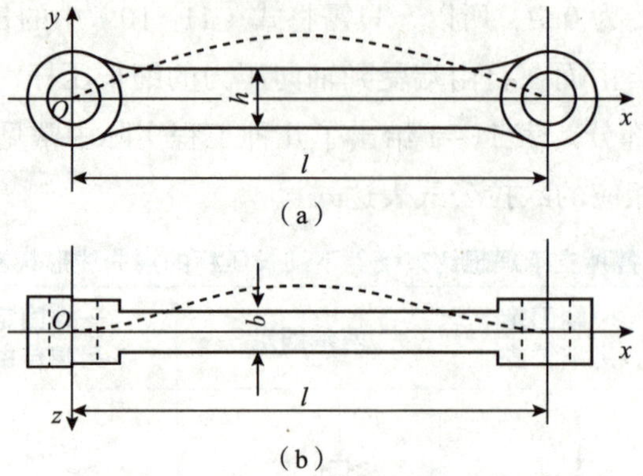

图 11－5　矩形截面的细长压杆

解：（1）若压杆在 Oxy 平面内失稳，压杆可视为两端铰支，则长度系数为 $\mu=1$，且截面对中性轴的惯性矩 $I_z=\dfrac{bh^3}{12}$；由式（11－11）知

$$F'_{\mathrm{cr}}=\frac{\pi^2 EI_z}{l^2}=\frac{\pi^2 Ebh^3}{12l^2}$$

（2）若压杆在 Oxz 平面内失稳，压杆可视为两端固定，则长度系数为 $\mu=0.5$，且截面对中性轴的惯性矩 $I_y=\dfrac{bh^3}{12}$；由式（11－11）知

$$F''_{\mathrm{cr}}=\frac{\pi^2 EI_y}{(0.5l)^2}=\frac{4\pi^2 Ebh^3}{12l^2}=\frac{\pi^2 Ebh^3}{3l^2}$$

（3）合理设计应使压杆在两平面内的临界压力相等。即

$$F'=F''$$

$$\frac{\pi^2 Ebh^3}{12l^2}=\frac{\pi^2 Ehb^3}{3l^2}$$

可得
$$h^2=4b^2$$

即其合理的截面尺寸关系为

$$h=2b$$

【例题分析】

由 Q235 钢材料制成的矩形截面细长压杆如图 11－6 所示，一端固定，一端自由。已知 b=2 cm，h=4 cm，l=1 m，材料的弹性模量 E=200 GPa，试计算此压杆的临界压力 F_{cr}。

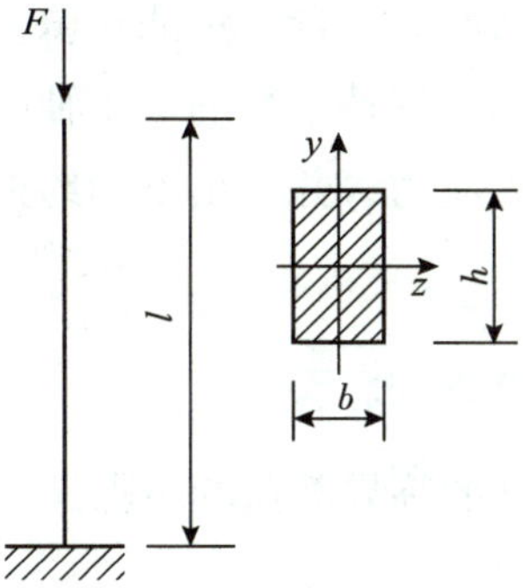

图 11－6 由 Q235 钢材料制成的矩形截面细长压杆

解：（1）确定截面的惯性矩

由压杆的约束条件可知其长度系数 μ=2，截面以对 y 和 z 两轴的惯性矩分别为

$$I_y=\frac{hb^3}{12}=\frac{40\times20^3}{12}=2.67\times10^4\ \text{mm}^4$$

$$I_z=\frac{bh^3}{12}=\frac{20\times40^3}{12}=10.67\times10^4\ \text{mm}^4$$

（2）确定压杆的临界力

因为 $I_y<I_z$，压杆必绕 y 轴弯曲而失稳，所以应该采用 I_y 计算压杆的临界力

$$F_{cr}=\frac{\pi^2EI}{(\mu l)^2}=\frac{\pi^2\times200\times10^9\times2.67\times10^{-8}}{(2\times1)^2}=13.2\times10^3\ (\text{N})=13.2\ \text{kN}$$

从临界力计算公式可知，压杆的临界力与杆横截面的面积无关，而与杆的横截面的抗弯刚度 EI 有关。所以对于同样长度的杆，用同样截面积的材料做成不同的形状，它们的临界力是不同的。这一点也可说明压杆稳定问题完全不同于杆件的拉、压强度问题。上例中压杆在临界力作用下的应力为

$$\sigma=\frac{F_{cr}}{A}=\frac{13.2\times10^3}{20\times40\times10^{-6}}=16.5\times10^6\ (\text{N/m}^2)=16.5\ \text{MPa}$$

这一数值不仅比钢的屈服极限小很多，而且也比钢的比例极限低。所以细长压杆丧失承载能力的原因并不是材料的强度不够，而是由其稳定性所决定的。

11.3 细长压杆的临界载荷和临界应力

只有当轴向压力等于临界载荷时，压杆才可能在微弯的状态下保持平衡。因此，压杆的临界载荷就是使压杆在微弯状态下保持平衡的最小轴向压力。本节以两端铰支的中心受压直杆为例，推导临界载荷和临界应力，并给出不同约束条件下临界载荷和临界应力的统一表述。

11.3.1 两端铰支细长压杆的临界载荷

静力法求解两端铰支细长压杆的临界载荷的步骤是：先使压杆微弯，如图 11-7 所示，再求能保持其平衡的最小轴向压力。

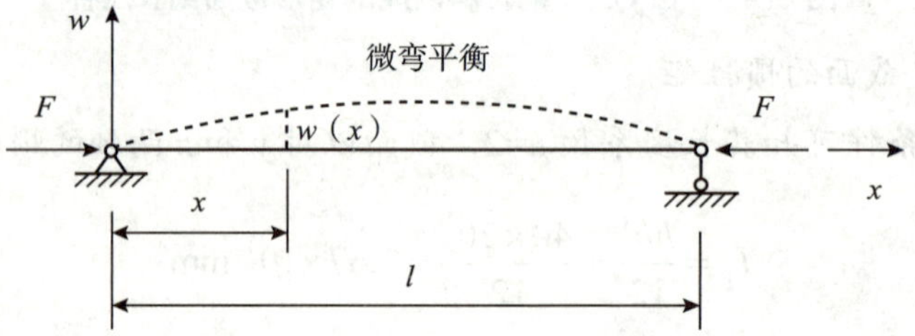

图 11-7 两端铰支细长压杆的临界载荷

当杆件最大应力不超过材料的比例极限 σ_p 时，根据弯曲变形的小挠度近似微分方程，压杆挠曲轴方程满足以下关系式

$$\frac{d^2w}{dx^2}=\frac{M(x)}{EI} \tag{11-12}$$

根据平衡方程，距离坐标系原点为 x 处截面的弯矩为

$$M(x)=-Fw \tag{11-13}$$

因此，压杆的挠曲轴近似微分方程为

$$\frac{d^2w}{dx^2}+\frac{F}{EI}w=0 \tag{11-14}$$

该二阶常微分方程的通解为

$$w=A\sin\sqrt{\frac{F}{EI}}x+B\cos\sqrt{\frac{F}{EI}}x \tag{11-15}$$

式中，A、B 两个待定系数可用挠曲线微分方程的边界条件确定。

两端铰支的位移边界条件为：

$$\left.\begin{aligned}x=0,w=0\\x=l,w=0\end{aligned}\right\} \tag{11-16}$$

将式 11－16 代入式 11－15，可得

$$\left.\begin{aligned}&B=0\\&A\sin\sqrt{\frac{F}{EI}}l=0\end{aligned}\right\}\tag{11-17}$$

若 $A=0$，则 $w=0$，即各截面的挠度均为零，这与压杆微弯的初始状态不符。因此，满足式（11－16）的条件只有

$$\sin\sqrt{\frac{F}{EI}}l=0\tag{11-18}$$

则有

$$\sqrt{\frac{F}{EI}}l=n\pi\,,\quad(n=1,2,\cdots)\tag{11-19}$$

$$F=\frac{n^2\pi^2EI}{l^2}\tag{11-20}$$

工程中需要求的是压力 F 的最小值，因此取 $n=1$，得临界载荷为

$$F_{cr}=\frac{\pi^2EI}{l^2}\tag{11-21}$$

式（11－21）即为两端铰支压杆临界载荷的计算公式，又称为欧拉公式。式（11－21）表明，压杆稳定的临界压力与抗弯刚度 EI 成正比，杆的抗弯刚度越小，临界压力越小，压杆越容易发生失稳；同时临界应力与杆长度的平方成反比，长度越大，临界压力越小，压杆越易失稳。所以，当细长杆的长度较长、抗弯刚度较小时，稳定问题不可忽视。

需要注意的是，压杆失稳时总是绕抗弯刚度最小的方向发生显著弯曲变形。如两端为球形铰链支承的圆形等截面压杆，压杆在轴向任意平面内的惯性矩 I 都相等，因此压杆可以在轴向任意平面内发生失稳。若两端为球形铰支的矩形等截面压杆，I_y 与 I_z 并不相等，压杆将会在惯性矩较小的平面内发生失稳，即矩形截面压杆需要考虑失稳的方向性。

11.3.2　两端非铰支细长压杆的临界载荷

前面推导出了两端铰支细长压杆临界载荷的计算公式。当压杆的约束情况发生改变时，挠度近似微分方程和挠曲线的边界条件也发生改变。因此，对于其他支承形式的压杆，比如一端铰支一端固支、两端固支以及一端固支一端自由等，不同支承对杆件的变形所起作用大小不同。由于压杆的临界压力与其挠曲线形状是有联系的，对于后三种约束情况的压杆，如果将其挠曲线形状与两端铰支压杆的挠曲线形状进行几何类比，即可确定相应的临界载荷计算公式。

如图 11－8 所示，悬臂梁和简支梁的 EI 相同，长度为 l 的悬臂梁受临界载荷作用发生微弯，弯曲程度等于长度为 $2l$ 的铰支梁的弯曲程度，可得悬臂梁压杆的临界载荷为

$$F_{cr}=\frac{\pi^2 EI}{(2l)^2}=\frac{\pi^2 EI}{4l^2} \qquad (11-22)$$

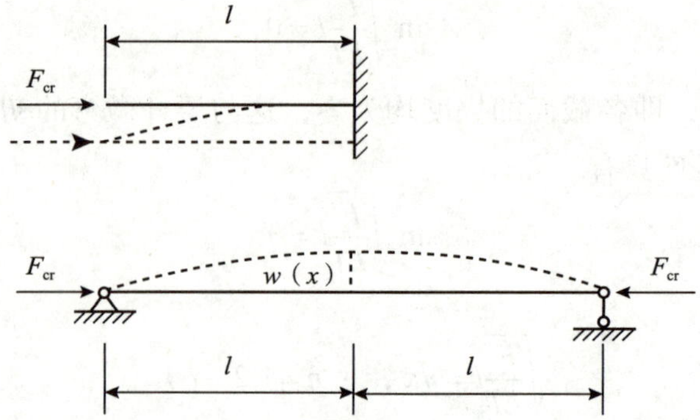

图 11-8　类比法确定临界载荷

各种支承方式下细长压杆的临界压力可以统一写成欧拉公式的普遍形式为

$$F_{cr}=\frac{\pi^2 EI}{(\mu l)^2} \qquad (11-23)$$

式中　μl——相当长度，表示压杆相当于两端铰支细长压杆的长度；

μ——长度因数，代表支承方式对临界载荷的影响。

四种常见支承方式下细长压杆的临界载荷如表 11-2 所示。需要指出的是，欧拉公式的推导中应用了小挠度近似微分方程，因此式（11-23）只适用于比例极限范围内的压杆稳定问题。另外，上述四种细长压杆临界载荷的 μ 值都是对理想约束而言的，工程实际中受压杆件两端的支承情况往往较为复杂，需要根据具体情况分析支承对于杆件的约束特性，选择适当的理想化支承模型。对于工程中常用的支承情况，长度系数 μ 可从有关设计手册或规范中查到。

表 11-2　四种常见支承方式下细长压杆的临界载荷

图示	支承方式	长度因数	临界载荷
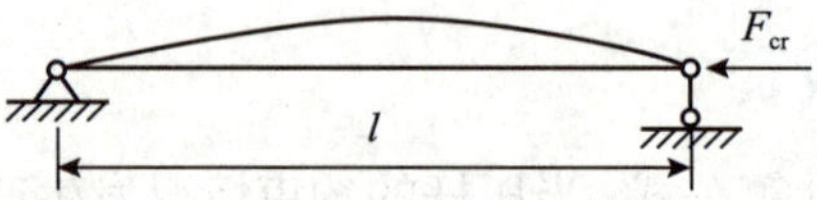	两端铰支	$\mu=1$	$F_{cr}=\frac{\pi^2 EI}{l^2}$
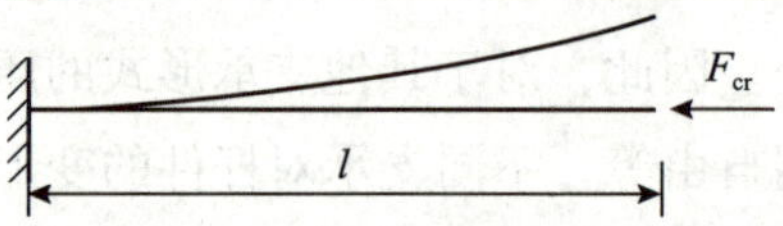	一端自由 一端固定	$\mu=2$	$F_{cr}=\frac{\pi^2 EI}{(2l)^2}$
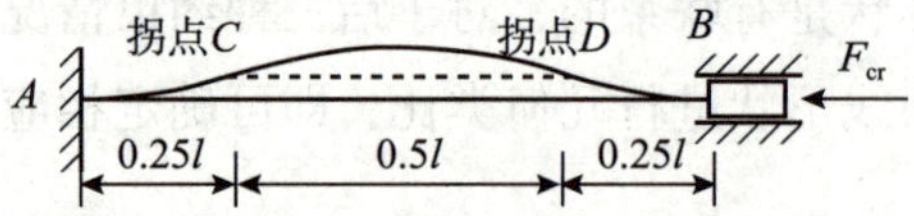	两端固定	$\mu=0.5$	$F_{cr}=\frac{\pi^2 EI}{(0.5l)^2}$
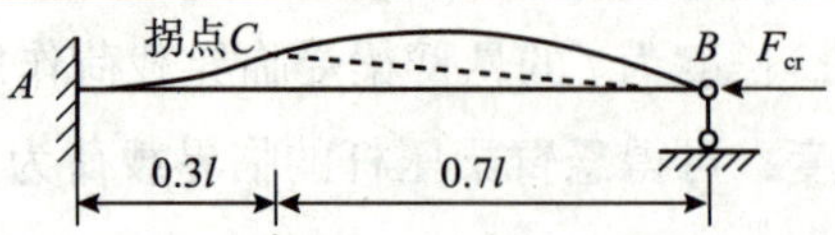	一端铰支 一端固定	$\mu=0.7$	$F_{cr}=\frac{\pi^2 EI}{(0.7l)^2}$

11.3.3　细长压杆的临界应力

如前所述，欧拉公式只有在线弹性范围内才适用。为了判断压杆失稳时是否处于线弹性范围内，以及超出线弹性范围后临界载荷的计算问题，引入临界应力及柔度的概念。压杆在临界载荷作用下，其在直线平衡位置时横截面上的应力称为临界应力，用 σ_{cr} 表示。压杆在线弹性范围内失稳时，临界应力可以写成如下形式

$$\sigma_{cr}=\frac{F_{cr}}{A}=\frac{\pi^2 EI}{(\mu l)^2 A}=\frac{\pi^2 E}{(\mu l)^2}\frac{I}{A} \tag{11-24}$$

令截面的惯性半径 i 为

$$i=\sqrt{I/A} \tag{11-25}$$

则临界应力为

$$\sigma_{cr}=\frac{\pi^2 E}{\left(\dfrac{\mu l}{i}\right)^2} \tag{11-26}$$

定义柔度或细长比 λ 为

$$\lambda=\frac{\mu l}{i} \tag{11-27}$$

柔度或细长比λ与相当长度成正比，与截面的惯性矩半径成反比。因此，柔度反映了杆长、支承方式与截面几何性质对临界应力的影响。临界应力的欧拉公式可以进一步表示为

$$\sigma_{cr}=\frac{\pi^2 E}{\lambda^2} \tag{11-28}$$

欧拉公式是有适用范围的，即当临界应力小于或等于材料比例极限时

$$\sigma_{cr}=\frac{\pi^2 E}{\lambda^2}\leqslant\sigma_p \tag{11-29}$$

根据式（11－29）定义临界柔度 λ_p

$$\lambda_p=\pi\sqrt{\frac{E}{\sigma_p}} \tag{11-30}$$

临界柔度取决于材料性能，即材料的弹性模量越大、比例极限越小，临界柔度系数就越大。

想一想

将圆截面压杆的直径和长度都加大一倍，对杆的柔度、临界应力、临界载荷有无影响？

根据柔度所处的范围，可把压杆分为三类。把满足 $\lambda\geqslant\lambda_p$ 的压杆称为大柔度杆或细长杆。第二类是中柔度杆。这类压杆失稳时，横截面上的应力已经超过比例极限，一般采用经验公式计算其临界应力，比如直线公式为

$$\sigma_{cr}=a-b\lambda \quad (\lambda_s \leqslant \lambda < \lambda_p) \tag{11-31}$$

式中，a、b 值与材料有关，适用于合金钢、铝合金、铸铁与松木等。使用直线公式时，柔度 λ 存在最小值 λ_s，其值与材料的压缩极限应力有关（对于塑性材料而言，压缩极限应力为材料的屈服极限 σ_s），因为当压杆应力达到压缩极限应力时，压杆已因强度不足而失效了。常用材料的 a、b 值如表 11-3 所示。

表 11-3　常用材料的 ***a***、***b*** 值

材料	***a***/MPa	***b***/MPa
硅钢（$\sigma_s=353$ MPa，$\sigma_b=510$ MPa）	578	3.74
铬钼钢	980	5.29
铸铁	332	1.45
硬铝	372	2.15
松木	39.2	0.199

当临界应力取强度极限（$\sigma_{cr}=\sigma_s$）时，根据式（11-31），可求得中柔度杆的临界柔度系数为

$$\lambda_s=\frac{a-\sigma_s}{b} \tag{11-32}$$

中柔度杆的临界柔度系数取决于材料的强度极限 σ_s，当材料的强度极限越大，临界柔度系数就越小。中柔度杆的柔度范围为 $\lambda_s \leqslant \lambda < \lambda$ 。

第三类杆为粗短杆，又称小柔度杆，即 $\lambda < \lambda_s$ 。的压杆，应按压缩强度问题处理。因此，临界应力为屈服极限（对塑性材料而言），即

$$\sigma_{cr}=\sigma_s \tag{11-33}$$

将上述三种情况归到一起，得临界应力（或极限应力）随柔度变化的曲线，称为临界应力总图，如图 11-9 所示。

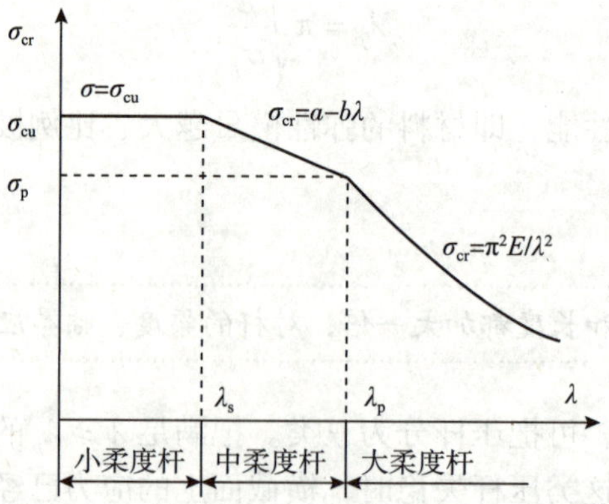

图 11-9　临界应力总图

除了直线型经验公式外，还可以用抛物线型经验公式

$$\sigma_{cr} = a_1 - b_1\lambda^2 \quad (0 < \lambda < \lambda_p) \tag{11-34}$$

式中 a_1、b_1 值与材料有关，适用于结构钢与低合金结构钢等材料。根据欧拉公式和抛物线型经验公式，得临界应力总图，如图 11-10 所示。

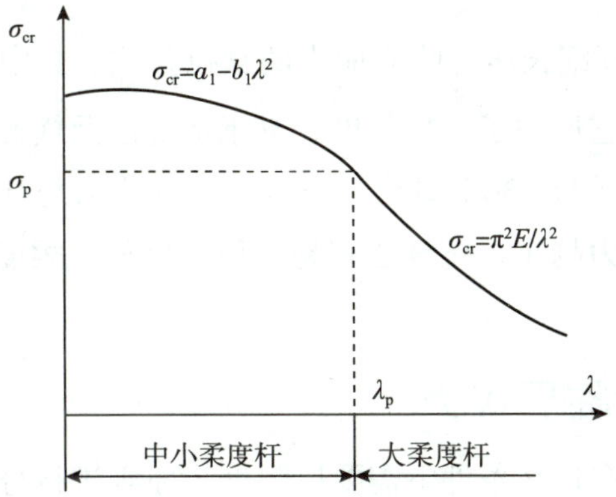

图 11-10　临界应力总图

需要指出的是，对于中柔度杆和小柔度杆，不同的工程设计中，可能采用不同的经验公式计算临界应力，可查阅相关的设计规范进行选用。

11.4　三类压杆的临界应力

11.4.1　临界应力的概念

在研究理想直杆受到压力作用的强度问题时，是通过应力进行相关计算的。为了对压杆的工程实际问题进行系统的分析研究，以下将引入临界应力的概念。所谓临界应力就是在临界压力的作用下，压杆横截面上的平均正应力。若假设压杆的横截面面积为 A，则其临界应力为

$$\sigma_{cr} = \frac{F_{cr}}{A} = \frac{\pi^2 EI}{(\mu l)^2 A}$$

式中 $\frac{I}{A} = i^2$，即 $i = \sqrt{\frac{I}{A}}$ 为压杆横截面的惯性半径。则临界应力公式为

$$\sigma_{cr} = \frac{\pi^2 E}{(\frac{\mu l}{i})^2}$$

引入参数 λ

$$\lambda=\frac{\mu l}{i} \tag{11-35}$$

可知

$$\sigma_{cr}=\frac{\pi^2 E}{\lambda^2} \tag{11-36}$$

式（11－36）即为计算细长压杆临界应力的欧拉公式。式中 $\lambda=\frac{\mu l}{i}$ 称为压杆的柔度或长细比，为无量纲的量。它反映了压杆长度、支承情况以及横截面形状和尺寸等因素对临界应力的综合影响。由式（11－36）看出，压杆的临界应力与其柔度的平方成反比，压杆的柔度值越大，其临界应力越小，压杆越容易失稳。可见，柔度 λ 在压杆稳定计算中是一个非常重要的参数。

11.4.2 三类压杆的临界应力

对于受压杆件而言，在什么条件下需要以强度为原则进行分析，而什么情况下又需考虑其稳定性呢？事实上，在推导压杆临界力欧拉公式时，使用了梁的挠曲线近似微分方程，而该方程是在材料服从胡克定律即在线弹性范围以内才成立的。所以，按欧拉公式计算的临界应力也不应超过材料的比例极限，故

$$\sigma_{cr}=\frac{\pi^2 E}{\lambda^2}\leqslant\sigma_p$$

可得

$$\lambda\geqslant\sqrt{\frac{\pi^2 E}{\sigma_p}}$$

式中比例极限 σ_p 及弹性模量 E 均是只与材料有关的参量，可令

$$\lambda_p=\sqrt{\frac{\pi^2 E}{\sigma_p}} \tag{11-37}$$

则

$$\lambda\geqslant\lambda_p \tag{11-38}$$

上式即为欧拉公式的适用范围。也就是说，只有当压杆的实际柔度 λ 大于或等于与材料的比例极限 σ_p 所对应的柔度值 λ_p 时，欧拉公式才适用。

λ_p 仅仅与料的力学性能有关，不同的材料有不同的 λ_p 值。以 Q235 低碳钢为例，σ_p=200 MPa，E=206 GPa，代入式（11－37）得

$$\lambda_p=\sqrt{\frac{\pi^2\times 206\times 10^9}{200\times 10^6}}\approx 100$$

这表明用 Q235 钢制成的压杆，只有当其柔度 $\lambda \geqslant 100$ 时，才能应用欧拉公式（11－11），式（11－36）计算其临界力、临界应力。将 $\lambda \geqslant \lambda_p$ 的压杆称为大柔度杆或细长杆，前面所提到的细长压杆均为这类压杆。

当压杆的柔度值 $\lambda<\lambda_p$ 时，则不能用欧拉公式计算临界压力。在这种情况下，压杆的临界应力常采用建立在实验础上的经验公式来计算，在机械工程中常用直线型的经验公式，其一般表达式为

$$\sigma_{cr}=a-b\lambda \tag{11-39}$$

式（11－39）表明，压杆的临界应力与其柔度成线性关系。式中，a，b 为与材料性质有关的常数，其单位为 MPa。表 11－4 中给出了几种常见材料的 a，b 值及柔度 λ_p，λ_S，供查用。

表 11－4　几种常见材料的直线公式系数 a，b 及柔度 λ_p，λ_S

材 料	a/MPa	b/MPa	λ_p	λ_s
Q235 钢	304	1.12	100	61.4
优质碳钢 σ_s=306MPa	460	2.57	100	60
硅钢 σ_s=353MPa	577	3.74	100	60
铬钼钢	980	5.3	55	40
硬 铝	372	2.14	50	—
铸 铁	332	1.45	80	—
木 材	39	0.2	50	—

压杆的柔度越小，其临界应力就越大。以由塑性材料制成的压杆为例，当其临界应力达到材料的屈服极限时，其实已属于强度问题了。所以，直线经验公式也有一个适用范围，即由经验公式算出的临界应力，不能超过压杆材料的压缩屈服极限应力。即

$$\sigma_{cr}=a-b\lambda<\sigma_s$$

由上式可得

$$\lambda > \frac{a-\sigma_s}{b}$$

式中 a，b，σ_s 均为只与材料力学性能有关的常数，可令

$$\lambda_s = \frac{a-\sigma_s}{b} \tag{11-40}$$

则

$$\lambda>\lambda_s \tag{11-41}$$

式中 λ_s 是对应于材料屈服极限 σ_s 的柔度值。例如，Q235 钢的屈服极限 σ_s=235 MPa，常数 a=3 MPa，b=1.12 MPa，则

$$\lambda_s=\frac{a-\sigma_s}{b}=\frac{304-235}{1.12}\approx 60$$

几种常见的材料的 λ_s 值可由表 11－4 中查得。

可见，当压杆的实际柔度 $\lambda>\lambda_s$ 与 $\lambda<\lambda_p$ 时，才能用直线经验公式（11－39）计算其临界应力，故直线经验公式的适用范围为 $\lambda_s<\lambda<\lambda_p$。

当压杆柔度值 $\lambda\leqslant\lambda_s$，时，其临界应力将达到或超过材料的屈服极限，其已属于强度问题，而不会出现失稳现象。若将这类压杆也按稳定形式处理，则材料的临界应力 σ_{cr} 可表示为

$$\sigma_{cr}=\sigma_s$$

综上所述，在计算压杆的临界应力时应根据其柔度值来选择相应的计算公式。

由塑性材料制成的压杆的临界应力与其柔度的关系曲线及相应的计算公式，如图 11－11 所示，称为临界应力总图。由图知，可将压杆分为三大类。

（1）当 $\lambda\geqslant\lambda_p$ 时，称为细长杆，或大柔度杆；可用欧拉公式（11－36）计其临界应力。

（2）当 $\lambda_s<\lambda<\lambda_p$ 时，称为中长杆，或中柔度杆；可用直线经验公式（11－39）计算其临界应力。

（3）当 $\lambda\leqslant\lambda_s$ 时，称为短粗杆，或小柔度杆；其临界应力就为材料的屈服极限，属强度问题。

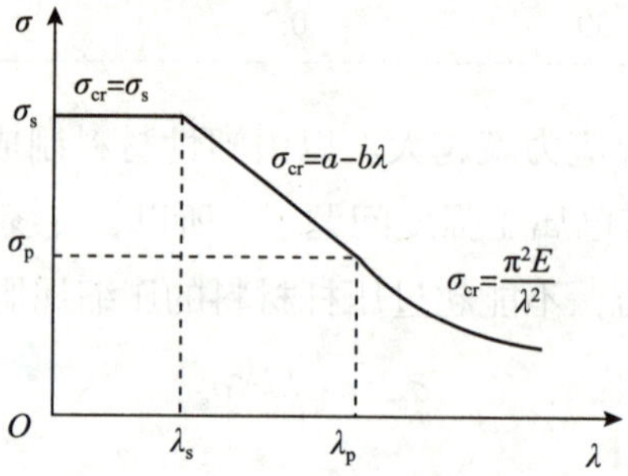

图 11－11　临界应力总图

【例题分析】

一两端铰支的空心圆管，其外径 D=60 mm，内径 d=45 mm，材料的 λ_p=120，λ_s=70，其直线经验公式为 $\sigma_{cr}=304-1.12\lambda$。试求：（1）可应用欧拉公式计算该压杆临界应力的最小长度 l_{min}；（2）当压杆长度为 $\frac{3}{4}l_{min}$ 时，其临界应力的值。

解：（1）由式（11－35）可知压杆的柔度为

$$\lambda=\frac{\mu l}{i}$$

且惯性半径 $i=\sqrt{\dfrac{I}{A}}=\dfrac{1}{4}\sqrt{D^2+d^2}=\dfrac{1}{4}\sqrt{60^2+45^2}=\dfrac{75}{4}$ mm

由欧拉公式的应用条件

$$\lambda=\frac{\mu l}{i}\geqslant\lambda_p=120$$

且由两端铰支可知长度系数 μ=1，则

$$l\geqslant\frac{\lambda_p i}{\mu}=\frac{120\times 75}{1\times 4}=2\,250\text{ mm}=2.25\text{ m}$$

所以压杆的最小长度为

$$l_{min}=2.25\text{ m}$$

（2）当压杆长度 $l=\dfrac{3}{4}l_{min}$，其柔度值为

$$\lambda=\frac{\mu l}{i}=\frac{3}{4}\times\frac{\mu l_{min}}{i}=\frac{3}{4}\lambda_p=\frac{3}{4}\times 120=90$$

因为

$$\lambda_s<\lambda<\lambda_p$$

所以压杆为中长杆，应用直线经验公式 $\sigma_{cr}=304-1.12\lambda$ 可得

$$\sigma_{cr}=304-1.12\times 90=203.2\text{ MPa}$$

11.5 提高压杆稳定性的措施

提高压杆的稳定性，就是要提高压杆的临界应力。由计算临界应力的欧拉公式（11－39）可知，欲提高压杆的临界应力可从以下两方面考虑。

11.5.1 合理地选用材料

对于大柔度压杆，其临界应力 σ_{cr} 与材料的弹性模量 E 成正比，所以选用 E 值大的材料可以提高压杆的稳定性。但在工程实际中，一般压杆均是由钢材制成的，而各种类型的钢材的弹性模量 E 值均在 200~240 GPa 之间，差别不是很大。故用高强度钢代替普通钢制成压杆，不仅昂贵，而且对提高其稳定性意义不大。对于中、小柔度杆，由经验公式可知，其临界应力与材料强度有关，所以选用高强度钢将有利于提高压杆的稳定性。

11.5.2 减小压杆的柔度

由临界应力公式可知，压杆的柔度越小，其临界应力越大。所以，减小柔度是提高压杆稳定性的主要途径。由柔度计算公式（11－35）

$$\lambda=\frac{\mu l}{i}$$

可知，对于减小压杆柔度可以从以下三方面考虑。

1. 选择合理的截面形状

在压杆横截面面积 A 一定时，应尽可能使材料远离截面形心，使其惯性矩 I 增大。这样可使其惯性半径 $i=\sqrt{\frac{I}{A}}$ 增大，则柔度值将减小。如图 11－12（a）中，当面积相同时，空心圆截面要比实心圆截面合理；图 11－12（b）中由四个等边角钢组成的截面，分散布置形式的组合截面要比集中布置形式的组合截面合理。但也不能为了增加截面的惯性矩而过分地加大圆环截面的半径并减小其壁厚，这样将会由于压杆管壁过薄而发生局部折皱导致整体失稳。

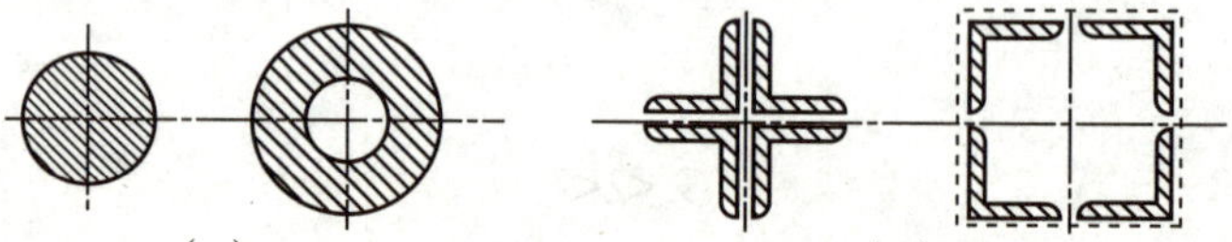

（a）　　（b）

图 11－12　选择合理的截面形状

此外，在按上述原则选择截面的同时，还应考虑到压杆在各纵向平面内应具有相同的稳定性，即应使压杆在各纵向平面内具有相同的柔度值。若杆端在各个弯曲平面内的约束性质相同（如球形铰支承），则应使截面各方向的惯性矩相同；若约束性质不同（如柱形铰支承），则应使压杆在不同方向的柔度值尽量相等。

2. 减小压杆的长度

在条件许可的情况下，可通过增加中间约束等方法来减小压杆的计算长度，这样可使压杆的柔度值明显减小，以达到提高压杆稳定性的目的。这也是提高稳定性的最有效的方法之一。

3. 改善压杆支承

由表 11－1 可知，杆端约束刚性越强，压杆的长度系数越小，则其临界应力越大。所以，通过增加杆端支承刚性，亦可提高压杆的稳定性。

课后习题

一、判断题

1. 压杆稳定的基本概念是描述杆件在受压状态下是否会发生失稳现象。（ ）

2. 欧拉公式可以准确计算任意支座条件下细长压杆的临界载荷和临界应力。（ ）

3. 两端铰支细长压杆和两端非铰支细长压杆的临界载荷的计算方法是相同。（ ）

4. 临界应力是指细长压杆在达到临界载荷时材料内部出现的应力状态。（ ）

5. 提高压杆稳定性的措施包括合理地选用材料和增大压杆的柔度。（ ）

二、选择题

1. 压杆一般分为三种类型，它们是按压杆的（ ）。

A. 惯性半径分　　B. 杆长分

C. 柔度分　　D. 杆端约束情况分

2. 压杆属于细长杆，中长杆还是短粗杆，是根据压杆的（ ）来判断的。

A. 长度　　B. 横截面尺寸

C. 临界应力　　D. 柔度

3. 提高水稻抗倒伏性能的可能措施包括（ ）。

A. 选用茎秆强壮品种

B. 选用节间较短的矮秆品种

C. 使用植物生长调节剂，以调控节间长度与株高等

D. 以上都是

4. 压杆的柔度集中地反映了压杆的（ ）对临界应力的影响。

A. 长度、约束条件、截面尺寸和形状

B. 材料、长度和约束条件

C. 材料、约束条件、截面尺寸和形状

D. 材料、长度、截面尺寸和形状

参 考 文 献

[1] 人力资源社会保障部教材办公室 . 工程力学 [M]. 7 版 . 北京：中国劳动社会保障出版社，2023.

[2] 谢刚，陈丽华 . 工程力学 [M]. 5 版 . 北京：科学出版社，2023.

[3] 张红艳 . 工程力学 [M]. 5 版 . 西安：西安电子科技大学出版社，2021.

[4] 王永岩，李剑光，秦楠 . 工程力学 [M]. 2 版 . 北京：科学出版社，2022.

[5] 张克猛，张陵 . 工程力学 [M]. 西安：西安交通大学出版社，2021.

[6] 孙伟，陈建平，范钦珊 . 工程力学 [M]. 2 版 . 北京：机械工业出版社，2021.

[7] 钱双彬 . 工程力学 [M]. 2 版 . 北京：机械工业出版社，2023.

[8] 秦世伦 . 工程力学 [M]. 北京：化学工业出版社，2023.

[9] 蔡路军 . 工程力学 [M]. 武汉：华中科技大学出版社，2021.

[10] 兰向军，朱晓东，冯志华 . 工程力学 [M]. 3 版 . 苏州：苏州大学出版社，2023.

[11] 于苏民 . 工程力学 [M]. 2 版 . 北京：人民交通出版社，2022.

[12] 张尕琳 . 工程力学 [M]. 5 版 . 北京：高等教育出版社，2022.

[13] 莫宵依 . 工程力学 [M]. 2 版 . 北京 : 机械工业出版社，2024.

[14] 宋晓明 . 工程力学 [M]. 北京 : 化学工业出版社，2024.